SCHÄFFER
POESCHEL

Hartmut Neckel

Toolbox Ideenmanagement

Wie Unternehmen die Kreativität ihrer Mitarbeiter systematisch fördern und nutzen können

2018
Schäffer-Poeschel Verlag Stuttgart

Bibliografische Information der Deutschen Nationalbibliothek
Die Deutsche Nationalbibliothek verzeichnet diese Publikation in der Deutschen Nationalbibliografie; detaillierte bibliografische Daten sind im Internet über <http://dnb.d-nb.de> abrufbar.

Print: ISBN 978-3-7910-4080-6 Bestell-Nr. 10255-0001
ePDF: ISBN 978-3-7910-4076-9 Bestell-Nr. 10255-0150
ePub: ISBN 978-3-7910-4077-6 Bestell-Nr. 10255-0100

Verlag für Wirtschaft · Steuern · Recht GmbH
www.schaeffer-poeschel.de
service@schaeffer-poeschel.de

Umschlagentwurf: Goldener Westen, Berlin
Umschlaggestaltung: Kienle gestaltet, Stuttgart
Satz: kühn & weyh Software GmbH, Satz und Medien, Freiburg

Februar 2018

Schäffer-Poeschel Verlag Stuttgart
Ein Tochterunternehmen der Haufe Gruppe

SCHÄFFER POESCHEL **myBook**

Ihr Online-Material zum Buch

Für den praktischen Einsatz finden Sie als kostenloses Zusatzmaterial im Online-Bereich zahlreiche Abbildungen, Checklisten und Arbeitsmittel zum Ideenmanagement.

So funktioniert Ihr Zugang

- Gehen Sie auf das Portal sp-mybook.de und geben den Buchcode ein, um auf die Internetseite zum Buch zu gelangen.
- Wählen Sie im Online-Bereich das gewünschte Material aus.
- Oder scannen Sie den QR-Code mit Ihrem Smartphone oder Tablet, um einzelne Beispiele direkt abzurufen.

www.sp-mybook.de
Buchcode: 4080-idee

Inhalte zum Download

Kapitel 3 Organisation des Ideenmanagements

- Abb-7: Anforderungsprofil für Ideenmanager

Kapitel 4 Ideen von der Entstehung bis zum guten Ende managen
4.2 Phase 1: Informieren, Motivieren, Inspirieren, Qualifizieren

- Abb-11: Ablauf im Ideenmanagement
- Abb-16: Status-Übersicht der Vorschläge
- Abb-18: Osborn-Checkliste als Einreicher-Hilfe
- Abb-19: Kurzanleitung für Einreicher
- Abb-20: Leitfaden für Einreicher
- Abb-21: Vorschlags-Check für Einreicher
- Abb-22: Fragenkataloge für Einreicher

4.3 Phase 2: Ideen einreichen, erfassen, bewerten, entscheiden

- Abb-23: Vorschlagsformular DIN-A4
- Abb-25: Ideenkarte DIN-A6
- Abb-28: Vorschlagskarte DIN-A5
- Abb-29: Bearbeitungskarte DIN-A5
- Abb-31: Mangel-Vorschlags-Karte
- Abb-32: Störungskarte
- Abb-33: 5S-Karte
- Abb-35: Klassifikationsbeispiel
- Abb-36: Schnellcheck zur Vorbewertung von Vorschlägen
- Abb-37: Schema zur Nutzenberechnung von Vorschlägen
- Abb-38: Fragenliste zur Bewertung von Vorschlägen
- Abb-39: Checkliste zur Bewertung von Vorschlägen aus der Produktion (Vorderseite)
- Abb-40: Checkliste zur Bewertung von Vorschlägen aus der Verwaltung (Vorderseite)
- Abb-41: Checkliste zur Bewertung von Vorschlägen (Rückseite)
- Abb-42: Leitfaden für Gespräche zur Begründung von Ablehnungen
- Abb-43: Checkliste über erfolgte Bewertungsschritte

4.4 Phase 3: Ideen umsetzen

- Abb-44: Checkliste über erfolgte Umsetzungsschritte

4.5 Phase 4: Ideen anerkennen und honorieren

- Abb-45: Punktesystem für nicht rechenbare Vorschläge
- Abb-46: Kriterien zur Bewertung von nicht rechenbaren Vorschlägen aus der Produktion
- Abb-47: Kriterien zur Bewertung von nicht rechenbaren Vorschlägen aus der Verwaltung
- Abb-48: Zusatzfaktoren
- Abb-49: Checkliste zur Abgrenzung von der Arbeitsaufgabe (Jobbereinigung)

Kapitel 5 Ideenmanagement einführen und weiterentwickeln

- Abb-51: Schnellcheck für ein kennzahlenbasiertes Benchmarking zum
- Abb-52: Schnellcheck für eine qualitative Selbstbewertung des Ideenmanagements
- Abb-53: Fragen für eine Mitarbeiterbefragung zum Ideenmanagement
- Abb-56: Checkliste zum Fahrplan (nicht im Buch enthalten)

Kapitel 7 Anhang

- 7.1 Beispiel einer Betriebsvereinbarung
- 7.2 Textbeispiele für Bescheide

Inhaltsverzeichnis

1 Einleitung

Ideen entstehen in Unternehmen an vielen Stellen und zu den unterschiedlichsten Themen. Sie geben Anstöße zu stetigen Verbesserungen. Dabei gilt es, nicht nur die auf Leitungsebenen und in Fachabteilungen entwickelten Ideen, sondern auch die Kreativität und das Wissen der Mitarbeiter auf dem »Shop-Floor« als den »Experten vor Ort« zu nutzen.

Nicht alle guten Ideen können oder dürfen Mitarbeiter im Rahmen der eigenen Kompetenzen und Befugnisse selbst umsetzen. Die Entscheidung über die Idee muss an anderer, oft höherer Stelle gefällt werden, oder es sind bereichsübergreifende Abstimmungsprozesse erforderlich. Kurz: Die Idee muss gemanagt werden.

Ideenmanagement steht dafür, dass dies nicht »irgendwie«, sondern in systematischen Bahnen und nachvollziehbar erfolgt. Ohne Ideenmanagement geschieht es gar zu oft, dass Ideen nur zwischen Tür und Angel mitgeteilt und dann vergessen werden, die Nachverfolgung in der Hektik des Tagesgeschäfts untergeht und lohnende Aktionen im »Man müsste mal«-Stadium hängenbleiben.

Ideenmanagement bietet sich somit für Unternehmen an, die die Ideen ihrer Mitarbeiter als ein wertvolles Gut ansehen, das sich gezielt und systematisch zu bewirtschaften lohnt. Nicht zuletzt geht es gemäß den Ansprüchen eines modernen Managementsystems darum, auch die Prozesse zur kontinuierlichen Verbesserung so zu regeln und zu beschreiben, dass Prozess- und Ergebnisqualität gemessen, Stabilität und Konformität auditiert sowie evaluiert werden können.

Ein funktionierendes und dynamisches Ideenmanagement zahlt sich mehrfach aus. Es erschließt nennenswerte Einspar- und Verbesserungspotentiale und ist gleichzeitig ein wichtiger Faktor zu Stärkung von Engagement, Motivation und Identifikation der Mitarbeiter. Gerade vor dem Hintergrund des demografischen Wandels und des sich abzeichnenden Fachkräftemangels gewinnt eine veränderungs-, lern- und innovationsorientierte Unternehmenskultur zunehmend an Bedeutung – zum Beispiel für die Arbeitgeberattraktivität.

Mittlerweile gibt es ein großes Spektrum an Organisationsformen für das Management von Ideen, das von Systemen für die Erfassung spontaner Ideen einzelner Mitarbeiter (Weiterentwicklungen des »klassischen Vorschlagswesens«) bis zu geregelten und institutionalisierten Gruppenaktivitäten (»Kaizen-« bzw. »KVP-Workshops«) reicht. Während die einen Unternehmen das Management von Mitarbeiterideen in das Methodenset ihres Produktionssystems oder Lean Managements integrieren, ordnen es andere der Personalabteilung, dem Innovationsmanagement oder einer Stabsstelle zu.

Diese Toolbox bündelt die Erfahrungen meiner rund 25-jährigen Beratungspraxis in der Zusammenarbeit mit einer Vielzahl von Unternehmen unterschiedlichster Branchen und Größen. Sie soll interessierten Unternehmen und Personen Anregungen geben, wie sie ein Ideenmanagement je nach individuellen Anforderungen und Möglichkeiten einführen, beleben, stabilisieren, intensivieren oder optimieren können.

Die Toolbox ist so aufgebaut und geschrieben, dass sie genutzt werden kann als …

- Anleitung für die Einführung eines Ideenmanagements;
- Ratgeber bei Problemen mit dem Ideenmanagement;
- Ideenfundus für die Optimierung von Ideenmanagements.

Kapitel 2 klärt zunächst allgemeine Begriffe und Zusammenhänge zum Thema Ideenmanagement.

Kapitel 3 beschäftigt sich mit den grundlegenden Handlungsfeldern bei der Implementierung oder Optimierung eines Ideenmanagements. Es diskutiert, was das Ideenmanagement zur Realisierung der Unternehmensstrategie leisten kann und wie es in das betriebliche Zielsystem integriert wird. Weiter geht es um die Gestaltung der erforderlichen Strukturen und Organisationsformen, um die Aufgaben, Motivation und Qualifizierung von Mitarbeitern und Führungskräften sowie um die Verfügbarkeit und den Einsatz geeigneter Instrumente und Methoden. Auch das Umfeld des Unternehmens wird als Handlungsfeld einbezogen, das zusätzliche Impulse für die Entwicklung einer konstruktiven »Vorschlags- und Verbesserungskultur« geben kann.

Kapitel 4 beschreibt die praktische Umsetzung in den einzelnen Phasen des Managementprozesses. Es erläutert konkrete Maßnahmen und Vorgehensweisen, wie man die Generierung von Ideen, die Auseinandersetzung mit ihnen, ihre Umsetzung und Anerkennung fördern und effizient handhaben kann. Dabei wird auch auf die typischen Hemmnisse im Betriebsalltag eingegangen, und es werden Lösungsvorschläge zu ihrer Überwindung vorgestellt.

Kapitel 5 bietet einen systematischen Fahrplan zur erfolgreichen Einführung und Ausgestaltung eines Ideenmanagements. Darüber hinaus geht es darauf ein, wie man ein Ideenmanagement auch nach der Implementierungsphase nachhaltig am Leben halten und ständig weiter optimieren kann.

Kapitel 6 setzt sich mit grundlegenden Krisen- und Konfliktsituationen auseinander, die im Zusammenhang mit der Einführung oder Optimierung eines Ideenmanagements auftreten können. Dabei weist es auch auf mögliche Ursachen, Hintergründe und Lösungsansätze hin.

Der *Anhang* stellt schließlich Beispiele für eine Betriebsvereinbarung sowie für Bescheide an Einreicher und Entscheider bereit. Diese und weitere Materialien stehen auf der mybook-Seite zum Buch für den Download zur Verfügung.

Interessenten an für das Ideenmanagement relevanten theoretischen Hintergründen und zugrundeliegenden Konzepten aus Psychologie, Soziologie, Systemtheorie, Arbeits- und Betriebswissenschaft sei mein Buch »Modelle des Ideenmanagements« empfohlen (Neckel, 2004).

Danksagung

Das in diesem Leitfaden enthaltene Know-how und die vielfältigen Praxisbeispiele sind zum größten Teil den Unternehmen zu verdanken, die entsprechende Lösungen für sich entwickelt und erprobt haben. Viele Inhalte des Leitfadens geben Ergebnisse aus den von mir geleiteten Arbeitskreisen und Erfahrungsaustauschrunden wieder, ohne dass sich stets nachvollziehen lässt, auf wen welcher konkrete Beitrag letztlich zurückgeht.

Daher bedanke ich mich an dieser Stelle ausdrücklich bei allen Kunden und allen Arbeitskreis-Teilnehmern, von denen ich lernen durfte und die zu dieser Materialsammlung beigetragen haben. Ich hoffe, dass ich mit der Aufbereitung des gemeinsam erarbeiteten Erfahrungswissens in dieser »Toolbox Ideenmanagement« ein wenig davon zurückgeben kann, was ich in der Zusammenarbeit mit Ihnen allen erhalten habe.

2 Grundlagen und Begriffsbestimmungen

2.1 Definition: »Was ist ein Ideenmanagement?«

Zunächst soll geklärt werden, wovon diese Toolbox handelt: Das Ideenmanagement beschreibt und organisiert den Prozess, mit dem Ideen (insbesondere auch ungeplant, beiläufig und »zufällig« entstandene Ideen) systematisch aufgegriffen und gemanagt werden. Es soll dafür sorgen, dass ...

- alle Mitarbeiter ihre Ideen und Vorschläge einbringen können;
- über die Umsetzung dieser Ideen und Vorschläge entschieden wird;
- positiv entschiedene Ideen umgesetzt werden;
- entsprechende Informationsflüsse organisiert werden.

Dabei geht es um Ideen und Vorschläge, die bestimmte Anforderungen erfüllen:

- Es gibt keinen anderen Prozess, über den die Idee stattdessen gemanagt werden soll (bzw. kann). Beispiele für Prozesse oder Systeme, die ggf. vorrangig zu nutzen sind:
  - Bedarfsanforderungen für die Beschaffung von Waren oder Dienstleistungen.
  - Ticket-Systeme für Verbesserungen der IT.
  - Reiseanträge (vorgegebene Formulare und definierte Genehmigungswege).
  - Definierte und gesteuerte Strukturen zum Erarbeiten und Umsetzen von Verbesserungen oder Problemlösungen (z. B. Six-Sigma- oder Lean Projekte, Qualitätszirkel, A3-Projekte).
- Die Entwicklung und das Voranbringen entsprechender Ideen gehören nicht zu den Leistungen, die im Rahmen der Arbeitsaufgabe vom Mitarbeiter erwartet werden können. Insbesondere hat der Mitarbeiter weder die Kompetenz noch die Befugnis, selbst die Umsetzung seiner Idee zu entscheiden und zu veranlassen; und es liegt kein ausdrücklicher Auftrag vor, sich mit dem betreffenden Thema zu befassen. Beispiele:
  - Von Mitarbeitern im Einkauf kann man Ideen erwarten, auf günstigere und bessere Lieferanten zu wechseln.
  - Von Mitarbeitern in Forschungs- und Entwicklungsabteilungen kann man Ideen für Produktinnovationen erwarten.
  - Von Fachkräften der Instandhaltung kann man Ideen erwarten, wie Ursachen für häufig sich wiederholenden Reparaturbedarf nachhaltig vermieden werden können.
- Die Idee zielt auf eine Verbesserung gegenüber dem bisherigen Soll-Zustand – im Unterschied zu Mängelhinweisen oder Reparaturanforderungen, bei denen es darum geht,

einen bereits bekannten Soll-Zustand wiederherzustellen. Beispiel: Die Reparatur eines defekten Geräts ist nicht Sache des Ideenmanagements; eine Maßnahme, mit der einer Wiederholung des Defekts entgegengewirkt werden soll, kann dagegen über das Ideenmanagement vorgeschlagen werden.

Ideen, die den genannten Anforderungen genügen, werden natürlich auch in Unternehmen vorgebracht und umgesetzt, die kein ausdrückliches »Ideenmanagement« definiert haben. Das »Management« im Begriff »Ideenmanagement« bedeutet jedoch:

- Der Prozess, mit dem Ideen gemanagt werden, ist schriftlich fixiert – vorzugsweise als Teil des Managementhandbuchs. Stabilität und Konformität dieses Prozesses sind auditierbar und evaluierbar.
- Kriterien für den Erfolg (Ergebnisqualität) und für das Funktionsniveau (Prozessqualität) des Ideenmanagements sind definiert und messbar.
- Zuweilen werden Anliegen im Ideenmanagement vorgebracht, wenn der »eigentlich« vorgesehene Prozess aus Sicht der Mitarbeiter zu schlecht funktioniert. In einer lernorientierten Unternehmenskultur geht man dann den Ursachen nach, anstatt sich über den »Missbrauch« des Ideenmanagements zu ärgern.

2.2 Ideenmanagement, Vorschlagswesen und Kontinuierlicher Verbesserungsprozess

Ein solcherart definiertes Ideenmanagement lässt sich als gemeinsames Dach ansehen, unter dem sich ergänzende methodische Ansätze wie Vorschlagswesen und KVP-Workshops sowie weitere Verbesserungsaktivitäten integriert werden können.

Vorschlagswesen: In vielen Unternehmen werden die Begriffe »Vorschlagswesen« und »Ideenmanagement« synonym benutzt, oder man hat das »Vorschlagswesen« schlichtweg in »Ideenmanagement« umbenannt.

In Weiterentwicklung des klassischen Vorschlagswesens dient ein solchermaßen verstandenes Ideenmanagement vor allem als »Auffangbecken« für Ideen, die einzelne Mitarbeiter (oder informelle Gruppen von Mitarbeitern) mehr oder weniger spontan, mitunter auch nach Feierabend entwickeln. Es regelt, wie diese Ideen als Vorschläge in das Unternehmen eingebracht und wie sie im Rahmen der betrieblichen Abläufe weiter behandelt werden sollen. Dahinter steht der Gedanke, dass viele solcher Ideen zwar auch ohne Systematik umgesetzt würden, aber die Wahrscheinlichkeit für eine möglichst umfassende Ausschöpfung dieses Kreativitätspotentials durch systematische Vorgehensweisen erheblich erhöht wird.

Alleinstellungsmerkmal eines solchen Ideenmanagements ist, dass es grundsätzlich für jeden Mitarbeiter, zu jeder Zeit und für jedes Thema zugänglich ist (ggf. mit Ausnahme von geringen Einschränkungen: z. B. keine Ideen zur Unternehmensstrategie). Die Ideenentstehung kann zwar durch generelle Schulung, Information oder Bekanntgabe lohnender Themen gefördert werden. Letztlich bleibt die Erarbeitung aber den spontanen (oft auch zufälligen) Einfällen der Mitarbeiter überlassen. Es gibt keine ausschließenden Vorgaben, dass nur zu bestimmten Themen (z. B. Prozessen oder Produkten) Ideen erarbeitet werden sollen bzw. dürfen.

Der Begriff »Kontinuierlicher Verbesserungsprozess (KVP)« hat eine doppelte Bedeutung: Zum einen bezeichnet er die übergeordnete Managementphilosophie in Anlehnung an den japanischen »Kaizen«-Gedanken, möglichst täglich Verbesserungen in kleinen und kleinsten Schritten zu erzielen. Zum »KVP« in diesem Sinne tragen sowohl ein Vorschlagswesen bei als auch Verbesserungen, die sich aus festgestellten Nichtkonformitäten in Audits, aus Fehlerbeseitigungen, Reklamationsbearbeitungen u. Ä. ergeben.

Zum andern wird er für auf Gruppenaktivitäten beruhende Methoden verwendet, bei denen Verbesserungen strukturiert erarbeitet werden. Diese Methoden kommen zum Einsatz, um auch bewährte Prozesse und Verfahren grundlegend in Frage zu stellen und substantielle Fortschritte (z. B. zur Rüstzeit- oder Prozessoptimierung) zu erzielen.

Merkmale der KVP-Methodik sind die gezielte Steuerung der zu bearbeitenden Themen, die Vorgabe von konkreten Zielen, und die Anleitung der jeweils eingebundenen Mitarbeiter (u. a. im Rahmen von »KVP-Workshops«) durch geschulte Moderatoren mit der entsprechenden Methodenkompetenz. Die Aktivitäten sind somit auf die jeweils ausgewählten Themen, Zeiten und Personen beschränkt.

KVP-Workshops haben zwar in Qualitätszirkeln und ähnlichen Gruppenkonzepten auch in westlichen Unternehmen Vorläufer, aber als Programm zur systematischen Einbeziehung aller Mitarbeiter in einen kontinuierlichen Verbesserungsprozess haben sie sich erst unter dem Einfluss des Kaizen-Gedankens entwickelt. Im Versuch, die anglo-amerikanische Adaption von Kaizen (»Continuous Improvement Process CIP«) ins Deutsche zu übersetzen, wird diese gruppenorientierte Methode meist »Kontinuierlicher Verbesserungsprozess (KVP)« genannt.

Integratives Ideenmanagement: Die unterschiedlichen methodischen Vorgehensweisen und Organisationsformen können als komplementäre Ergänzungen gestaltet werden. So kann man in Einzelvorschlägen aufgezeigte Probleme zum Gegenstand von KVP-Gruppen machen und den ursprünglich vorgeschlagenen Lösungsweg gemeinsam weiter ausarbeiten oder durch bessere Alternativen ersetzen.

Umgekehrt können aus einem KVP-Workshop hervorgegangene Ideen über das gleiche System wie Einzelvorschläge dokumentiert und nachverfolgt werden. In vielen Unternehmen kann die an einem Workshop teilnehmende Gruppe selbst entscheiden, welche der gemeinsam erarbeiteten Ideen als Gruppenvorschlag im Ideenmanagement eingereicht werden sollen. Auf Möglichkeiten der Prämierung solcher Ideen wird in Abschnitt 4.2.6 näher eingegangen.

2.3 Abgrenzung des Ideenmanagements zu anderen Managementprozessen

Es gibt eine Vielzahl weiterer Managementprozesse und Methoden, die z. T. auch enge Berührungen mit dem Ideenmanagement haben können, aber als eigenständige Systeme behandelt (und nicht etwa mit Ideenmanagement »in einen Topf geworfen«) werden sollten. Im Folgenden werden einige Beispiele betrachtet.

Innovationsmanagement steht für dauerhaft etablierte systematische Vorgehensweisen zur Entwicklung, Sammlung und Realisierung von Ideen für verbesserte bzw. neue Produkte oder Produkteigenschaften.

- Diese Ideen müssen mit Methoden des Projektmanagements in einem meist als Stage-Gate-Prozess gestalteten Verfahren gefiltert und weiterentwickelt werden. Oft haben die betroffenen Themen eine erhebliche Komplexität und Reichweite.
- Maßgebliche bzw. zuständige Akteure sind speziell qualifizierte Abteilungen (z. B. Forschung, Entwicklung, Konstruktion).
- Ideen aus anderen Abteilungen können über das Ideenmanagement eingebracht werden, dies geschieht in den meisten Unternehmen allerdings nur in seltenen Ausnahmen.

Projekte zur Prozessoptimierung: Optimierungsprojekte werden temporär zu konkreten Problemen und mit gezielten Aufgabenstellungen veranlasst und durchgeführt.

- Neben Methoden des Projektmanagements sind meist weitere Methodenkompetenzen erforderlich, wie sie etwa unter Bezeichnungen wie »Six Sigma«, »Wertstromanalyse und -design« oder »REFA-Methodenlehre« zusammengestellt werden.
- Maßgebliche Akteure bzw. zuständige Projektleiter sind speziell qualifizierte Personen (z. B. »Six Sigma Yellow/Green/Black Belt«). Die Einbindung betroffener Mitarbeiter wird je nach Bedarf gezielt gesteuert.
- Es ist sinnvoll, beim Aufsetzen eines Projekts alle bisher zum jeweiligen Thema im Ideenmanagement eingereichten Ideen bzw. in KVP-Workshops erarbeiteten Ergebnisse zu sichten. Umgekehrt können auch Projekte zu Vorschlägen aufgesetzt werden, die ein Problem thematisieren, das sich im Rahmen des Ideenmanagements nicht ausreichend lösen lässt.

Lean Management, TPM, u. Ä.: Konzepte wie Lean Management und Total Productive Maintenance (TPM) setzen ebenso wie Ideenmanagement darauf, die Wirkmöglichkeiten für Mitarbeiter zu erweitern. Sie fördern das Mitdenken und die Übernahme von Verantwortung.

- Die Implementierung derartiger Konzepte erfolgt meist im Rahmen eines entsprechenden Produktionssystems.
- Maßgebliche Akteure bzw. verantwortliche Treiber sind in der Regel die Unternehmens- bzw. Werksleitungen.
- Je nach Ausgestaltung des Produktionssystems kann ein Teil der Ideen bereits im Rahmen des Shopfloor-Managements entschieden und ggf. ihre Umsetzung gesteuert werden. Zu klären bleibt, wie diese Ideen in Kennzahlen des Ideenmanagements berücksichtigt werden, und was mit Ideen geschehen soll, die nicht auf Ebene des Shopfloors gemanagt werden können (etwa weil sie eine höhere Komplexität und Reichweite haben, die sich nicht ad hoc vor Ort entscheiden lässt). Wie sich das Ideenmanagement mit einem Produktionssystem oder Shopfloor-Management verknüpfen lässt, wird in Abschnitt 3.6 erläutert.

3 Organisation des Ideenmanagements

Der Prozess, mit dem Ideen gemanagt werden, lässt sich in vier typische Phasen strukturieren, auf die im Kapitel 4 noch näher eingegangen wird:

1. **Vorphase:** Maßnahmen zur Information, Motivation, Inspiration, Qualifikation der Mitarbeiter – alles was geschieht, bevor eine Idee vorgeschlagen wird, und damit sie vorgeschlagen wird (siehe Abschnitt 4.2).
2. **Bearbeitungsphase:** alles, was geschieht, sobald eine Idee vorgeschlagen wird, von der Einreichung und Erfassung bis zur Entscheidung (siehe Abschnitt 4.3).
3. **Umsetzungsphase (bei positiver Entscheidung):** alles, was geschieht, damit eine positive Entscheidung umgesetzt wird (siehe Abschnitt 4.4).
4. **Abschlussphase:** Feedback an den/die Einreicher der Idee (siehe Abschnitt 4.5).

Das Ideenmanagement ist der organisatorische Rahmen, in dem diese Phasen durchlaufen werden. Es erfüllt grundlegende Managementfunktionen:

- Strategische Verankerung und Weiterentwicklung des Ideenmanagements.
- Definition und Verfolgung von Zielen für das Ideenmanagement.
- Regelung der Abläufe und Zuständigkeiten in jeder Phase.
- Klärung des Ressourcenbedarfs, Bereitstellung entsprechender Ressourcen.
- Pflege von Prozess- und Ergebniskennzahlen für die einzelnen Phasen.
- Dokumentation, Reporting, Evaluation und Information.

Diese Handlungsfelder müssen in einem ganzheitlichen Rahmen integriert und vor dem Hintergrund des bestehenden Umfelds gesehen werden. Defizite in einem der Bereiche führen häufig dazu, dass Maßnahmen der anderen Bereiche nicht wirksam werden können.

Die Abschlussphase 4 geht nahtlos in die Vorphase 1 über, da (in die Zukunft gerichtete) Erwartungen und (in der Vergangenheit gemachte) Erfahrungen bzgl. des Feedbacks die Motivation beeinflussen und gutes Feedback (insbesondere bei Ablehnung) zur Qualifizierung beitragen kann.

Aber auch Erwartungen und Erfahrungen bzgl. der Durchlaufzeiten und der Einbindung während der Bearbeitung und Umsetzung (z. B. durch Rücksprache, Zwischeninformation) wirken auf die Motivation zurück.

Nicht zuletzt werden alle vier Phasen durch das Funktionsniveau des Gesamt-Managementsystems beeinflusst (z. B. Ressourcen und Kompetenzen eines Ideenmanagers, strategische Verankerung und »Management Attention« für das Ideenmanagement).

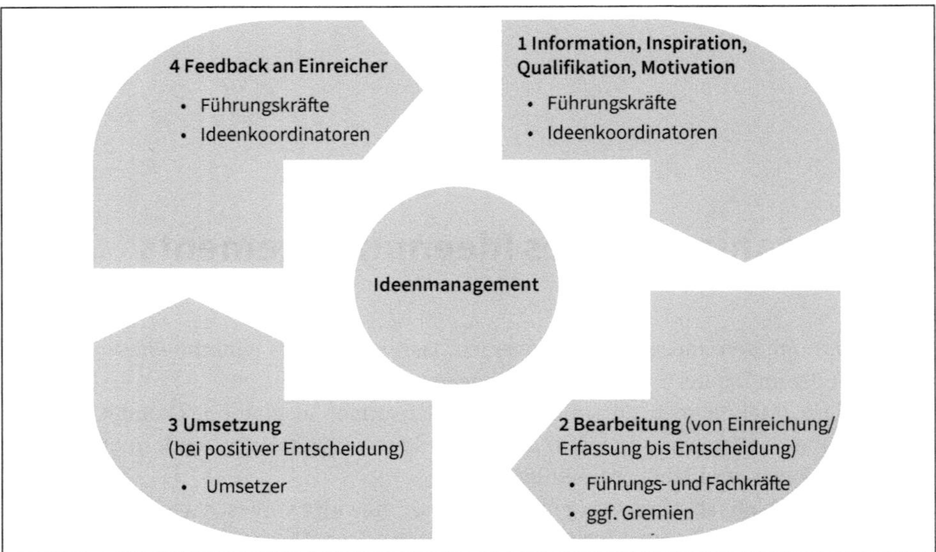

Abb. 1: Typische Phasen im Prozess des Ideenmanagements. Zu jeder Phase sind die wesentlichen Akteure angegeben.

3.1 Strategie und Ziele

Die Klärung des »eigentlichen Daseins-Zwecks« aus unternehmenspolitischer Sicht steht am Anfang der Einführung eines Ideenmanagements, sollte aber auch nach erfolgter Implementierung immer wieder hinterfragt und ggf. angepasst werden. Ein Ideenmanagement ist kein Selbstzweck, sondern soll der übergeordneten Zielsetzung einer nachhaltigen Unternehmensentwicklung dienen. Aus diesem Zusammenhang lassen sich anschließend Zielvorgaben für die Leistungsfähigkeit des Ideenmanagements selbst ableiten.

Die Formulierung und Vorgabe von entsprechenden Unternehmenszielen (z. B. zum Zweck des Ideenmanagements, zu Zielen im Ideenmanagement) sind strategische Aufgaben der Unternehmensleitung. Die Geschäftsleitung und die oberste Managementebene müssen (ggf. auch unter Einbeziehung des Betriebsrats) klären, welche Bedeutung ein erfolgreiches Ideenmanagement für das Unternehmen und für die einzelnen Mitglieder der Leitungsebene hat oder haben soll, sowie Kriterien (Kennzahlen) für die Zielerreichung definieren und quantifizieren.

In der Praxis geht es meist um die Priorisierung, ob zuvörderst eine möglichst hohe Beteiligung der Mitarbeiter (als Element der Unternehmenskultur) oder eine möglichst hohe (finanzielle) Einsparung (als Ratio-Beitrag, Produktivitätssteigerung) angestrebt wird.

Beides gleichzeitig zu wollen, kann bedeuten, sich eine »eierlegende Wollmilchsau« zu wünschen – mit dem häufigen Ergebnis, am Ende in keiner der beiden Zielrichtungen befriedigende Ergebnisse zu erzielen.

Während es durchaus möglich ist, bei einer hohen Beteiligung auch einen hohen (finanziell berechenbaren) Nutzen zu erzielen, führt ein (zu) starker Fokus auf eine hohe Einsparung oft zu Bedingungen, die einer hohen Beteiligung abträglich sind.

Die gesamte Zielstruktur, die den »Sinn und Zweck« des Ideenmanagements aufzeigt, ist in Abbildung 2 aufgezeigt.

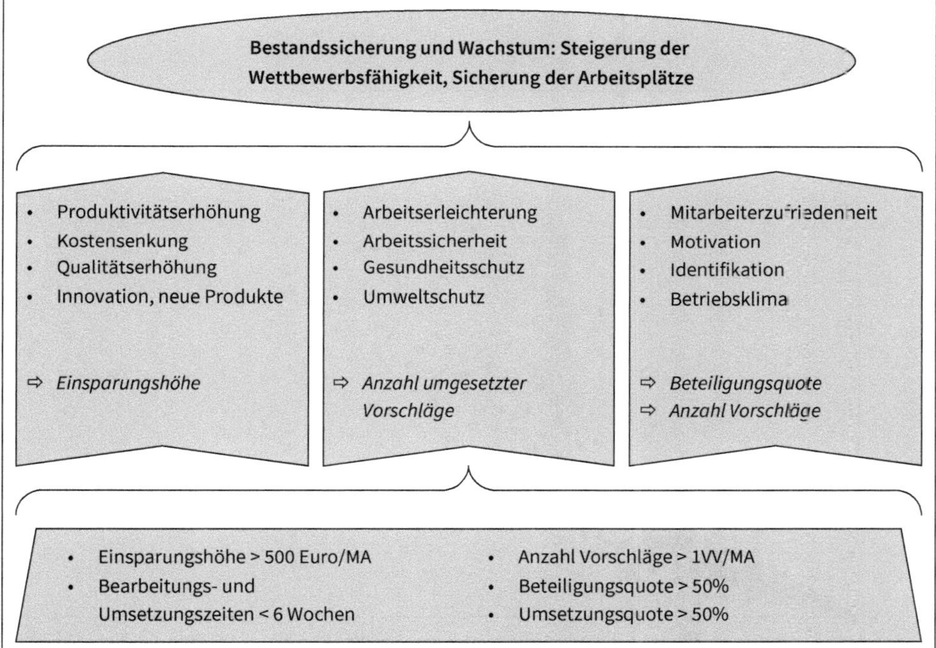

Abb. 2: Zielstruktur im Ideenmanagement. Kriterien, mit denen man die Zielerreichung überprüfen kann, sind mit Pfeilen und Kursivschrift gekennzeichnet.

3.1.1 Kriterien und Kennzahlen für die Zielerreichung

Realistische Zielwerte bewegen sich in folgenden Größenordnungen:

Beteiligung: Um von einer »Beteiligungskultur« sprechen zu können, sollte die Beteiligungsquote im Bereich von mindestens 20 %–30 % liegen. Besonders erfolgreiche Unternehmen erzielen Beteiligungsquoten von mindestens 60 %–80 %.

- Die Beteiligungsquote ergibt sich aus der Anzahl der Einreicher (Mitarbeiter, die im Bezugszeitraum mindestens eine Idee vorgeschlagen haben) pro Anzahl der vorschlagsberechtigten Mitarbeiter.
- Je mehr Mitarbeiter sich beteiligen, desto größer ist die durchschnittliche Anzahl eingereichter Verbesserungsvorschläge pro Mitarbeiter (VV/MA), sodass beide Kennzahlen im Wesentlichen die gleiche Information liefern. Bei einer Beteiligungsquote von

30 % werden üblicherweise 1-2 VV/MA verzeichnet, bei Beteiligungsquoten über 60 % liegt die Vorschlagsquote (z. T. weit) über 3-4 VV/MA.

- Im Hinblick auf die Beurteilung der Qualität einer Unternehmenskultur ist die Beteiligungsquote eingängiger, während die Quantität der Vorschläge unmittelbarer zu ermitteln ist.
- Die Beteiligung und damit die Anzahl der Vorschläge werden vor allem durch Aktivitäten in den Phasen 1 und 4 beeinflusst, die auf Information, Motivation und Inspiration zielen.

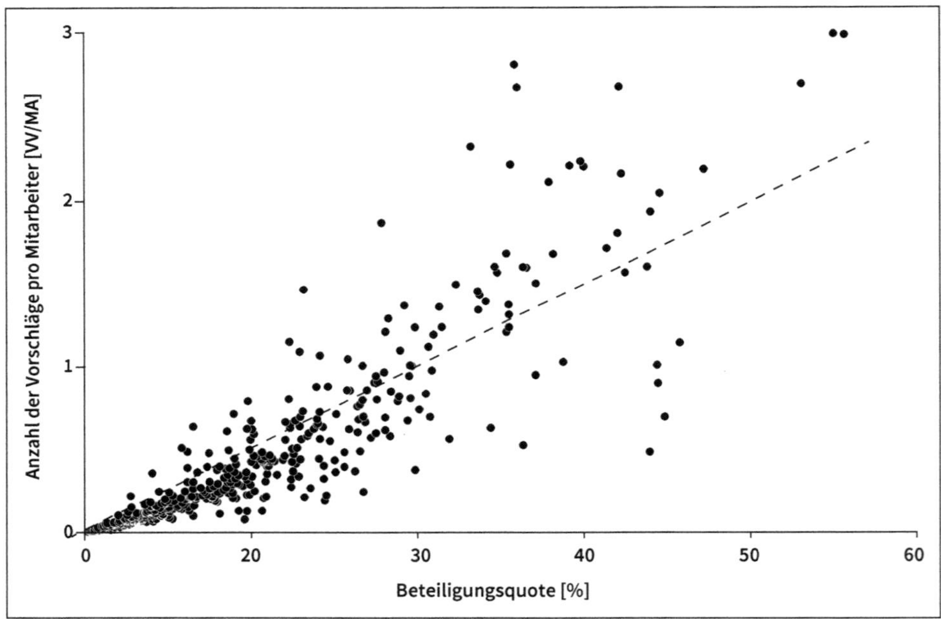

Abb. 3: Zusammenhang zwischen Beteiligungsquote und Vorschlagsquote. Eine hohe Anzahl von Vorschlägen pro Mitarbeiter ergibt sich meist nur bei einer Beteiligung von vielen verschiedenen Mitarbeitern.

Einsparung, Nutzen: Damit Einsparungen für das Unternehmen interessant sind, sollten sie mindestens 500 EUR – 1.000 EUR pro Mitarbeiter und Jahr betragen.

- Neben Einsparungen entsteht ein Nutzen auch durch umgesetzte Vorschläge, deren Auswirkungen nicht berechnet werden können (z. B. Arbeitserleichterungen, Verbesserungen der Arbeitssicherheit). Dieser Nutzen kann anhand der Anzahl der umgesetzten Vorschläge pro Mitarbeiter beziffert werden (Umsetzungsquote).
- Neben dem absoluten Nutzen spielt auch die Effizienz eine Rolle, die als Einsparung pro eingereichten Vorschlag oder als Anteil der umgesetzten Vorschläge pro eingereichten Vorschlag (Umsetzungsanteil) gemessen werden kann.

- Ob der finanzielle Nutzen von umgesetzten Ideen tatsächlich berechnet werden kann, hängt stark von der Situation des Unternehmens ab (z. B. Ausmaß der Standardisierung, Verfügbarkeit von Kostensätzen).
- Die Werthaltigkeit der Ideen und damit der erzielte Nutzen werden vor allem durch Aktivitäten in der Phase 1 beeinflusst, die auf Qualifikation und Inspiration zielen.

Der »Schnellcheck für ein Benchmarking« in Abbildung 51 (Abschnitt 5.2.1) ermöglicht, den aktuellen Stand des Ideenmanagements hinsichtlich der beiden Dimensionen »Kultur« und »Nutzen« rasch einzuordnen.

3.1.2 Zielkonflikte

Neben der Grundsatzentscheidung, ob eher eine hohe Beteiligung oder eine hohe Einsparung angestrebt wird, müssen in der Praxis immer wieder weitere Zielkonflikte geklärt werden.

Unternehmensziele versus Mitarbeiterziele: Die mit einem Ideenmanagement angestrebten Effekte zur Rationalisierung und Produktivitätssteigerung können von Mitarbeitern auch als nachteilig empfunden werden, z. B. wenn diese Effekte mit Arbeitsverdichtung oder mit einer Erhöhung von Leistungsvorgaben ohne gleichzeitige und ausgleichende Erleichterungen verbunden sind. Die Ziele der Organisation stehen dann (vermeintlich) im Widerspruch zu den Bedürfnissen der Organisationsmitglieder.

In diesem Zusammenhang stellt sich die Frage, in wessen Interesse die Ziele des Ideenmanagements eigentlich liegen, oder anders formuliert: Wem nützt es? Der Erfolg des Ideenmanagements beruht zu einem Teil auf der Einsicht (der Mitarbeiter, Betriebsräte), dass alles, was dem Unternehmen nützt, auch den Mitarbeitern nützt. Nur leistungsstarke Unternehmen können dauerhaft gute Arbeitsbedingungen bieten. Zum anderen Teil ist gleichermaßen die Einsicht (der Leitungsebene) erforderlich, dass alles, was den Mitarbeitern nützt, auch dem Unternehmen nützt. Durch humanere Arbeitsbedingungen werden Motivation und Identifikation der Mitarbeiter gefördert, und dies wirkt sich wiederum positiv auf das Leistungsniveau aus. Insofern schließen Leistungsoptimierung und Humanisierung der Arbeit einander nicht aus, sondern bedingen sich wechselseitig.

Ideenmanagement versus Tagesgeschäft: Die wichtigste Ressource, die das oberste Management bereitstellen muss, damit die Ziele im Ideenmanagement erreicht werden können, ist die Zeit, die Führungskräfte für die Teilnahme an Workshops und Schulungen (in der Einführungsphase) sowie (dauerhaft) für die Bearbeitung und Umsetzung von Vorschlägen benötigen. Denn gleichzeitig ist gerade diese Mitarbeitergruppe in hohem Maß damit ausgelastet, das Geschäft bzw. die Produktion am Laufen zu halten.

In den meisten Unternehmen wird die so beschriebene Situation als ein Zielkonflikt zwischen dem sogenannten Tagesgeschäft und den Anforderungen des Ideenmanagements wahrgenommen. Die Arbeiten im Ideenmanagement sollen geleistet werden, dürfen aber keine Zeit kosten, weil diese woanders (in der Kundenbetreuung, Leistungserbringung, Produktion, Instandhaltung) fehlen würde.

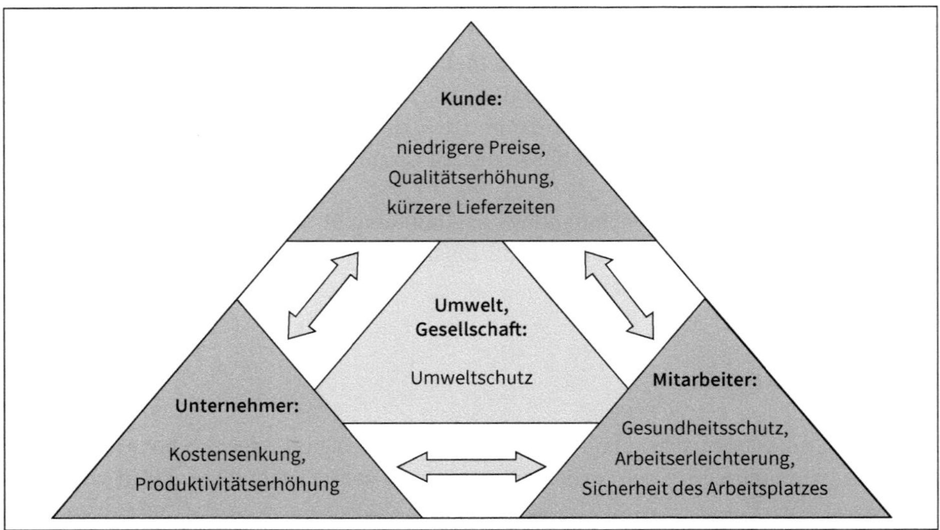

Abb. 4: »Wem nützt das Ideenmanagement?« Vorteile ergeben sich letztlich für alle Stakeholder: Kunden, Unternehmer bzw. Eigner, Mitarbeiter und die Umwelt bzw. Gesellschaft.

Aussicht auf Erfolg hat das Ideenmanagement nur dann, wenn das obere Management zu der Einsicht kommt, dass das Management von Ideen keine zusätzliche Arbeit außerhalb des Tagesgeschäfts ist und diese Einsicht dann auch lebt. Dazu muss die Unternehmensleitung verdeutlichen, dass sie von allen Führungskräften einen kontinuierlichen Beitrag zu Leistungs- und Produktivitätssteigerungen erwartet, und Verbesserungsmaßnahmen aus Mitarbeiterideen als Teil des Tagesgeschäfts einfordern.

3.1.3 Ziele vermitteln und vereinbaren

Die von der Unternehmensleitung (Geschäftsführung, Topmanagement) formulierten Ziele müssen anschließend an die Führungskräfte und Mitarbeiter vermittelt werden (»top-down«-Ansatz). Dazu kann man Kennzahlen zum Ideenmanagement in die Zielvereinbarungen für das Führungsverhalten von Führungskräften oder für die Leistung der Ideenmanager aufnehmen.

Für Führungskräfte und für Mitarbeiter von Fachabteilungen, die als Gutachter tätig sind, kann man als Kennzahl den Anteil frist- und sachgerecht erstellter Gutachten oder getroffener Entscheidungen definieren.

Bei Zielvereinbarungen mit Ideenmanagern sollten nur solche Größen einbezogen werden, auf die der Ideenmanager auch persönlich und direkt Einfluss hat. Angemessene Größen zur Leistungsbeurteilung eines Ideenmanagers sind etwa die Anzahl von Coaching-Besprechungen mit Gutachtern, die Anzahl von Informationsveranstaltungen für Mitarbeiter oder der Anteil termingerecht aktualisierter Aushänge und Berichte.

Auch die gesamte Belegschaft sollte zumindest hinsichtlich grundlegender Kennzahlen über die Zielvorstellungen des Unternehmens informiert werden.

Unternehmensleitungen haben die folgenden Möglichkeiten, womit sie ihre Strategie und Ziele vorleben und vermitteln können:

- Das Ideenmanagement wird in Meetings, Jahresgesprächen, Belegschaftsversammlungen ausdrücklich als Werkzeug für Unternehmensveränderung thematisiert (»verbessern statt meckern«, Abbau der Haltung »das war schon immer so«).
- Geschäftsführer befassen sich regelmäßig persönlich mit dem Ideenmanagement. Dies kann aus unterschiedlichen Anlässen und in verschiedener Form geschehen, z. B.:
  - Der Geschäftsführer verdeutlicht den Stellenwert und sein persönliches Interesse durch eine wöchentliche »Ideen-Zeit«: In halbstündigen Meetings sprechen der Geschäftsführer und der Ideenmanager mit einem Mitarbeiter über dessen Aktivitäten im Ideenmanagement. Der Mitarbeiter wird vom Ideenmanager ausgesucht, es kann sich um Führungskräfte/Gutachter sowie um Einreicher oder Noch-nicht-Einreicher handeln.
  - Der Geschäftsführer führt regelmäßige Meetings mit dem Ideenmanager durch, um sich über den Abarbeitungsstand von Vorschlägen zu informieren. Bei überfälligen Vorschlägen werden die zuständigen Personen vom Geschäftsführer angesprochen.
  - Der Geschäftsführer übergibt höherwertige Prämien persönlich. Fotos der Übergaben werden in der Mitarbeiterzeitung oder am Aushang veröffentlicht.
  - Der Geschäftsführer unterschreibt Prämienbescheide, ergänzt diese ggf. durch persönliche handschriftliche Kommentare.
- In den jährlichen Zielvereinbarungen oder Mitarbeiterjahresgesprächen mit den Führungskräften werden auch Kenngrößen zum Ideenmanagement berücksichtigt.
- Jährlich werden Status-Workshops durchgeführt, um das Ideenmanagement auf der Basis der erzielten Ergebnisse strategisch weiterzuentwickeln und entsprechende Maßnahmen zu vereinbaren. Teilnehmer sind die Geschäftsleitung, die oberste Führungsebene, der Betriebsratsvorsitzende und der Ideenmanager.

3.2 Abläufe und Zuständigkeiten

Nach der Vorgabe der »richtigen« Ziele hängt der Erfolg des Ideenmanagements entscheidend von der Organisationsstruktur ab. Diese soll eine möglichst hohe Effizienz der Abläufe gewährleisten und die grundsätzliche Zielvorstellung und Strategie des Unternehmens für das Ideenmanagement unterstützen.

Während der Ablauf von der Ideenentstehung bis zu ihrer Umsetzung dem »natürlichen« Zyklus aus den oben genannten vier Phasen folgt, der im Prinzip in allen Unternehmen ähnlich ist, können in den Regelungen für Aufgaben und Zuständigkeiten erhebliche Unterschiede bestehen. Die verschiedenen Möglichkeiten liegen auf einem breiten Spektrum, das von zentralen Organisationsformen des klassischen Vorschlagswesens über dezentrale Vorgesetztenmodelle bis zur weitgehenden Integration in ein Shopfloor-Management bzw. Produktionssystem reicht.

- **Die Aufbau- und Ablauforganisation** des Ideenmanagements sollten von Anfang an mögliche Nahtstellen zu sonstigen Führungsinstrumenten sowie zu Instrumenten im Qualitäts-, Innovations- und Wissensmanagements berücksichtigen. Durch isolierte Parallelstrukturen bleiben wertvolle Synergiepotentiale ungenutzt.
- **»Machtpromotor«:** Ein Mitglied des Topmanagements mit weitreichenden Entscheidungsbefugnissen sollte benannt werden, das die Verantwortung für das gesamte Ideenmanagement übernimmt. Durch das Prinzip der »Eskalation nach oben« ist er der Letztverantwortliche (vor der Unternehmensleitung) für die Umsetzung von Maßnahmen in den Bereichen Vorschlagswesen und KVP.
- **Die Grundsätze und die allgemeine Organisation** eines Vorschlagswesens sind nach § 87 Betriebsverfassungsgesetz (BetrVG) bzw. § 75 Bundespersonalvertretungsgesetz (BPersVG) mitbestimmungspflichtig. In der Regel wird daher zwischen Unternehmensleitung und Betriebsrat eine Betriebsvereinbarung abgeschlossen, in der folgende Punkte festgelegt werden:
  - wie der Begriff Vorschlag definiert wird und wer berechtigt ist, Vorschläge einzureichen;
  - wie das Einreichen und der weitere Bearbeitungsweg von Vorschlägen ausgestaltet sind;
  - nach welchen Maßstäben Vorschläge bewertet und nach welchen Grundsätzen Vorschläge gegebenenfalls prämiert werden.

  Die Entscheidung über Nutzung und Einführung von Vorschlägen und die Entscheidung über zu gewährende Prämien im Einzelfall sind nicht mitbestimmungspflichtig.

Hinweise zum Abschluss einer Betriebsvereinbarung

Die Regelungen im BetrVG und BPersVG betreffen ausdrücklich (nur) die »Grundsätze« eines Vorschlagswesens und lassen erhebliche Gestaltungsfreiräume offen. Bei der Umsetzung in der Praxis wird der Geltungsbereich der Gesetze jedoch häufig als Anforderung bzw. Definitionskriterium für Vorschläge übernommen, ohne Rücksicht darauf, ob dies für den Erfolg des Ideenmanagements sinnvoll ist. Dadurch wird bereits vom Ansatz her der Blick für ein gemeinsames Managementsystem für die Nutzung von Beschwerden, Mängelhinweisen, Anregungen und Vorschlägen von Mitarbeitern behindert. Zudem wird der Teilnehmerkreis für das Vorschlagswesen häufig auf den Personenkreis eingeschränkt, für den das BetrVG gilt. Betriebsfremde Personen, freie Mitarbeiter, Mitarbeiter von Drittfirmen und ehemalige Betriebsangehörige sowie leitende Angestellte, die nicht als Arbeitnehmer nach § 5 Abs. 1 BetrVG gelten, werden unnötigerweise ausgeschlossen. Dies behindert nicht nur den Informationsfluss mit vor- und nachgelagerten Prozessen bei Lieferanten und Kunden, sondern führt auch gegenüber der einfachen Regelung »alle können teilnehmen« zu einer Verkomplizierung und zusätzlichem Erklärungsaufwand. Vorzuziehen ist ein System, das sich für Anregungen von allen Seiten öffnet. Es steht dem Unternehmen frei, Personen, die nicht unter das BetrVG fallen, im Rahmen von erweiterten Richtlinien oder gesonderten Vereinbarungen in das eigene Ideenmanagement einzubeziehen. Einer guten Idee ist es schließlich egal, wer sie hat.

Das BetrVG betrifft nur solche »einfachen« Vorschläge, die nicht durch gewerbliche Schutzrechte oder das Urheberrecht geregelt werden. Schutzrechtsfähige technische Neuerungen unterliegen als Erfindungen dem Arbeitnehmererfindergesetz (ArbNErfG) und fallen damit aus dem Regelungsbereich des BetrVG bzw. BPersVG und des betrieblichen Vorschlagswesens heraus. Das gleiche gilt für sogenannte »qualifizierte« Verbesserungsvorschläge, die zwar nicht schutzrechtsfähig sind, aber dem Arbeitgeber ebenso wie ein Patent eine faktische Monopolstellung im Wettbewerb ermöglichen. Im Rahmen seiner arbeitsrechtlichen Fürsorgepflicht sollte der Arbeitgeber Vorschläge daraufhin überprüfen, ob es sich um einen einfachen Verbesserungsvorschlag handelt oder ob bereits eine Erfindung vorliegt.
Schutzrechtsfähige geistig-schöpferische Neuerungen (Vorschläge mit ästhetischen Schöpfungen, kaufmännische oder organisatorische Anleitungen) fallen zwar ebenfalls aus dem Regelungsbereich des BetrVG heraus, aber da im ArbNErfG vergleichbare gesetzliche Regelungen für sie nicht bestehen, können auch Vorschläge geistig-schöpferischer Art im Rahmen des betrieblichen Vorschlagswesens berücksichtigt werden.
Betriebsvereinbarungen und Richtlinien zum Ideenmanagement müssen die Anforderungen des BetrVG, BPersVG und ArbNErfG natürlich berücksichtigen oder umfassen. Im Interesse der Sache sollte das Ideenmanagement jedoch auch solche Bereiche (Personenkreise, Arten von Vorschlägen) einbeziehen, zu denen keine gesetzlichen Regelungen bestehen.

Ein Ideenmanagement sollte keine zusätzliche Bürokratie im Unternehmen verursachen, sondern möglichst die vorhandenen Strukturen des Betriebsalltags nutzen. Die meisten Aufgaben sollten daher im Rahmen der üblichen Linienfunktionen wahrgenommen werden. Dies ist zumindest der Ansatz bei einer Integration in ein Shopfloor-Management sowie beim sogenannten »Vorgesetztenmodell«, das möglichst viele Entscheidungskompetenzen und Zuständigkeiten dezentral auf die jeweiligen Führungskräfte von Einreichern verteilt. Kurze Entscheidungswege bewirken in der Regel deutlich kürzere Bearbeitungszeiten.

Die Organisationsstruktur definiert, welche Personen oder Organe für folgende typische Funktionen zuständig sind:

- **Zu Ideen anregen und motivieren:** Führungskräfte
- **Ideen vorschlagen:** Mitarbeiter, Einreicher.
- **Ideen begutachten und bewerten:** Gutachter/Experten, Prozessbesitzer.
- **Über Umsetzung und ggf. Prämierung entscheiden:** Entscheider, Prozessbesitzer, Gremium, Ausschuss, Kommission.
- **Umsetzung veranlassen:** Entscheider, Prozessbesitzer, Gremium, Ausschuss, Kommission.
- **Administration, Koordination, Marketing:** Ideenmanager, Ideenkoordinator, Beauftragter für das Vorschlagswesen.

Ein mögliches Modell für das Zusammenwirken entsprechender Organe im sogenannten »Vorgesetztenmodell« ist in Abbildung 5 veranschaulicht.

Im Folgenden werden die Rollen und Aufgaben der für das Ideenmanagement maßgeblichen Akteure im Einzelnen beschrieben.

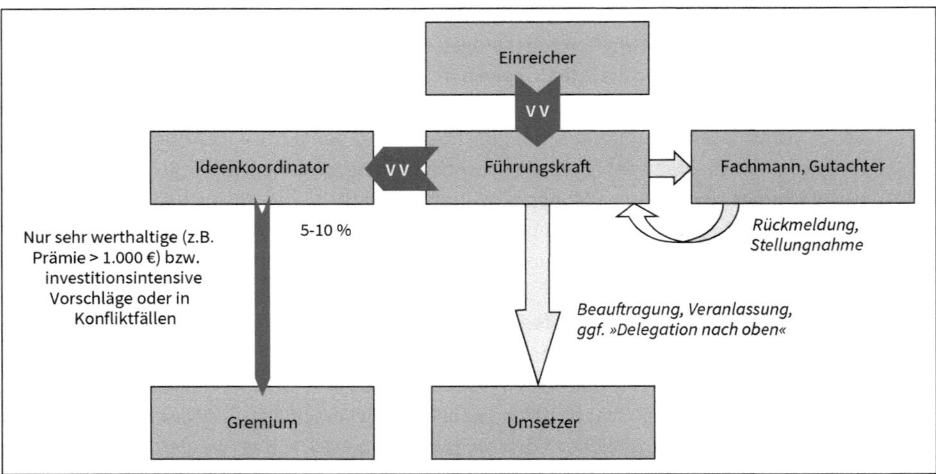

Abb. 5: Die Führungskraft des Einreichers erhält die Prozessverantwortung für die gesamte Bearbeitung, Umsetzung und Anerkennung des Vorschlags (dezentrale Komponente). Koordinations- und Dokumentationsaufgaben werden zentral wahrgenommen. Ein Gremium (Bewertungsausschuss, Kommission) wird nur bei besonders werthaltigen bzw. investitionsintensiven Vorschlägen, die über die üblichen Entscheidungsbefugnisse der Führungskraft hinausgehen, oder in Streitfällen tätig.

3.2.1 Mitarbeiter, Einreicher

Die Rolle der Mitarbeiter im Ideenmanagement besteht darin, Verbesserungsansätze zu erkennen, diese vorzuschlagen und sich – soweit möglich – für die Umsetzung zu engagieren. Die Bereitschaft und Fähigkeit hierfür zu fördern, ist ein wesentliches Anliegen von Maßnahmen der Phasen 1 und 4 im Ideenmanagement.

In den Antworten von Mitarbeiterbefragungen in verschiedenen Unternehmen (siehe Abbildung 6) wird deutlich, dass die meisten Mitarbeiter durchaus interessiert sind, Vorschläge zu machen. Allerdings werden die Chancen, mit Vorschlägen tatsächlich etwas bewirken zu können, vor einer Optimierung des Ideenmanagements als eher gering angesehen. Während die große Mehrheit der Mitarbeiter weiß, wen sie mit Vorschlägen ansprechen kann, ist den meisten unbekannt, wie der Umgang mit den Vorschlägen organisiert ist. Nur ein geringer Teil der Mitarbeiter ist der Ansicht, dass ihre Führungskräfte von ihnen Vorschläge erwarten; noch weniger Befragte geben an, von Führungskräften Anregungen zu Vorschlägen zu erhalten.

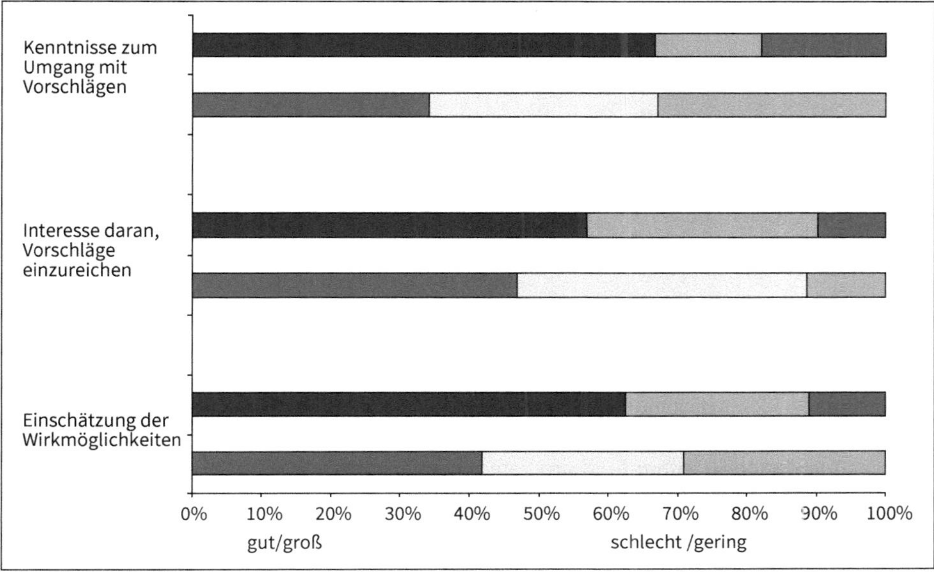

Abb. 6: Typisches Antwortverhalten von Mitarbeitern hinsichtlich der Kenntnisse über den Umgang mit Vorschlägen, des Interesses, Vorschläge einzureichen und der Einschätzung, mit Vorschlägen etwas bewirken zu können. Verglichen werden die Antworten vor und nach einer rund zweijährigen Optimierungsphase. (Untere Balken: Vor der Optimierung, obere Balken: Nach der Optimierung. Dunkle Balken/links: Sehr gute und gute Bewertung, helle Balken/in der Mitte: Mittlere Bewertung und keine Angaben, halbdunkle Balken/rechts: Schlechte und sehr schlechte Bewertung).

3.2.2 Führungskräfte

Führungskräfte haben im Ideenmanagement die Aufgaben, ihre Mitarbeiter zu informieren, sie zu Vorschlägen anzuregen, ihnen als Ansprechpartner zur Verfügung zu stehen und sie bei der Ausarbeitung und beim Aufschreiben von Vorschlägen zu unterstützen.

In Abhängigkeit von den Regelungen sowie von den jeweiligen Kompetenzen und Entscheidungsbefugnissen ergeben sich mit der Bewertung, Entscheidung und Umsetzung von Vorschlägen weitere Aufgaben. So sollen Vorschläge bei dezentralen Regelungen möglichst von den kompetenten Entscheidungsträgern »vor Ort« bearbeitet werden. Im Regelfall sind dies die direkten Vorgesetzten der Einreicher. Insofern stimmen im Vorgesetztenmodell und im Modell Shopfloor-Management die Rollen des Gutachters, des Entscheiders und des Prozessbesitzers mit der Rolle des Vorgesetzten überein. Den Führungskräften fallen insgesamt folgende Aufgaben zu:

- Information und Motivation ihrer Mitarbeiter (einschließlich Unterstützung bei der Formulierung und Niederschrift von Vorschlägen).
- Weiterleiten der direkt abgegebenen Vorschläge an den Ideenkoordinator zur zentralen Erfassung.

- Bewerten (Kosten/Nutzen-Ermittlung) von Vorschlägen, Entscheidung oder Beschluss über die Umsetzung von Vorschlägen im Rahmen der üblichen Entscheidungskompetenzen und -befugnisse der jeweiligen Führungskraft (je nach Investitionsvolumen).
- Veranlassen und Kontrolle der Realisierung der eigenen Entscheidungen.
- Ggf. Festsetzen von Prämien (bis Bemessungsgrenze).
- Vermittlung von Feedback und Anerkennung, Erklärung und Begründung von Ablehnungen im persönlichen Gespräch, ggf. Überbringen von schriftlichen Bescheiden.

3.2.3 Gutachter, Entscheider

Als Gutachter oder Entscheider sind Personen tätig, die mit der erforderlichen Sachkenntnis die Vorschläge oder Teilaspekte von Vorschlägen beurteilen können. Häufig werden geeignete Personen von der Unternehmens- oder Personalleitung explizit als Gutachter oder Entscheider benannt, damit die Zuordnung von zentral eingereichten Vorschlägen erleichtert wird.

Im Hinblick auf die Rollen und Aufgaben von Gutachtern bzw. Entscheidern sind unterschiedliche Modelle möglich.

Modell »Gutachter« (»klassisches« Vorschlagswesen, Gremienmodelle): Die Aufgabe des Gutachters ist auf die Bewertung oder Begutachtung der Vorschläge beschränkt. Er gibt lediglich eine Empfehlung für das Gremium oder übergeordnete Stellen (z. B. Geschäftsführer) ab, die dann die endgültige Entscheidung treffen und gegebenenfalls die Umsetzungsarbeiten veranlassen (siehe unten: »Entscheidungsgremium«, Abschnitt 3.2.4).

Modell »Entscheider«: Die Aufgabe des Entscheiders umfasst die Bewertung bzw. Begutachtung und die Entscheidung über die Umsetzung der Vorschläge. Mit der Entscheidung gehen die Vorschläge an den Ideenmanager oder an einen Umsetzungskoordinator, der dafür verantwortlich ist, die Umsetzungsarbeiten zu veranlassen.

Modell »Prozessbesitzer«: Die Aufgabe des Prozessbesitzers endet nicht mit der Begutachtung und Entscheidung über die Umsetzung, sondern umfasst auch die Prozessverantwortung bis zur endgültigen Realisierung der Umsetzung. Der Prozessbesitzer veranlasst die Umsetzungsarbeiten und verfolgt und kontrolliert die Umsetzung bis zum Abschluss.

»Vorgesetztenmodell«: Die Führungskraft ist gleichermaßen für die Begutachtung (auch unter Einbeziehung weiterer Stellungnahmen/Untergutachten), Entscheidung, Umsetzung und Anerkennung bzw. Prämierung von Vorschlägen im Rahmen seiner üblichen Entscheidungsbefugnisse zuständig. Vorschläge, die der direkte Vorgesetzte nicht im Rahmen seiner üblichen Befugnisse entscheiden kann, leitet er auf dem üblichen Dienstweg an zuständige Stellen weiter.

Modell »Shopfloor-Management«: Die jeweils für den Bereich relevanten Vorschläge werden im Rahmen des Shopfloor-Managements vor Ort thematisiert und von den anwesenden Führungskräften gemanagt.

3.2.4 Entscheidungsgremium

Im »klassischen« Vorschlagswesen hat das meist paritätisch besetzte Gremium (auch: Ausschuss, Kommission) eine zentrale Funktion, weil es für die Entscheidung und Prämierung aller Vorschläge zuständig ist. In ihm sollten sowohl die Fachkompetenz zur sachlichen Beurteilung des jeweiligen Vorschlags als auch die Unternehmensleitung und der Betriebsrat vertreten sein.

Die Erörterung aller Vorschläge im Gremium führt jedoch häufig zu langen Bearbeitungszeiten. Gleichzeitig wird teure Arbeitskapazität für Entscheidungen gebunden, die in der Mehrzahl der Fälle auch von einer einzigen Person hätten getroffen werden können, wenn die Entscheidungssituation im »normalen« Betriebsalltag und nicht durch einen Vorschlag entstanden wäre.

In den meisten Unternehmen hat es sich daher bewährt, dass die Entscheidung direkt von der zuständigen Führungskraft getroffen wird. Im »Normalfall« sollen Vorschläge und ihre Umsetzung Teil des operativen Geschäfts sein und weitgehend »von selbst laufen«, ohne dass die Unternehmensleitung und der Betriebsrat ständig »mitmischen« müssen. Aufgabe von Unternehmensleitung und Betriebsrat ist (lediglich), die Spielregeln für den Normalfall festzulegen, wie sie in der Ablauforganisation für das Ideenmanagement gelten und eventuell in einer Betriebsvereinbarung festgelegt sind. Erst bei einem Verstoß gegen die Spielregeln ist es sinnvoll, dass sich Unternehmensleitung und Betriebsrat damit befassen.

In der Praxis finden sich verschiedene Zwischenstufen:

- Das Gremium wird nur für Vorschläge ab einer bestimmten Investitions-, Einspar- und Prämienhöhe tätig. Unterhalb dieser Schwelle entscheiden die Führungskräfte eigenverantwortlich. Zudem ist das Gremium für die Behandlung von Streitfällen zuständig (etwa bei Einspruch gegen die Höhe einer Prämie).
- Das Gremium tagt regelmäßig und gibt damit den Führungskräften Termine vor, bis zu denen sie ihre Entscheidungen getroffen haben sollen. Da die Vorschläge bzw. Entscheidungen nicht inhaltlich besprochen werden, können die Sitzungen sehr kurz sein.
- Die inhaltliche und terminliche Kontrolle von Vorentscheidungen der Führungskräfte oder Gutachter wird durch den Geschäftsführer übernommen (statt durch ein Gremium). Das Gremium ist nur für Streitfälle und Einsprüche zuständig.
- Es wird kein Gremium benannt. Streitfälle und Einsprüche werden auf denselben Wegen wie andere innerbetriebliche Konflikte behandelt.

3.2.5 Ideenadministration und -koordination, Marketing

Zu den **administrativen Aufgaben eines Ideenmanagers** gehören folgende Tätigkeiten.

- Vorschläge in einem zentralen Dokumentationssystem erfassen, sofern sie nicht direkt in einer entsprechenden Software eingereicht wurden.
- Vorschläge einem Prozessverantwortlichen zur Begutachtung, Entscheidung und Umsetzung zuweisen (in der Regel dem direkten Vorgesetzten des Einreichers), sofern sie nicht schon bei diesem eingereicht oder ihm durch die EDV automatisch zugeleitet wurden.

- Fristen und Termine für die Begutachtung, Entscheidung und Umsetzung verfolgen.
- Einreichern den Erhalt des Vorschlags mit Eingangsbescheiden bestätigen und sie über den aktuellen Stand der Bearbeitung auf dem Laufenden halten, sofern dies nicht schon automatisch durch die EDV oder durch die Visualisierung an einem Shopfloor-Board geschieht.
- Für den Informationsfluss und die Transparenz im Betrieb sowie für das Reporting gegenüber der obersten Leitung sorgen.

Eine derartige Management- und Koordinationsfunktion wird auch im dezentralen Vorgesetztenmodell benötigt.

Sofern Vorschläge durch ein Gremium bewertet, entschieden und prämiert werden sollen, zählt in der Regel auch die Vorbereitung der Gremiumssitzungen zu den Aufgaben des Ideenmanagers.

Ideenmanager sorgen zudem für die allgemeine Information und für das Marketing zum Ideenmanagement (z. B. durch Aushänge, Plakate, Beiträge im Intranet des Unternehmens oder in der Mitarbeiterzeitung). Konkrete Handlungsmöglichkeiten werden in Abschnitt 4.2 vorgestellt.

In der Praxis stehen Ideenmanager häufig vor folgenden **Herausforderungen**:

- Gerade in mittelständischen Unternehmen üben Ideenmanager ihre Tätigkeiten häufig nur »nebenher« aus, weil sie außerdem noch weitere Aufgaben haben. Allein daraus ergeben sich für die einzelnen Personen beträchtliche Mehrfachbelastungen. Auch wenn der Ideenmanager gleichzeitig Mitglied des Betriebsrats ist, kann dies immer wieder zu Rollenkonflikten führen.
- Vielfach sehen sich die Ideenmanager in der Situation, bei Führungskräften die Erledigung von Arbeiten im Ideenmanagement anmahnen oder anfordern zu müssen, denen gegenüber sie jedoch in einer untergeordneten oder weniger mächtigen Position sind. Unternehmensleitungen erwarten zwar nachdrückliche Terminverfolgung durch die Ideenmanager, aber oft, ohne ihnen eine entsprechende Handhabe zu liefern.
- Ein Lösungsansatz besteht in der Einrichtung oder Benennung von »Machtpromotoren«. Dies sind »hochrangige« Personen, die die Unternehmensleitung vertreten und bei Bedarf vom Ideenmanager »ins Feld geführt« werden können, wenn es darum geht, Anforderungen des Ideenmanagements mit Nachdruck und mit Rückendeckung vorzubringen.

Wird die Stelle eines Ideenmanagers besetzt, so sind sowohl die organisatorische Zuordnung der Stelle im Unternehmen als auch die persönlichen Fähigkeiten und Eigenschaften der ausgewählten Person zu beachten.

Anforderungen an die Einordnung in die Organisationsstruktur

Der Ideenmanager sollte möglichst wenig durch unvorhergesehene Dringlichkeiten des auf die Leistungserbringung für die Kunden zielenden Tagesgeschäfts beansprucht werden. Andernfalls besteht ein hohes Risiko, dass die Belange des Ideenmanagements als nicht unmittelbar zeitkritisch gegenüber dem momentan stets wichtigeren Produktions- und Lieferdruck zurückgestellt werden. Dies führt auf Dauer zu einem ungenügenden Aktions-

und Funktionsniveau des Ideenmanagements und erzeugt Frustration bei allen Beteiligten und Betroffenen.

- Potentiell *geeignete* Organisationseinheiten bzw. zur Kombination mit Ideenmanagement geeignete Funktionen sind in vielen Unternehmen:
  - Stabsstellen, die direkt an die Unternehmensleitung berichten. Dies können etwa die Zuständigen für andere Querschnittsthemen wie Arbeitssicherheit, Umweltmanagement, Qualitätsmanagement, Unternehmensentwicklung oder (interne) Unternehmenskommunikation sein.
  - Personalentwicklung, Human Ressources (dabei sollte allerdings auf eine Trennung vom klassischen »Personalbüro« geachtet werden, mit dem manche Mitarbeiter eher ungute Assoziationen verknüpfen).
  - Zuständigkeit für das jeweilige Produktionssystem (als Teil des Methodenkoffers für Kontinuierliche Verbesserung unter Einbindung der Mitarbeiter).
  - Teilweise oder ganz freigestellte Betriebsräte (dies stellt allerdings gewisse Anforderungen an die Persönlichkeit des Ideenmanagers und an die Unternehmenskultur, um Loyalitätskonflikte zu vermeiden bzw. angemessen zu handhaben).
- In der Regel *ungeeignete* Organisationseinheiten sind in den meisten Unternehmen:
  - IT-Abteilungen, da die Mitarbeiter häufig von kurzfristigen und unvorhersehbaren Sofortmaßnahmen für Problemlösungen beansprucht werden.
  - Qualitätssicherung, soweit sie vor allem mit dringenden Aktivitäten im Zusammenhang mit Qualitätsproblemen und Reklamationsbearbeitungen befasst ist.
  - Chefsekretariat, sofern bei einer bereits hohen Auslastung häufig vorrangig sowohl dringende als auch wichtige Anliegen des Chefs zu erledigen sind.
- In der Praxis ist Ideenmanagement derzeit meist dem Thema Personal und Führung, Produktion bzw. Produktionssystem oder einer Stabsstelle zugeordnet.

Mit der Zuordnung sind häufig schon Auswirkungen bzw. (Vor-) Entscheidungen über die strategische Zielrichtung des Ideenmanagements verbunden, ohne dass dies immer bewusst oder beabsichtigt ist: So führt z. B. eine Unterstellung unter Personen, die an Produktivitätskennzahlen gemessen werden, oft zu starken Tendenzen, das Ideenmanagement vor allem als Rationalisierungsinstrument zum Erzielen möglichst hoher rechenbarer Einsparungen mit minimalem Aufwand einzusetzen. Hingegen bestehen bei einer Zuordnung zu Bereichen mit Zuständigkeiten für langfristige kulturelle und strategische Themen eher Tendenzen, das Ideenmanagement auch als Beteiligungsinstrument zu sehen.

Die zeitlichen Ressourcen, die für das Ideenmanagement aufgewendet werden sollen (und dürfen), sollten möglichst genau spezifiziert werden. Dies ist um so wichtiger, wenn ein Ideenmanager auch noch andere Aufgaben hat und nur einen Teil seiner Arbeitszeit für das Ideenmanagement aufwenden kann, wie es in kleinen und mittleren Unternehmen in der Regel der Fall ist. Bewährt hat sich eine strikte Aufteilung etwa nach Wochentagen oder nach Vor- und Nachmittagen (Zeitfenster mit definierter Uhrzeit). Es muss für alle Beteiligten klar und verbindlich sein, dass der Ideenmanager während der für das Ideenmanagement vorgesehenen Zeit nicht für Belange seiner anderen Aufgaben befasst werden darf (und umgekehrt). Ohne eine verbindliche zeitliche Regelung (etwa nach dem Motto »nehmen Sie sich dafür die Zeit, die Sie brauchen ...«) lässt das Unternehmen (bzw. die Unternehmensleitung) die betroffene Person mit dem Konflikt zwischen den verschiedenen Aufgaben allein – was oft zur Überforderung führt.

Anforderungen an die persönlichen Fähigkeiten und Eigenschaften von Ideenmanagern
Ein Ideenmanager sollte…

- kommunikativ sein und gern mit Menschen zu tun haben,
- sich für technische und organisatorische Dinge interessieren,
- mit dem PC und Office-Produkten umgehen können,
- Eigeninitiative und Hartnäckigkeit mitbringen.

Im Einzelnen lassen sich die in Abbildung 7 genannten Fähigkeiten und Eigenschaften als Erfolgsfaktoren für die Tätigkeit als Ideenmanager ausmachen.

»Kommunikation«:	ansprechbar, kontaktfreudig, kollegial, gern gesehen, guter Umgang mit Menschen
»Moderation«:	Vermittlung von Gesprächen zwischen Vorgesetzten und Einreichern; Leitung von Kreativitäts- und Problemlöse-Workshops, Info-Meetings.
»Organisation«:	Organisationstalent, Strukturierungsfähigkeit, (auch bei Zeitdruck) Ruhe bewahren können.
»Kreativität«:	Kreativität und Phantasie (z. B. Ideen bzgl. Aktionen, Aushänge, Problemlösung).
»Identifikation«:	Freude am Ideenmanagement, dahinter Stehen, Offenheit für Vorschläge.
»Generalist«:	Übergreifendes Wissen zu betrieblichen Abläufen und Prozessen; allgemeines bzw. breites technisches Verständnis.
»Software«:	Umgang mit Software und IT (z. B. Vorschlagsverwaltung, Layout Aushänge).
»Nachdruck«:	Hartnäckigkeit und Geduld, Durchhaltevermögen im Nachhalten und Nachverfolgen, Entscheidungsfreudigkeit.
»Reputation«:	Unvoreingenommenheit, Neutralität, Glaubwürdigkeit, Offenheit.

Abb. 7: Hilfreiche Fähigkeiten und Eigenschaften von Ideenmanagern

3.2.6 Koordination der Umsetzungsarbeiten

In einigen Unternehmen hat sich eine Arbeitsteilung zwischen eher administrativen Arbeiten und der Koordination von Umsetzungsarbeiten bewährt. Die Koordination der Umsetzungsarbeiten in Industrie oder Handwerksbetrieben übernimmt am besten ein Betriebstechniker (Handwerker, Schlosser oder Elektriker, der die Vorschläge realisiert). Aufgabe des »Umsetzungskoordinators« ist es, sich im Rahmen eines definierten Zeitbudgets darum zu kümmern, die Umsetzung von Vorschlägen zu planen und vorzubereiten. Diese Koordination trägt dazu bei, dass die meist engen Kapazitäten an Handwerkern möglichst effizient eingesetzt werden, indem man beispielsweise Anlagenstillstände dazu nutzt, um die

Vorschläge, die diese Anlage betreffen, gleich mit umzusetzen. Weitere Anregungen zur Organisation der Umsetzungsarbeiten finden sich in Abschnitt 4.4.

In Dienstleistungs- und Handelsunternehmen geht es bei vielen Vorschlägen weniger um »handwerkliche« Änderungen, sondern mehr um Fragen der Prozessgestaltung oder der IT-Unterstützung. Die Koordination solcher Arbeiten sollte dann in den entsprechenden Abteilungen angesiedelt werden.

3.2.7 Leitungsebene

Das Ideenmanagement ist Chefsache! Unternehmensleitung und Topmanagement sollten dies entsprechend vorleben. Durch die Erwartungen, Werte und (Ziel-)Vorgaben, die von der Leitungsebene vermittelt werden, wird maßgeblich beeinflusst, was die Führungskräfte und Mitarbeiter als ihre Rolle und Aufgabe ansehen und annehmen. In diesem Zusammenhang muss auf die Klarheit der Zielvorgaben geachtet werden, die frei von inneren Widersprüchen sein sollten.

Die Leitungsebene kann die Bedeutung, die sie dem Vorschlagswesen zumisst, dadurch deutlich machen, dass sie sich kontinuierlich für die aktuellen Entwicklungen interessiert und sich darüber berichten lässt, relevante Kennzahlen in Reports aufnimmt, bei der Vergabe von Prämien zu besonders herausragenden Vorschlägen präsent ist, dem Einreicher Anerkennung ausspricht und das Thema bei allen Gelegenheiten (Betriebs- und Gesellschafterversammlungen, Mitarbeiter- und Kundenzeitungen, Besprechungen im Führungskreis) anspricht.

Des Weiteren muss die Leitungsebene Ressourcen für die Tätigkeiten im Vorschlagswesen bereitstellen (Personalkapazität für die Koordination sowie für die Bearbeitung und Umsetzung von Vorschlägen, Budget für Informationsaktivitäten, Arbeitshilfen und Qualifizierungsmaßnahmen, für die Realisierung von Vorschlägen erforderliche Investitionen und Auftragsvergaben an Fremdfirmen). Vor allem in der Anlaufzeit ist eine gewisse Großzügigkeit bei der Bewilligung von Mitteln für die Umsetzung von Vorschlägen wichtig, die aus Sicht der Unternehmensleitung keinen betriebswirtschaftlichen Nutzen haben, aber für den Mitarbeiter eine Verbesserung seiner Arbeitsbedingungen bedeuten.

3.2.8 Betriebsrat

Der Betriebsrat schließt gemeinsam mit der Unternehmensleitung eine Betriebsvereinbarung zum Ideenmanagement ab. Zudem ist der Betriebsrat ein wichtiger Ansprechpartner für Einreicher, wenn diese meinen, dass ihre Vorschläge nicht angemessen bewertet wurden, oder dass man gegen die Regelungen des Vorschlagswesens verstoßen hat.

Manche Betriebsräte sind allerdings bestrebt, eine Ablehnung von Vorschlägen grundsätzlich zu verhindern. Diese Haltung kann zum einen im Misstrauen begründet sein, dass Vorschläge nur deshalb abgelehnt werden, damit dem Unternehmen eine Prämienzahlung erspart bleibt, zum anderen glauben manche Betriebsräte, damit die Interessen des Einreichers zu vertreten. Aber im Grunde werden durch dieses Verhalten nur abschließende Entscheidungen unnötig lange hinausgezögert und das Ideenmanagement als Ganzes gelähmt. Indem man den Betriebsrat umfassend und inhaltlich transparent einbezieht können mit der Zeit das Vertrauen und die Bereitschaft wachsen, sachlich begründete Entscheidungen gelten zu lassen.

Der Betriebsrat kann und sollte das Ideenmanagement durch eigene Aktivitäten unterstützen, etwa indem er durch Aushänge an den Schwarzen Brettern des Betriebsrats Informationen zum Ideenmanagement weitergibt und in Gesprächen mit Mitarbeitern zu einer positiven Haltung gegenüber dem Ideenmanagement ermuntert. Es hat sich bewährt, hierfür ein Mitglied des Betriebsrats als Beauftragten für das Ideenmanagement zu benennen.

3.3 Ressourcen und Umfeld

Die für ein Ideenmanagement erforderlichen Ressourcen setzen sich im Wesentlichen aus den folgenden Elementen zusammen.

- Personalressourcen, Arbeitszeit.
- Instrumente, Hilfsmittel, Infrastruktur.
- Budgets für Aktivitäten zur Information und Motivation.
- Budgets für Investitionen, Beschaffungen oder Auftragsvergaben zur Umsetzung von Ideen.
- Budgets für sonstige externe Unterstützung.
- Netzwerke und Partnerschaften.

3.3.1 Personalressourcen

Folgende Personalressourcen werden dauerhaft benötigt:

- **Ideenmanager:** Arbeitszeit des oder der Ideenmanager für administrative Tätigkeiten, für Planung und Umsetzung von Maßnahmen zur Information und Motivation, für persönliche Betreuung und Unterstützung von Einreichern und Führungskräften/Gutachtern. Der Gesamtmanagementaufwand beträgt erfahrungsgemäß etwa ein Promille der Gesamtarbeitskapazität des Unternehmens. Für ein Unternehmen mit 500 Mitarbeitern bedeutet das also, eine halbe Stelle für administrative und koordinierende Tätigkeiten vorzusehen.
- **Gutachter, Entscheider, Führungskräfte:** Arbeitszeit von Fach- und Führungskräften für die Kommunikation mit Einreichern, für die Begutachtung und Entscheidung von Ideen, für die Steuerung der Umsetzung. Im Durchschnitt sind für die Bearbeitung eines Vorschlags weniger als zwei Arbeitsstunden erforderlich.
- **Umsetzer (z. B. Instandhaltung, Handwerker, IT-Mitarbeiter):** Arbeitszeit, die intern zur Umsetzung von Vorschlägen aufgewendet werden muss.

Während der Einführungsphase werden zusätzliche zeitliche Ressourcen für Workshops und Planungsmeetings, Informations- und Schulungsveranstaltungen benötigt.

3.3.2 Instrumente, Hilfsmittel, Infrastruktur

Viele Arbeiten im Ideenmanagement können durch geeignete Instrumente und Technologien wesentlich vereinfacht werden. Entsprechende Arbeitshilfen sollte man möglichst mit den Anwendern im Rahmen von Workshops und Trainings gemeinsam erarbeiten (ggf. auf der Grundlage von ersten Entwürfen), damit sie dem Praxisbedarf entsprechen und von den Anwendern akzeptiert werden. Themenbereiche, für die entsprechende technische Lösungen oder Arbeitshilfen entwickelt und eingesetzt werden können, sind:

- Formblätter oder Eingabemasken zur Unterstützung der strukturierten Formulierung von Vorschlägen (Was und Wo, Wie, Warum und Wozu), Beispiele in Abbildungen 23–25.
- Checklisten zur Abgrenzung von Vorschlägen gegenüber der Arbeitsaufgabe, Beispiel in Abbildung 49.
- Berechnungshilfen zur Ermittlung der Einsparung als Grundlage für die Prämie bei rechenbaren Vorschlägen, Beispiel in Abbildung 37.
- Entscheidungsraster/Fragenkataloge für die Kosten-Nutzen-Abwägung von Vorschlägen (einschließlich Filter durch KO-Kriterien), Beispiele in Abbildungen 38–41.
- Bewertungstabellen/Punktsysteme zur Ermittlung der Prämienhöhe bei nicht rechenbaren Vorschlägen, Beispiele in Abbildungen 45–48.
- Formblätter für einen Arbeitsauftrag für die Umsetzung von Vorschlägen, Beispiel in Abbildung 44.
- Schwarze Bretter, Infotafeln, Ideenstraßen/-säulen, Intranetseiten, Flyer/Broschüren für die Information bzw. Transparenz über das Vorschlagswesen, über wichtige Kennzahlen sowie über den aktuelle Bearbeitungs- und Umsetzungsstand einzelner Vorschläge, Beispiele in Abbildungen 11–16.
- Nicht zuletzt wird das Ideenmanagement durch eine geeignete Software unterstützt, mit der Ideen erfasst und nachverfolgt werden können. Während für kleine Unternehmen eine einfache Excel-Datei oder MS Sharepoint völlig ausreichen kann, nutzen größere Unternehmen häufig eine professionelle Software, die den gesamten Workflow abbildet, umfassende Auswertungen ermöglicht und anspruchsvolle Funktionen von Social Media bietet. Aufgrund seiner großen Bedeutung wird dem Thema Software und Social Media ein eigener Abschnitt gewidmet (siehe Abschnitt 3.4).

3.3.3 Budgets

Budgets für Aktivitäten zur Information und Motivation
Anregungen für mögliche Aktivitäten sind in den Abschnitten 4.2 und 5.4 wiedergegeben.

Budgets für Investitionen, Beschaffungen oder Auftragsvergaben an Fremdfirmen zur Umsetzung von Ideen
Zu klären ist, ob der Aufwand, der zur Umsetzung erforderlich ist, dem Ideenmanagement zugerechnet wird, oder ob er von der Abteilung zu tragen ist, die von der Umsetzung profitiert. Schließlich sollen ja nur die Ideen umgesetzt werden, deren Umsetzungsaufwand

durch die erzielten Vorteile gerechtfertigt ist, selbst wenn keine rechenbare Einsparung entsteht. Für viele Unternehmen ist es allerdings einfacher und pragmatischer, für die Umsetzung von Ideen ein zentrales Budget zu definieren, als die Kosten auf einzelne Kostenstellen zu verteilen.

Budgets für sonstige externe Unterstützung
Externe Beratung zur Vorbereitung und Einführung eines Ideenmanagements kann sich lohnen, da viele bewährte Konzepte und Vorlagen aufgegriffen werden können und nur noch an die unternehmensspezifischen Anforderungen und Möglichkeiten angepasst werden müssen. Gute Beratung gibt Orientierung, bewahrt vor Fallen, Umwegen und Sackgassen, und weist auf blinde Flecken hin.

Weitere Aufgaben können im Training und Coaching für den Ideenmanager sowie für Führungskräfte bestehen, um diese auf ihre Rolle im Ideenmanagement vorzubereiten.

Auch nach der erfolgten Implementierung kann es hilfreich sein, Workshops (z. B. zur strategischen Weiterentwicklung) extern moderieren zu lassen, oder die Unterstützung einer externen Beratung für Mitarbeiterbefragungen (z. B. zur Bekanntheit und Akzeptanz des Ideenmanagements), für Benchmarking-Projekte oder für die Organisation und Leitung von Erfahrungsaustausch mit anderen Unternehmen in Anspruch zu nehmen (siehe nächster Punkt).

3.3.4 Netzwerke und Partnerschaften

Durch regelmäßigen firmenübergreifenden Erfahrungsaustausch kann ein Umfeld für die Arbeiten im eigenen Unternehmen geschaffen werden, das die angestrebten Entwicklungsprozesse erheblich verstärkt. Die nachfolgend dargestellten Faktoren sind aufgrund der Kooperationsfunktion erfolgswirksam:

Verstärkung: Ziel ist eine gelebte Managementkultur, mit der die Unternehmen durch das Feedback in Form von Vorschlägen ihrer Mitarbeiter ständig Auskunft über ihren inneren Zustand und Verbesserungsmöglichkeiten am Arbeitsplatz erhalten. Eine solche Verbesserungskultur in den Unternehmen wird dadurch verstärkt, dass sie auch untereinander zwischen den Unternehmen gelebt und damit vervielfacht wird. Im Rahmen von Erfahrungsaustauschtreffen oder von firmenübergreifenden Trainings werden auch in den Außenbezügen Feedback-Schleifen etabliert, die man zusätzlich durch Beratung und Feedback auf der Meta-Ebene vonseiten eines externen Beraters ergänzen kann. Das Ideenmanagement wird somit nachhaltig auf mehreren Ebenen realisiert und spiegelt sich gleichermaßen in den unternehmensinternen und externen Bezügen.

Perspektivenwechsel: Die Auseinandersetzung mit Meinungen, Ratschlägen und Feedback vonseiten der anderen Kooperationspartner und des Beraters unterstützt die einzelnen Unternehmen dabei, ihre eigene Situation zu reflektieren und sich selbst »mit anderer Brille« oder aus anderer Perspektive zu betrachten. Sie werden mit neuen Sichtweisen konfrontiert, die von ihren bisherigen Gewohnheiten abweichen können. Dadurch lernen die

Unternehmen, auch ihre eigenen Vorannahmen über Zusammenhänge und Wirkmechanismen im Ideenmanagement in Frage zu stellen.

So fokussieren sich viele Unternehmen vor allem auf die Frage der »richtigen« Betriebsvereinbarung und der »richtigen« Motivation für die Mitarbeiter. Durch den Austausch mit Kooperationspartnern kann deutlich werden, dass möglicherweise die falsche Frage gestellt wurde, dass immer noch mehr »Verbesserungen« der Motivations- und Anreizsysteme gar nicht weiterhelfen, sondern dass vielleicht die Frage, wie Entscheidungsroutinen optimiert und Vorschläge möglichst schnell zur Umsetzung gebracht werden, viel weiter führt.

Kritikfähigkeit: In den meisten Unternehmen bilden sich spezifische Kommunikationsstile und Umgangsformen heraus. Es gibt unausgesprochene Regeln und Tabus, was »auf den Tisch kommen« darf und was nicht. Um nicht »das eigene Nest zu beschmutzen« (und nicht in die Ecke der »notorischen Querköpfe« gestellt zu werden), ist die Kritikfähigkeit im und gegenüber dem eigenen Unternehmen begrenzt. Da man mit Kollegen, Führungskräften und Mitarbeitern auch am nächsten Tag wieder »können« muss, ist man mit Konfrontation zurückhaltend, selbst wenn sie angebracht und hilfreich wäre. Von »Fremden« wird eine Konfrontation dagegen eher akzeptiert. Zum einen ist durch die formellere Form der Begegnung der Umgang miteinander distanzierter und beherrschter, sodass die Gefahr einer Eskalation wesentlich geringer ist. Zum anderen sind die Partner unabhängig voneinander und sehen sich nur sporadisch. Kritik von Fremden kann man leichter »wegstecken« als von näherstehenden Personen.

Neue Lösungsmöglichkeiten: Die jeweils anderen Kooperationspartner gehören nicht zum System des einzelnen Unternehmens. Probleme, bei denen man innerhalb des Systems »den Wald vor lauter Bäumen nicht sieht«, können sich für Externe ganz anders darstellen. So kann der sprichwörtliche »blinde Fleck« für eigene Probleme von Partnern zuweilen leichter benannt werden als vom Unternehmen selbst. Durch Erweitern der Systemgrenzen in einer Kooperation können neue Lösungsmöglichkeiten auftauchen, die in den engen Grenzen des einzelnen Unternehmens nicht zugänglich waren.

Rückhalt, Verbindlichkeit: Eine Kooperation wirkt als Motor und Ansporn, indem sie eine gegenseitige Verpflichtung zum Handeln schafft. Für viele Unternehmen liegt eines der Hauptprobleme darin, dass Verbesserungsaktivitäten im Betriebsalltag wieder einschlafen oder bei Schwierigkeiten (z.B. zäher Einigungsprozess beim Abschluss der Betriebsvereinbarung, lang andauernde Personalsuche zur Besetzung des Ideenkoordinators) »die Flinte ins Korn geworfen« wird. Regelmäßige Rückbindung an die Kooperationspartner gibt Rückhalt und unterstützt das Durchhaltevermögen in schwierigen Zeiten, in denen Unternehmen im Alleingang wahrscheinlich eher aufgeben würden.

Mitarbeiteridentifikation: Viele Unternehmen wollen mit einer Optimierung des Ideenmanagements auch eine erhöhte Identifikation der Mitarbeiter mit ihrem Unternehmen bewirken. Auch hierzu kann der Austausch mit Kooperationspartnern einen wirksamen Beitrag leisten. So haben viele Teilnehmer an firmenübergreifenden Führungskräftetrainings zum ersten Mal in einem professionellen Kontext Kontakt zu Kollegen anderer Unternehmen. Die Selbstattributionen im Rahmen von Vorstellungsrunden (»Ich bin Meister bei Firma A...«, »Wir bei A machen das so...«) und die Fremdattributionen durch die Teilnehmer aus anderen Unternehmen (»Ihr bei Firma A...«) sowie die unwillkürlichen Abgrenzungen (»Was machen wir anders als die anderen?«) und Vergleiche (»Eigentlich stehen wir ganz gut da...«) tragen dazu bei, dass sich die Teilnehmer ihrer Identität und der Identität ihrer Unternehmen stärker bewusst werden.

Weitere Vorteile, Synergie- und Einspareffekte: Darüber hinaus bietet das Umfeld einer Kooperation den teilnehmenden Unternehmen eine Reihe weiterer, teilweise ganz »handfester« Vorteile: So ermöglicht der Erfahrungsaustausch (zum Beispiel zwischen Geschäftsführern, Ideenkoordinatoren) umfassende Vergleichs- und damit Orientierungsmöglichkeiten für die eigenen Entwicklungsschritte (Benchmarking). Beim gemeinsamen Lernen muss nicht jedes Unternehmen »das Rad neu erfinden«.

- Die betriebsübergreifende Durchführung von Trainings macht diese wesentlich effizienter, für einige Unternehmen überhaupt erst möglich. Pro Unternehmen »fehlen« in einer Schicht nur wenige Mitarbeiter, trotzdem kommt durch die Beteiligung mehrerer Unternehmen eine ausreichende Anzahl von Teilnehmern zusammen. Für einige Unternehmen würde es zu erheblichen Schwierigkeiten in der Produktion führen, wenn ein Dutzend Führungskräfte gleichzeitig an einer Schulung teilnähme.
- Beim Austausch mit Kollegen anderer Unternehmen ergänzen sich die verschiedenen Sichtweisen und befruchten sich gegenseitig. Durch den »Blick über den Tellerrand« wird somit »Betriebsblindheit« abgebaut.
- Auch Mitarbeiterbefragungen erhalten durch die direkten und differenzierten Vergleichsmöglichkeiten eine erheblich höhere Aussagekraft, als wenn nur ein anonymer Mittelwert zum Vergleich herangezogen werden könnte.
- Nicht zuletzt werden die gemeinsame Entwicklung und Herstellung von Flyern, Foliensätzen und sonstigen Unterlagen sowie die Beschaffung z. B. von Software durch die Bildung einer Einkaufsgemeinschaft deutlich kostengünstiger als im Alleingang.

Erfolgsfaktoren der Zusammenarbeit: Bei der Zusammensetzung sollte man darauf achten, dass die Kooperationspartner keine direkten Konkurrenten sind. Zwar betrifft der Austausch vor allem die Prinzipien des Ideenmanagements und keine konkreten technologischen Aspekte, sodass die Gefahr von Know-how-Verlust wesentlich geringer ist, als gemeinhin befürchtet wird. Dennoch ist es leichter, ein Vertrauensverhältnis aufzubauen und sich offen auszutauschen, wenn keine Wettbewerbssituation besteht.

- Vielfach wird die Meinung vertreten, dass eine Zusammenarbeit im Ideenmanagement nur zwischen Unternehmen der gleichen Branche sinnvoll ist. Dies kann ich nach meinen Erfahrungen nicht bestätigen. Denn die Prinzipien des Ideenmanagements, um die es ja vorrangig geht, sind auch branchenübergreifend vergleichbar.
- Wichtiger als der Branchenbezug ist die regionale Nähe der Kooperationspartner, weil die persönliche Begegnung im Rahmen von Erfahrungsaustauschtreffen oder von betriebsübergreifenden Trainings ein zentrales Element ist. Die Entfernung zwischen den Unternehmen sollte dabei nicht mehr als 90 Minuten Fahrzeit betragen.

- Die Größenordnung der kooperierenden Unternehmen kann durchaus unterschiedlich sein: In den Kooperationsprojekten, die diesem Leitfaden zugrunde liegen, hatte das kleinste Unternehmen 40 Mitarbeiter, das größte über 1.800. Damit dürfte jedoch auch die Grenze noch funktionaler Heterogenität erreicht sein. Bemerkenswerterweise kann gerade der Austausch »Groß/Klein« besonders fruchtbar sein, weil hierdurch erfrischende klimatische Konfrontationen möglich werden und sich für die Teilnehmer gänzlich neue Sichtweisen eröffnen.
- Nicht zuletzt kommt der professionellen Moderation und Koordination der Zusammenarbeit eine besondere Bedeutung zu. Sie muss die Begegnung und den Aufbau von Beziehungen zwischen den Kooperationspartnern so unterstützen, dass das wechselseitige »Geben und Nehmen« ausgewogen ist und die einzelnen Partner zunehmend Verantwortung für die gemeinsame Sache übernehmen. Für die Entwicklung von Kohäsion und Zusammenhalt sind regelmäßige firmenübergreifende Treffen auf Ebene der Geschäftsführer und Ideenkoordinatoren wertvoll. Sie dienen zudem der Vereinbarung eines gemeinsamen Zielhorizonts und ermöglichen ein fortlaufendes Benchmarking.

3.4 Software und Social Media

Die Möglichkeiten zur IT-Unterstützung für das Ideenmanagement entwickeln sich im Zuge des allgemeinen Fortschritts in diesem Bereich rasant weiter. Je nach Unternehmensgröße kommen unterschiedlich aufwendige Lösungen in Frage – von der einfachen Excel-Datei bis zu umfassenden Social-Media-Anwendungen.

3.4.1 Excel-Dateien, MS Sharepoint

Excel-Dateien können für die Verwaltung der Ideen in kleineren Unternehmen angemessen sein, in denen die Anzahl der jährlich eingereichten Vorschläge im zweistelligen Bereich bleibt. Auch die Nutzung des MS Sharepoint bietet für viele Unternehmen eine einfache und unternehmensspezifisch anpassbare Möglichkeit zur Verwaltung der Vorschläge.

Mögliche Strukturelemente sind in folgender Liste wiedergegeben:

- Nummer des Vorschlags (z. B. Jahreszahl – Nummer)
- Eingangsdatum
- Vorschlag – Kurztitel
- Klassifikation (inhaltlich, Zielsetzung)
- Name des Einreichers
- Abteilung des Einreichers
- Vom Vorschlag betroffene Abteilung(en)
- Verantwortlicher für Bearbeitung, Entscheidung (Vorgesetzter, Gutachter)
- Geplanter Termin für die Entscheidung (Bearbeitungsfrist, Nachhaken)
- Tatsächliches Datum der Entscheidung (Auftragsvergabe für Umsetzung)
- Verantwortlicher für die Umsetzung (erst nach positiver Entscheidung auszufüllen)

- Geplanter Termin für die Umsetzung (Umsetzungsfrist, Nachhaken)
- Status bzw. Ergebnis (z. B. »umgesetzt«; »nicht umgesetzt«; »in Arbeit«; »zurückgestellt«)
- Abschlussdatum (Umsetzung oder Ablehnung)
- Einsparung/rechenbarer Nutzen
- Nicht rechenbarer Nutzen
- Umsetzungskosten brutto (exkl. interne Arbeitskosten)
- Prämie
- Termin für Wiedervorlage
- Bemerkungen

Eine derartige Datei ist vor allem eine Arbeitshilfe für den Ideenkoordinator. Daher sollten nur die Angaben gepflegt werden, die tatsächlich benötigt werden – etwa um die einzelnen Vorschläge zu verwalten und zu verfolgen oder für die Erstellung von Auswertungen und Diagrammen.

3.4.2 Ideenmanagement-Software

Mit der Größe von Unternehmen steigen nicht nur die Anzahl der Vorschläge und damit das Datenvolumen, sondern auch die Komplexität der Managementaufgaben. Um beides bewältigen zu können, und um den Verwaltungsaufwand für das Ideenmanagement zu reduzieren, lohnt sich für Unternehmen ab etwa 100 Mitarbeitern der Einsatz einer professionellen Ideenmanagement-Software. Für größere Unternehmen ist der Einsatz einer netzwerkfähigen Software interessant, mit der Vorschläge dezentral über Eingabemasken im Intranet eingegeben werden können und damit gleich erfasst sind. Diese Produkte bilden in der Regel den gesamten Workflow ab und integrieren die in Abschnitt 3.3.2 genannten Arbeitshilfen und Formblätter.

Moderne Softwarelösungen verfügen über die nachfolgend aufgeführten typischen Möglichkeiten und Funktionen:

- Verknüpfungs- bzw. Importmöglichkeiten von Personalstammdaten, Unternehmens-Organigrammen und Kostenstellen.
- Zuordnung von verschiedenen Rollen (z. B. Einreicher, Paten, Gutachter, Umsetzer, Prozessverantwortliche).
- Rollendifferenzierung, durch die verschiedene Funktionen nur im Zusammenhang mit bestimmten Rollen (z. B. Entscheider) zugewiesen bzw. genutzt werden können (Berechtigungskonzept).
- Einfache Ideeneingabe für jeden Mitarbeiter, dezentral über das Intranet des Unternehmens.
- Möglichkeit, Dateien (Anlagen zum Vorschlag, z. B. eingescannte Zeichnungen) an das Vorschlagsdokument anzuhängen.
- Ideenpool mit Suchfunktion im Intranet (Recherchefunktionen möglichst über alle Eingabefelder, zumindest jedoch nach Nummer, Einreicher, Inhalt, Datum). Idealerweise mit Ähnlichkeitssuche.

- Klassifizierungsfunktionen (möglichst mehrere frei definierbare Klassifizierungsarten).
- Automatische Benachrichtigung oder Versendung von Bescheiden an den Einreicher (z. B. bei Statusänderungen in der Bearbeitung).
- Abfrage des Bearbeitungsstands, Vorgangsprotokoll.
- Möglichkeiten zur elektronischen Bearbeitung und Begutachtung von Vorschlägen durch Führungskräfte und Gutachter (inkl. Weiterleitung von Anforderungen).
- Realisierungssteuerung (Maßnahmenplan, Unterteilung und Terminierung von Projektphasen, Übersicht über realisierte Ideen).
- Reporting- und Auswertungsmöglichkeiten mit variablen Filterfunktionen, nach Rollen differenzierte Statistikfunktionen, automatische Generierung von Reports zu allen relevanten Kennzahlen.
- Terminüberwachung bzw. Wiedervorlagesystem, u. a. mit Vorterminierung und Mahnwesen für Entscheider und Umsetzer.
- Automatische Korrespondenz (Bescheide, Entscheidungs-Anforderungen, Mahnungen, usw.), Erstellung und Versendung von Briefen oder E-Mails (u. a. persönlich, Verteiler), Textbaustein-Verwaltung.
- Ggf. vordefinierte E-Mail-Verteiler zur Bearbeitung, Entscheidung und Umsetzungssteuerung von Vorschlägen im Umlaufverfahren.
- Möglichkeit zur Verwaltung und Dokumentation von Gremiumssitzungen (Terminierung, Einladung, Protokoll).
- Getrennte Erfassung des Brutto- und Nettonutzens, der Einführungskosten, der Prämien für rechenbare und für nicht rechenbare Vorschläge (Punktekonten, Sachprämien).
- Prämienberechnungen, Zahlungslisten, Möglichkeit zur unterschiedlichen prozentualen Prämienbeteiligung bei Gruppenvorschlägen.
- Ggf. Verknüpfungen/Schnittstellen zu anderen Programmen (z. B. Lohnabrechnungs- oder Patentverwaltungssystem).
- Unterstützung von mehreren Standorten, getrennte Nummernkreise für verschiedene Standorte/Bereiche.
- Intranetplattform mit allen Protokollen, Arbeitshilfen, telekommunikativen Daten relevanter Ansprechpartner im Ideenmanagement (gegebenenfalls mit passwortgeschütztem Zugang).

Beispiele für Anbieter von Software für das Ideenmanagement sind:

- www.aagen.de
- www.hlp.de
- www.hypeinnovation.com
- www.ibykus.com
- www.inworks.de
- www.koblank.de
- www.scsforum.de
- www.secova.de
- www.target-soft.com
- www.trevios.com

3.4.3 Social Media als Kommunikations-, Kooperations- und Managementplattform

Social Media als »digitale Medien und Technologien, die es Nutzern ermöglichen, untereinander zu kommunizieren und mediale Inhalte einzeln oder in Gemeinschaft zu erstellen, bearbeiten und untereinander auszutauschen« (Definition in Wikipedia), bieten auch für das Ideenmanagement vielfältige interessante Funktionalitäten. Wichtige Eigenschaften der Social Media sind dabei, dass jeder Empfänger/Leser auch Sender/Autor sein kann, und dass für gemeinschaftliches Arbeiten an einem medialen Inhalt keine Anwesenheit der Mitwirkenden am gleichen Ort erforderlich ist.

Anwendungsmöglichkeiten von Social Media im Ideenmanagement

- Gemeinschaftliche Verständnisförderung/gegenseitige Inspiration durch Diskussion und Aufbereitung eines Themas als Beitrag zur Entstehung von Ideen.
- Gemeinschaftliche Formulierung von Vorschlägen; weitere Ausarbeitung und Konkretisierung.
- Gemeinschaftliche Bewertung von Vorschlägen durch Votings, Kommentierungen und/oder gemeinschaftliche Erstellung von Gutachten.
- Gemeinschaftliche Ausarbeitungen und Konkretisierungen von Umsetzungs- bzw. Maßnahmenplänen.
- Kommunikation/Mitteilung von Bearbeitungsständen, die wiederum kommentiert werden können.
- Gemeinschaftliche Beschreibung von Best Practice; gemeinschaftliche Kür der Gewinner von Awards.

Derartige Social-Media-Funktionen werden bereits von vielen Ideenmanagement-Softwareprogrammen geboten.

In vielen Unternehmen steht die aktive Gestaltung und Nutzung von Social Media für Unternehmensbelange noch am Anfang. Dies gilt um so mehr für Belange des Ideenmanagements. Dennoch gibt es bereits genügend Beispiele für den gezielten Einsatz von Social Media zur Unterstützung des Ideenmanagements, allerdings meist aus größeren Konzernen:

Diskussionsforen/JAM

Im Folgenden werden zwei Beispiele für Diskussionsforen und JAM- Kampagnen vorgestellt. Mit JAM (»just a moment«) werden zeitlich begrenzte, moderierte Diskussionsforen bezeichnet, die ggf. nur für einen gezielt ausgewählten Kreis von Teilnehmern offen sind.

Beispiel für ein Diskussionsforum

Im konkreten Beispiel ist das Diskussionsforum kontinuierlich geöffnet, und es können sich grundsätzlich alle Mitarbeiter beteiligen. Das Forum versteht sich als »Vorstufe« zum »klassischen« Ideenmanagement. Wer einen neuen Beitrag im Forum eröffnet (»Ideeninitiator«), kann bis zu neun weitere Personen aufnehmen, die dann als Mit-Einreicher gelten und anteilig an einer ggf. auszuschüttenden Prämie partizipieren. Der Transfer von auf diesem Wege gemeinschaftlich erarbeiteten Ergebnissen in das Ideenmanagement kann auf zwei Wegen erfolgen:

- Die Gruppe der Diskutierenden stellt fest, dass die Idee ausreichend formuliert ist und meldet sie »fertig«. Nach einer positiven Prognose wird die Idee in den klassischen Begutachtungsprozess des Ideenmanagements übertragen.
- Die verantwortliche Fachseite ist bereits im Kreis der Diskutierenden als Entscheider vertreten und hat an einer Umsetzung Interesse.

Knapp 22 % der Ideen werden im Forum dieses Beispiels eingestellt und erarbeitet, um nach einer positiven Prognose in das Ideenmanagement zu gehen.

Beispiele für JAMs

JAMs werden im vorgenannten Beispiel vom Ideenmanagement organisiert, um für vorgegebene fachseitige Probleme Lösungsvorschläge zu generieren, zu sammeln, und zu diskutieren. Ein JAM dauert maximal 72 Stunden, häufig auch nur 2-3 Stunden. Für diesen Zeitraum werden gezielt Mitarbeiter individuell eingeladen, die vorgegebene Fragestellung zu diskutieren, wobei das Geschehen von Moderatoren begleitet wird. Neben Mitarbeitern des betroffenen Bereichs können auch Externe oder Teilnehmer aus anderen Ländern eingeladen werden. Die in JAMs generierten Lösungsvorschläge werden nicht prämiert.
In einem weiteren Beispiel-Unternehmen können Ideenkampagnen zu den unterschiedlichsten Themen bzw. Fragen ausgerufen werden. Die bei Kampagnen entstandenen Ideen können von anderen Personen kommentiert und mit Punkten bewertet sowie gepusht/promoted werden, um eine Runde weiter zu kommen (z. B. Einreichen in das Ideenmanagement). Ideenkampagnen können auch nicht-technische Fragen betreffen, wie Wettbewerbe für Video-Sketche zu verhaltensbezogenen Themen oder Fotowettbewerbe. Auch der systematische Einsatz von Ideenkampagnen für das Innovationsmanagement wurde in diesem Unternehmen bereits erprobt.

Weitere geeignete Social-Media-Anwendungen sind:

- **Blogs** als Plattformen, auf denen jeder Mitarbeiter sein eigenes Journal führen kann, dessen Beiträge (z. B. zu neuen Ideen und Verbesserungsmöglichkeiten) i. d. R. von anderen Mitarbeitern kommentiert und diskutiert werden können.
- **Twitter**, eignet sich z. B. für Informationen über Erfolgsstories, aktuelle neue Vorschläge oder über Bearbeitungsstände.
- **Wikis** dienen als unternehmensweite oder abteilungsbezogene Wissenssammlungen, die von Mitarbeitern gemeinschaftlich erstellt, ergänzt und genutzt werden (z. B. auch Verzeichnisse von Gutachtern, Ansprechpartnern, technischen Ressourcen, die für das Ideenmanagement relevant sind).
- In einigen Unternehmen sind zudem an **Facebook oder Chat-Foren** angelehnte Funktionen im Intranet verfügbar, in denen sich beispielsweise Nutzergruppen (z. B. »communities of best practice«) verständigen und treffen können oder über die virtuelle Konferenzen abgehalten werden können.
- **Apps** für Ideeneingabe oder Prämienbuchungen sind keine Social Media im eigentlichen Sinne, da es dabei nicht um die gemeinschaftliche Arbeit an Inhalten geht.

Anforderungen und Herausforderungen

Sofern ein Unternehmen (unternehmensinterne) Social Media einführen will, gilt es, die folgenden Gesichtspunkte zu beachten:

- Das Ideenmanagement sollte darauf bedacht sein, von Anfang an in den Social Media des Unternehmens präsent zu sein.
- Es empfiehlt sich, grundlegende Regelungen für die Nutzung der Social Media zu formulieren. Für spätere Erweiterungen ist es hilfreich, wenn in einer Betriebsvereinbarung vor allem Öffnungsklauseln verwendet werden (Erklärungen, was man darf – anstatt zu regeln, was man alles nicht darf).
- Social Media basieren auf der Haltung »Jeder (Mitarbeiter) ist Autor«. Sie befähigen alle Mitarbeiter zu publizieren, andere Mitarbeiter zu Diskussionen einzuladen oder auch wieder auszuladen, usw. Dadurch steht und fällt die Anwendung aber auch mit dem Mitmachen (bzw. ist ohne Mitmachen wertlos) und muss sich an den Bedürfnissen und Erwartungen der Nutzer ebenso orientieren wie an den Unternehmensbedürfnissen.
  - Im Hinblick auf die Berücksichtigung von Nutzergewohnheiten ist zu beachten, dass Informationen in Social Media eher in einer vernetzten Struktur abgelegt sind (assoziativ, kontextsensitiv), während viele Nutzer aus der Arbeit mit PCs (Explorer) gewohnt sind, dass Informationen hierarchisch organisiert sind.
- Die Vielfalt der Nutzungsmöglichkeiten und die Größe der potentiellen Teilnehmerschaft bedingen eine hohe Komplexität, die durchaus auch als »Anarchie« und Unübersichtlichkeit erlebt werden kann, und auf die sich das Unternehmen in kultureller und organisatorischer Hinsicht einstellen muss:
  - So sollte von Anfang an als Kultur etabliert werden, dass sich Nutzer mit ihren Namen identifizieren (keine Anonymität). Damit werden sowohl die Qualität der Beiträge (Verantwortlichkeit) als auch die Kontaktaufnahme und Zusammenarbeit untereinander befördert.
  - Die Organisation muss einen Umgang damit finden, dass Kommunikationswege, die sich in den Social Media herausbilden, häufig nicht mehr den in der Organisationsstruktur festgelegten Berichtswegen entsprechen.
- Nicht nur im Hinblick auf das Ideenmanagement muss sichergestellt werden, dass Personaldaten (dazu gehören auch Prämien als Gehaltsbestandteile) geschützt bleiben.
- Wie Social Media betriebliche Arbeitsweisen und Kommunikationsverhalten insgesamt verändern werden, ist noch gar nicht absehbar (abgesehen von weit verbreiteten Negativeinflüssen auf Besprechungskulturen ...). Hier gilt es, förderliche Richtungen zu erkennen und für das Ideenmanagement nutzbar zu machen.

Offene Fragen

Neben den bereits erwähnten Gesichtspunkten bringen Social Media noch weitere Herausforderungen mit sich:

- Unklare Urheberschaft/Infragestellung des Konzepts/Konstrukts »Urheberschaft« (auch im gesamtgesellschaftlichen Kontext). Dadurch wird auch eine Prämierung für den Urheber einer Idee erschwert.
- Sprachliche Hürden bei einem weltweit zugänglichen Instrument. Wenn jeder in seiner eigenen Sprache einstellt (z. B. Blogbeiträge, Wiki-Einträge), erschwert dies die Kom-

munikation ebenso, wie die Vorschrift einer einheitlichen Unternehmenssprache (Ausschluss der Mitarbeiter, die diese nicht sprechen). Zudem sind von Nicht-Native-Speakern stammende »englische« Formulierungen für Leser aus anderen Sprachkreisen oft schwer verständlich.
- Erkennen der »Essenz« einer Vielzahl von Beiträgen (Prägnanz, Relevanz): Wie lassen sich tausende Beiträge zu einem Thema daraufhin auswerten (ohne sie einzeln lesen zu müssen), was wirklich wichtig ist und welche Schlussfolgerungen letztlich zu ziehen sind?
- Sofern nur ein Teil der Mitarbeiter Zugang zu PCs hat, mit denen man auf die Social Media des Unternehmens zugreifen kann, gilt es, die Gefahr einer »Zweiklassen-Gesellschaft« zu vermeiden.

Insgesamt lässt sich zusammenfasen:
- Social Media bieten für das Ideenmanagement eine Vielzahl von Vorteilen, insbesondere zur Förderung der Ideenentstehung (gegenseitige Inspiration, gemeinsame Ausarbeitung) und zur Erleichterung der Bearbeitung (multiperspektivische Bewertungen, transparente Meinungsfindung). Sie besitzen damit ein Unterstützungspotential, das weit über eine IT-gestützte Abbildung des Workflows hinausgeht.
- Trotz aller Entlastung, sind Social Media nicht dazu geeignet, Führungskräfte aus ihrer Funktion und Verantwortung (im Ideenmanagement) zu entlassen. Persönlich an Mitarbeiter vermittelte Motivation und Anregung bleiben unverzichtbar. Votings ersetzen keine persönlich zu verantwortende Entscheidung des für den jeweiligen Sachverhalt zuständigen Positionsinhabers.
- Inwieweit es zukünftig überhaupt noch spezieller Ideenmanagement-Software als IT-Unterstützung bedarf und Ideen nicht ausschließlich mit Hilfe von Social Media (bzw. der im Unternehmen dann auch sonst üblichen elektronischen Kommunikations- und Datenverarbeitungstools) gemanagt werden, bleibt abzuwarten.

3.5 Kennzahlen und Reporting

3.5.1 Kennzahlen

Management arbeitet mit Messgrößen, und auch für das Management von Ideen sind Kennzahlen erforderlich, die zur Quantifizierung von Zielvorgaben und zur Erfolgskontrolle verwendet werden können. Aus dem Ideenmanagement abgeleitete Kenngrößen können zudem ein wichtiger Input für unternehmensbezogene strategische Steuerungsinstrumente wie etwa Balanced Scorecards sein. Die Erhebung und Erörterung von Kennzahlen trägt dazu bei, …
- Überblick zu schaffen;
- Ziele überhaupt definieren zu können und anschließend die Zielerreichung zu verfolgen;
- Probleme (bzgl. Zielerreichung) früh zu erkennen und Konsequenzen ergreifen zu können;

- Aufmerksamkeit zu lenken (auf das Ideenmanagement);
- in die Pflicht zu nehmen (bzgl. Anstrengungen zum Erreichen von Zielvorstellungen);
- bedarfsweise Appelle zu veranlassen (z. B. durch maßgebliche Personen an Low-Performer);
- sportlichen Wettbewerb anzuregen (z. B. durch Rankings);
- Best Practice zu identifizieren und zu würdigen.

Kennzahlen sind nur dann sinnvoll, wenn sich aus ihren Änderungen konkrete Handlungskonsequenzen ableiten lassen. Sie müssen Aussagekraft über den Erfolg im Hinblick auf den in unternehmenspolitischen Aussagen formulierten Zweck des Ideenmanagements haben. Nur so können sie auch im Sinne einer Steuerungsfunktion verwendet werden. Zudem müssen sich Kennzahlen mit wenig Aufwand ermitteln lassen. Im Interesse der Aufwandsminimierung sollten nur so viele Kennzahlen wie nötig und so wenige wie möglich erhoben und verfolgt werden.

Dabei gilt es zu beachten, dass Messgrößen die Wirklichkeit lediglich abbilden, aber nicht selbst die Wirklichkeit sind. Es ist durchaus möglich, Messgrößen mit geeigneten Maßnahmen so zu manipulieren, dass zwar die Werte »stimmen«, aber die Wirklichkeit noch weit vom erwünschten Zustand entfernt ist. Durch Verlosungen und andere Sonderaktionen kann man hohe Vorschlagszahlen erzielen, ohne dass das Ideenmanagement wirklich im Unternehmen verankert ist. Zudem lassen sich manche qualitativen Parameter nicht quantifizieren (Problem des Güte-Menge-Austauschs). Da die isolierte Betrachtung einzelner Kennzahlen zu Fehleinschätzungen führen kann, sollte die Auswahl und Kombination von Kennzahlen nicht nur einfach und leicht nachvollziehbar sein, sondern auch die Wirkzusammenhänge der gemessenen Größen berücksichtigen und widerspiegeln.

Ein Modell für Abhängigkeiten im Vorschlagswesen, das zu wenigen prägnanten Kennzahlen führt, kann wie folgt beschrieben werden.

- *Je mehr Mitarbeiter sich beteiligen (Beteiligungsquote), desto größer ist die Anzahl eingereichter Vorschläge.* Die Beteiligungsquote und die Anzahl eingereichter Vorschläge hängen ihrerseits von der Verbesserungskultur im Unternehmen, von der Motivation der Mitarbeiter durch die Unternehmensleitung, die Führungskräfte und die Ideenkoordinatoren, von der Kreativität, dem Informationsstand und der Qualifikation der Mitarbeiter sowie (in Grenzen) von Anreizsystemen (Prämien, Incentives) ab.
- *Die Qualität der Vorschläge ist um so höher, je besser die Mitarbeiter informiert und geschult sind und je besser sie von Führungskräften oder von Kollegen (in Gruppen, KVP-Workshops) bei der Artikulation und Ausarbeitung ihrer Vorschläge unterstützt werden.* Sie kann anhand des durchschnittlichen Nutzens pro eingereichten Vorschlag, des Verhältnisses der umgesetzten zu den eingereichten Vorschlägen sowie des Anteils der rechenbaren Vorschläge quantifiziert werden.

  Allerdings ist zu beachten, dass das Verhältnis der umgesetzten zu den eingereichten Vorschlägen auch anderweitig beeinflusst werden kann. So können spezielle Regelungen (z. B. für »Mini-Vorschläge«) dazu führen, dass Teilmengen der Vorschläge nur dann dokumentiert werden, wenn sie auch umgesetzt werden.

  In den meisten Unternehmen wird versucht, die Höhe der Prämien auch bei nicht rechenbaren Vorschlägen an einen (fiktiven) »nicht rechenbaren Nutzen« zu koppeln (meist über irgendwelche Tabellen oder Punktsysteme). Insofern könnte auch die Höhe der Prämien für nichtrechenbare Vorschläge als Maßzahl für die Qualität dieser Vorschläge verwendet werden. Diese Maßzahl sollte auf keinen Fall mit der Einheit »EUR« versehen werden und ist aufgrund der unterschiedlichen Bewertungssysteme ungeeignet für Unternehmensvergleiche.

- *Die Länge der Bearbeitungs- und Umsetzungszeiten hängt von der Motivation der zuständigen Gutachter und Führungskräfte durch die Unternehmensleitung und die Ideenkoordinatoren, von der Qualifikation der zuständigen Gutachter und Führungskräfte, der Funktionalität und Stabilität des Bearbeitungsprozesses sowie von der Qualität der Vorschläge ab.*
  Die durchschnittliche Dauer kann allerdings durch einige wenige Ausreißer grob verfälscht werden. Alternativ zu einer (in Kalender- oder Arbeitstagen gemessenen) Durchlaufzeit kann es daher sinnvoller sein, eine Abarbeitungs- oder Rückstauquote zu definieren, etwa als Anteil der in einer Periode eingereichten Vorschläge, die am Ende der Periode (z. B. am 31.12. eines Jahres) endgültig abgeschlossenen sind; oder als Anteil der Vorschläge, die zu einem gegebenen Zeitpunkt länger als eine festgelegte Frist offen sind.
- *Je größer die Anzahl eingereichter Vorschläge und je höher die Qualität der Vorschläge ist, desto mehr Vorschläge werden umgesetzt.* Die Anzahl umgesetzter Vorschläge hängt zudem von den Entscheidungsstrukturen, den Umsetzungsressourcen und dem Veränderungswillen im Unternehmen ab und wird durch die Länge der Bearbeitungs- und Umsetzungszeiten beeinflusst. Erfolgreiche Umsetzungen und kurze Reaktionszeiten wirken sich bei Rückinformation an die Mitarbeiter positiv auf die Motivation und damit auf die Beteiligungsquote und die Anzahl eingereichter Vorschläge aus.
- *Der Nutzen, der das übergeordnete Ziel des Ideenmanagements ist, hängt von der Anzahl umgesetzter Vorschläge und von der Qualität der Vorschläge ab.*
  Im Hinblick auf den Nutzen interessiert vor allem die rechenbare Einsparung. Jedoch können auch bei gleicher Definition erhebliche Unterschiede je nach Berechnungsverfahren entstehen (Abschreibungszeiten und -verfahren, Vollkosten oder interne Kosten, Verrechnungssätze für Personalkosten, usw.). Eine Aktion des Bundesarbeitgeberverbands Chemie BAVC hat gezeigt, dass verschiedene Controller beim selben Vorschlag zu durchaus unterschiedlichen Ergebnissen kamen.
  Einen nicht rechenbaren Nutzen zu beziffern (wie es vielfach allein im Hinblick auf eine differenzierte Prämierung von unterschiedlichen nicht rechenbaren Vorschlägen versucht wird), liefert bestenfalls eine Kennzahl, die eine Betrachtung der zeitlichen Entwicklung innerhalb eines Unternehmens erlaubt.
- *Die Höhe der Prämien ergibt sich mehr oder weniger automatisch gemäß Betriebsvereinbarung bzw. Richtlinie aus der Höhe des Nutzens.* Im Durchschnitt der am Benchmarking des Zentrums für Ideenmanagement teilnehmenden Unternehmen beträgt die Prämiensumme ein Fünftel des Gesamtnutzens. Als Kennzahl liefert sie keine zusätzliche Information, sie kann jedoch für die Motivation von Mitarbeitern hilfreich sein.
- *Aus dem Nutzen lässt sich schließlich im Vergleich zum eingesetzten Aufwand die Rentabilität des Vorschlagswesens bestimmen.*

Diese Abhängigkeiten sind in Abbildung 8 schematisch dargestellt.

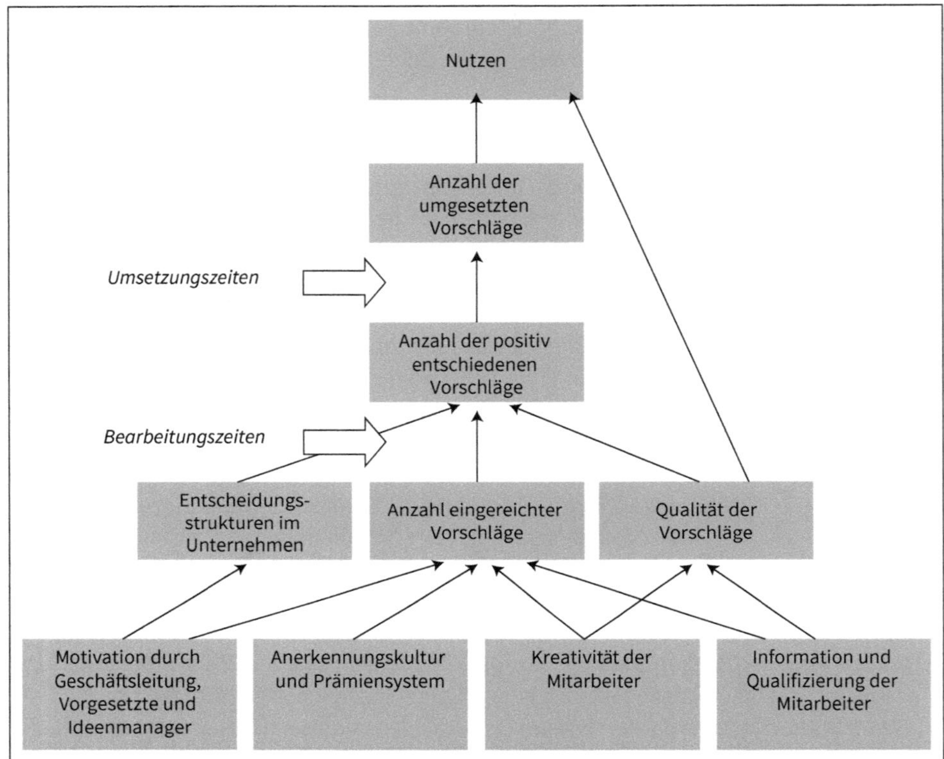

Abb. 8: Vereinfachte Darstellung der Abhängigkeiten und Wirkmechanismen im Ideenmanagement (vgl. Läge 1999, zitiert nach Deutsches Institut für Betriebswirtschaft e. V. (Hrsg.) 2003: S. 121).

Um eine Vergleichbarkeit zwischen verschiedenen Abteilungen oder Unternehmen zu ermöglichen, sollten absolute Größen jeweils ins Verhältnis zur Mitarbeiterzahl gesetzt werden. Damit ergeben sich folgende grundlegende Kennzahlen, die – unter Berücksichtigung der oben genannten Einschränkungen – für (interne und externe) Benchmarks genutzt werden können:

- **Frühindikatoren:**
  - Beteiligungsquote (Anteil der Einreicher an der Belegschaft)
  - Vorschlagsquote (eingereichte Vorschläge pro Mitarbeiter)
- **Prozesskennzahlen:**
  - Umsetzungsanteil (umgesetzte Vorschläge pro eingereichte Vorschläge)
  - Anteil offener Vorschläge (noch nicht entschieden, noch nicht umgesetzt); Verhältnis abgeschlossene zu offene Vorschläge, die innerhalb eines Zeitraums eingereicht wurden
  - Bearbeitungs- und Umsetzungszeiten
- **Ergebniskennzahlen:**
  - Einsparungen/Netto-Nutzen pro Mitarbeiter
  - Umsetzungsquote (umgesetzte Vorschläge pro Mitarbeiter)

Aus Sicht der Mitarbeiter misst sich der Erfolg des Vorschlagswesens vor allem an der schnellen Umsetzung von Vorschlägen. Mit einigem Abstand folgen die Umsetzung möglichst vieler Vorschläge, die aktive Unterstützung und die Begründung bei Ablehnungen. Im Vergleich hierzu spielt die Höhe der Prämien nur eine untergeordnete Rolle.

Es ist durchaus möglich, auch bei einer geringen Beteiligungsquote hohe Vorschlagszahlen (»Vielfacheinreicher«) oder bei geringen Vorschlagszahlen einen hohen Nutzen pro Mitarbeiter zu erzielen. In beiden Fällen kann aber nicht davon ausgegangen werden, dass das Ideenmanagement nachhaltig in der Unternehmenskultur und im Betriebsalltag verankert ist. Es fehlt die breite Basis, sodass die Gefahr besteht, dass Aktivitäten schnell wieder einschlafen.

Für vertiefende Analysen kann es sinnvoll sein, ...

- die Kennzahlen für Fertigungs- und Verwaltungsbereiche getrennt zu betrachten;
- die Zeiten von der Eingabe bis zur Umsetzungsentscheidung getrennt von den Zeiten von der Entscheidung bis zur realisierten Umsetzung zu erheben;
- die Anzahl der Einsprüche als Maß für interne Reibungsverluste heranzuziehen.

Kennzahlen zum Ideenmanagement können durch folgende Kennzahlen zu KVP-Aktivitäten ergänzt werden:

- Anzahl der KVP-Workshops (z. B. bezogen auf Anzahl der Mitarbeiter, bezogen auf die Anzahl von Moderatoren).
- Anteil der Mitarbeiter, die an KVP-Workshops mitgewirkt haben.
- Anzahl der umgesetzten Lösungsvorschläge (z. B. bezogen auf Anzahl der Mitarbeiter, bezogen auf die Anzahl von KVP-Workshops).
- Bewertung der wirtschaftlichen Effekte, die durch umgesetzte KVP-Ergebnisse bewirkt wurden.

3.5.2 Reporting

Damit Kennzahlen einen Beitrag zur aktiven Steuerung des Unternehmens liefern können, müssen sie ausgewertet und die Ergebnisse der Auswertung thematisiert werden. Vom Reporting als dem Bericht an die Management- und Leitungsebenen (im Rahmen des Ideen-Managementprozesses) sind die Rückinformationen an die Belegschaft zu unterscheiden (als Aktivität im Rahmen der Phasen 1 und 4).

Auch im Reporting »nach oben« spielt das Selbstmarketing des Ideenmanagements (neben der Funktion als Kontroll- und Steuerungsinstrument) eine wichtige Rolle, um sich die Aufmerksamkeit und Unterstützung der obersten Leitungsebene zu sichern. Die Ausgestaltung des Reportings muss sich daher an den Erwartungen der Vorstände und Geschäftsführer sowie an den unternehmenspolitischen Aussagen zum Zweck des Ideenmanagements (soweit vorhanden) orientieren.

- In vielen Unternehmen erwarten die Unternehmensleitungen vom Ideenmanagement vor allem einen Beitrag zu (rechenbaren) finanziellen Einsparungen – entsprechend der Zuweisung einer Rolle als Ratio-Instrument an das Ideenmanagement.

- In einer zunehmenden Anzahl von Unternehmen erwarten die Unternehmensleitungen vom Ideenmanagement vor allem eine Förderung der Mitarbeiterbeteiligung (z. T. auch gemessen an der Anzahl der Vorschläge) – entsprechend der Zuweisung einer Rolle als Instrument zur Kultur- und Personalentwicklung (Mitarbeiteridentifikation, »Ownership-Culture«).
- In einigen Unternehmen wird die Rolle des Ideenmanagements auch als Instrument im Kontext des Innovationsmanagements gesehen. Hier könnte etwa die Anzahl der Vorschläge, die zu Produktverbesserungen oder zu Schutzrechtsanmeldungen führen, als Kennzahl dienen.

Als Ausgangspunkt ist allen Ausprägungen das grundsätzliche Streben nach Verbesserungen gemeinsam. Daher sollte die Anzahl der umgesetzten Vorschläge (pro Mitarbeiter) überall eine wichtige Rolle spielen. Je nach Stand der jeweils im Vordergrund stehenden Kennzahlen richtet sich die Aufmerksamkeit auch auf weitere Parameter, wie etwas Durchlaufzeiten oder Abarbeitungsstände.

Präsentation der Ergebnisse

Für das »Überbringen« der Ergebnisse lassen sich i.W. drei Varianten unterscheiden, für die jeweils einige Beispiele angegeben sind:

1. Einfließen von Kennzahlen aus dem Ideenmanagement in ein »Management-Cockpit«:
   - In einer Scorecard für jedes einzelne Werk wird die Perspektive »Mitarbeiterzufriedenheit« an den Kennzahlen Vorschlagsquote und Anwesenheitsquote gemessen (eine weitere Erörterung des Themas »Balanced Scorecard« und Ideenmanagement findet sich in Abschnitt 3.6.2).
   - Ergebnisse aus Ideenmanagement und KVP erscheinen als Kennzahl in der Visualisierung zum Produktionssystem. In einem Spinnennetzdiagramm können etwa die Anzahl der Vorschläge und die erzielte Einsparung neben den Kennzahlen zu Produktivität, Qualität, 5S usw. aufgetragen werden.
   - Die Anzahl der Vorschläge erscheint als Kennzahl (neben Krankenstand, u. Ä.) im Kennzahlentableau für den Leiter Personal, das dieser gegenüber dem Vorstand verantwortet.
2. Regelmäßige schriftliche/digitale Informationsbereitstellung (Listen, Tabellen, Grafiken, Fließtext):
   - Monatlich werden an die Werks- und Bereichsleiter umfassende Kennzahlen-Darstellungen versendet. Die Geschäftsführung wird über finanzielle Einsparungen (Anteil der rechenbaren Vorschläge) informiert.
   - Monatlich werden an die Vorgesetzten der Gutachter Eskalationslisten (Ampeldarstellung) versendet. Der Geschäftsführer erhält eine Liste der > 100 Tage offenen Vorschläge. Der Geschäftsführer fragt bei den zuständigen Führungskräften punktuell nach Gründen der Verzögerung nach.
   - Monatlich werden sämtliche Kennzahlen für Teilnehmer des Board-Meetings (Werksleiter, Abteilungsleiter, zuweilen auch Geschäftsführer) an der Info-Wand aktualisiert. An die Geschäftsführung wird quartalsweise ein Report mit einer Liste aller > 2 Monate offenen Vorschläge versendet.

- Jährlich wird ein ausführlicher Bericht (ca. 6 Seiten) mit einer Beschreibung und qualifizierten Bewertung der Ergebnisse an die Geschäftsführung versendet.

3. Persönliche Präsentationen, Meetings:
   - Hier kommt es vor allem auf die Zeit an, die dem Thema Ideenmanagement für persönliche Erörterungen zwischen Ideenmanager und Geschäftsführung bzw. Vorstand eingeräumt wird. Bei nur einmal jährlich stattfindenden Präsentationen sind 30 Minuten in der Regel zu kurz, um relevante Knackpunkte im Ideenmanagement darzustellen und sich über Ziele und durchzuführende Maßnahmen differenziert abzustimmen. Insofern ist es besonders wichtig, zentrale »Botschaften« in 2–3 Folien pointiert zusammenzufassen.

Für die Gestaltung des Reportings haben sich folgende Elemente einer guten Praxis bewährt:

- Verständnisfördernde Visualisierung mit Diagrammen (zeigen Trends und Relationen besser als Tabellen mit Zahlen) oder Ampeldarstellungen.
- Zusammenstellung aller Diagramme/Kennzahlen auf einer Seite (Übersichtlichkeit »auf einen Blick«).
- Herunterbrechen der Kennzahlen auf Werks- und Abteilungsebenen bis zu den einzelnen Führungskräften/Gutachtern (ermöglicht jedem Verantwortlichen, seine Stärken und Schwächen zu erkennen).
- Potentialorientierte Darstellung: z. B. hervorheben, wie viele Mitarbeiter sich noch nicht beteiligen (Tortendiagramm »Beteiligung/Nicht-Beteiligung).
- Jährlich: ggf. Ergänzung des »Zahlenwerks« um einen beschreibenden, erklärenden, bewertenden Fließtext.
- Differenzierte Struktur für Monats-/Quartals-/Jahres-Reporting.

Visualisierung

Grafische Darstellungen von Kennzahlen dienen dazu, Ergebnisse und Besonderheiten möglichst »auf einen Blick« »vor Augen zu führen«. Dabei sollten sich Visualisierungen vor allem auf die Kennzahlen konzentrieren, die aktiv beeinflussbar sind. Zu veranschaulichen sind etwa ...

- zeitliche Entwicklungen (z. B. Skalen in Monaten, Quartalen, Jahren);
- Unterschiede zu einem gegebenen Zeitpunkt (z. B. Vergleiche zwischen verschiedenen Abteilungen, Standorten, Unternehmen).
- Relationen und Verteilungen (z. B. Verhältnis Beteiligung/Nicht-Beteiligung, abgeschlossene/offene Vorschläge, rechenbare/nicht rechenbare Vorschläge).

Hierfür steht eine Vielzahl von Darstellungsformen zur Verfügung (z. B. übliche Säulen-, Linien-, Pyramiden-, Kreis-, Netz- oder Blasendiagramme).

3.5.3 Benchmarking

Benchmarking ermöglicht die Bestimmung der eigenen Position anhand von Kennzahlen, die das jeweilige Geschäft in den entscheidenden Grundzügen beschreiben. Durch den kontinuierlichen Vergleich der eigenen Kennzahlen mit den Besten sollen Maßstäbe gewonnen werden, die als Orientierung für das eigene Handeln nutzbar sind. Vergleiche können zwischen verschiedenen Abteilungen bzw. Standorten des gleichen Unternehmens oder zwischen verschiedenen Unternehmen erfolgen.

Benchmarking kann deutlich mehr sein als ein »Abkupfern« von den Besten. Insbesondere wenn Unternehmen Vergleiche mit Nicht-Wettbewerbern oder branchenfremden Unternehmen anstellen, eröffnet sich die Chance, wirklich von- und miteinander zu lernen. Davon profitieren alle Seiten gleichermaßen. Der Nutzen wird um so größer, je mehr neben Kennzahlen (als rein quantitativen Größen) auch qualitative und prozessuale Parameter in den Vergleich einbezogen werden. Erweitert man schließlich Unternehmensvergleiche zu einem Erfahrungsaustausch auf persönlicher Ebene, entsteht ein »Benchmarking face-to-face«, das neben der Orientierungsfunktion zusätzlich Ansporn und gegenseitige Verbindlichkeit in den Anstrengungen für Verbesserungen mit sich bringt. Entsprechende Möglichkeiten sind im Abschnitt 3.3.4 beschrieben.

3.6 Verknüpfungen des Ideenmanagements mit anderen Managementprozessen

3.6.1 Managementperspektiven

Nach den in Abschnitt 2.3 vorgenommenen Abgrenzungen des Ideenmanagements zu anderen Managementprozessen ist es angebracht, nun auch die vielfältigen Berührungspunkte und Verbindungen in den Blick zu nehmen. Die Frage nach sinnvollen Verknüpfungen zielt zum einen darauf, wie Ideenmanagement die Ziele und Anliegen anderer Managementsysteme und -funktionen unterstützen kann, zum anderen darauf, wie das Ideenmanagement von einer Verknüpfung profitieren kann.

Bei dieser Frage geht es auch darum, zu klären, welchen Platz und welche Rolle ein Ideenmanagement in der Organisations- und Managementstruktur einnehmen kann bzw. soll. Antworten können aus verschiedenen Blickrichtungen entwickelt werden, wobei hier folgende wesentliche Bezugsrahmen für »gutes Management« genutzt werden.

Qualitäts- bzw. Integrierte Managementsysteme: Ein wichtiger Fokus liegt auf der Beschreibung der Prozesslandschaft, deren Einhaltung gegen eine Norm auditiert werden kann. Es gibt verschiedene Ansätze, um die Prozesslandschaft zu strukturieren, wobei die Unterscheidung in Kern- oder Leistungsprozesse, Führungsprozesse sowie System- oder Unterstützungsprozesse eine der eingängigsten und verbreitetsten ist.

- Ideenmanagement ließe sich sowohl als Führungsprozess (z. B. in Nachbarschaft zur Unternehmensentwicklung oder zum Qualitätsmanagement) als auch als Unterstützungsprozess verorten (z. B. in Nachbarschaft zum Personalmanagement, zum Informations- und Wissensmanagement oder zum Beschwerde- und Vorbeugemanagement).

- Neben der Konformität, Prozessstabilität und Einhaltung von Normen ist stets auch die kontinuierliche Verbesserung aller Standards ein zentrales Anliegen aller Qualitäts- und Integrierten Managementsysteme. Vorbeugemanagement, Fehlermanagement und Reklamationsmanagement gehen mit Verbesserungsmanagement Hand in Hand. Insofern kann Ideenmanagement als wichtige Teilfunktion jedes Managementsystems angesehen werden.

Exzellenzmodelle und Managementkonzepte: Ein wichtiger Fokus liegt darauf, einen Orientierungsrahmen für »gute Unternehmensführung« zu geben, um die Umsetzung der Philosophie des »Total Quality Managements« zu unterstützen.

Das Exzellenzmodell der European Foundation for Quality Management (»EFQM-Modell«) als bekanntestes Modell umfasst neun Kriterien, anhand derer die Leistungsfähigkeit einer Organisation auf einer einheitlichen Basis bewertet werden kann. Fünf Kriterien berücksichtigen die sogenannten »Befähiger« (Führung; Strategie; Mitarbeiter; Partnerschaften und Ressourcen; Prozesse, Produkte und Dienstleistungen), während vier Kriterien die »Ergebnisse« (kundenbezogene, mitarbeiterbezogene, gesellschaftsbezogene und Schlüsselergebnisse) messen, aus denen schließlich Maßgaben für »Innovation und Lernen« gewonnen werden. Selbstbewertungen und (optionale) Überprüfungen durch einen EFQM-Prüfer (»Validator«) unterstützen mit Hilfe der RADAR-Logik die systematische Verbesserung der Unternehmensleistung. Als Beispiele für weitere Managementkonzepte seien die verschiedenen Varianten des St. Galler Management-Modells genannt.

Im Bezugsrahmen des EFQM-Modells wäre Ideenmanagement eine Möglichkeit zur konkreten Realisierung des Befähiger-Kriteriums »Mitarbeiter«, etwa im Hinblick auf das Teilkriterium »Mitarbeiter handeln abgestimmt, werden eingebunden und zu selbstständigem Handeln ermächtigt«.

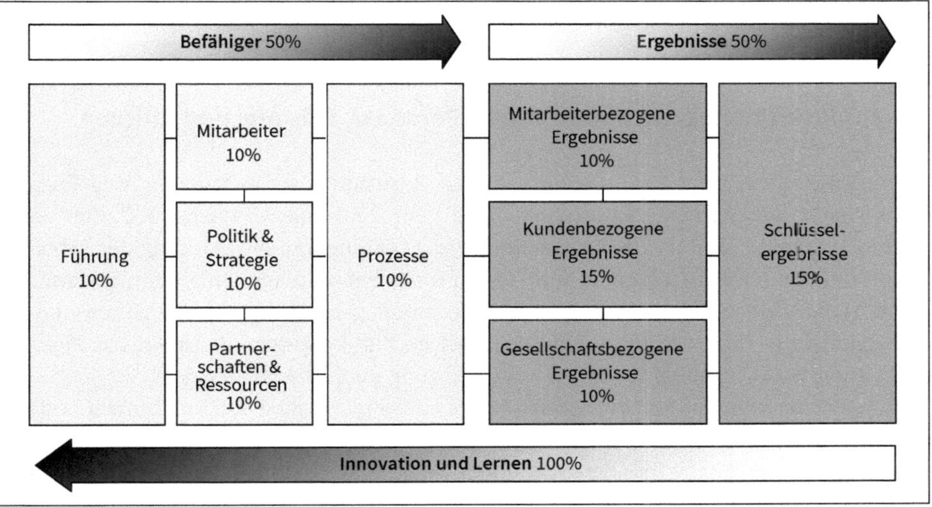

Abb. 9: Gewichtung der Befähiger- und Ergebniskriterien im EFQM-Modell

Ganzheitliche Produktionssysteme: Ein wichtiger Fokus liegt darauf, den handelnden Personen definierte Prinzipien, Methoden und Werkzeuge an die Hand zu geben, um sie dabei zu unterstützen, passende Antworten auf die jeweiligen konkreten Anforderungen aktueller Situationen im Betriebsalltag zu finden. Das Produktionssystem füllt das Managementsystem mit Leben und setzt es in actu und in situ um.

Die Elemente, die typischerweise in einem Produktionssystem (als einem modularen, methodisch aufeinander abgestimmten System) zusammengestellt, standardisiert und beschrieben werden, sind meist allgemein bekannte Prinzipien, Methoden und Werkzeuge des Qualitätsmanagements oder der Prozessoptimierung, von denen viele auch im Lean Management aufgegriffen werden.

Zunehmend werden Produktionssysteme auch auf weitere (»indirekte«) Unternehmensbereiche über die Fertigung hinaus ausgedehnt oder in Dienstleistungsunternehmen eingeführt, wodurch sich sowohl das Spektrum potentiell einzusetzender Methoden und Werkzeuge erweitert hat als auch die Bezeichnung »Organisationssystem« eigentlich zutreffender als »Produktionssystem« wäre.

- Da der Kontinuierliche Verbesserungsprozess und die Einbindung der Mitarbeiter wichtige Prinzipien jedes Produktionssystems sind, bietet es sich an, dem Ideenmanagement im Methodenkoffer eines Produktionssystems ausdrücklich einen Platz zuzuweisen. Dabei muss geklärt und beschrieben werden, wie das Ideenmanagement mit evtl. weiteren Methoden zusammenwirkt – etwa Methoden zur Bearbeitung von Mängelhinweisen, Störmeldungen, Reklamationen, Problemen und deren Ursachen, oder zur Erarbeitung von grundlegenden Verbesserungen (z. B. Kaizen-/KVP-Workshops oder Zirkelarbeit, Ratio-, Lean- oder Six Sigma-Projekte, Wertstromanalyse und -design, REFA-Methoden).
- Visuelles Management ist ein weiteres Gestaltungsprinzip eines Produktionssystems. Durch die Ausrichtung an Kennzahlen und deren Visualisierung sollen Ziele messbar und das Ausmaß der Zielerreichung sichtbar gemacht werden. Es ist sinnvoll, Kennzahlen des Ideenmanagements auch an den im Produktionssystem vorgesehenen Orten zu veröffentlichen (z. B. »Shopfloor-Tafeln«, »KVP-Boards«) und regelmäßig zu erörtern.

3.6.2 Ideenmanagement im Kontext Personal, Führung und Kultur

Ideenmanagement steht wie kaum ein anderes Instrument für Beteiligung und Engagement von Mitarbeitern. Es kann daher dazu beitragen, eine »Ownership Culture« und Mitverantwortung zu fördern. Für das Employer Branding und die Stärkung der Arbeitgeberattraktivität (»Kampf um gute Leute«/ »War for Talents«, Image, Unternehmenskommunikation nach innen und außen) kann das Ideenmanagement den Ideenreichtum und die Kreativität eines Unternehmens und seiner Belegschaft bezeugen. Es ist ein vorzeigbares und attraktives Instrument für Selbstverwirklichung und Erfolgserlebnisse.

Umgekehrt kann das Ideenmanagement als Führungsaufgabe und -instrument gestärkt werden, indem es in (Personal-)Management- und Führungssysteme integriert wird. Im Folgenden werden einige Beispiele vorgestellt, wie das Ideenmanagement im Bereich Führung und Personalentwicklung oder im Rahmen eines Produktionssystems zum Einsatz kommen kann:

Leitbilder: Die Leitbilder, Mission Statements oder Führungsgrundsätze der meisten Unternehmen enthalten auch Aussagen zur Bedeutung der Mitarbeiter und ihrer Kompetenzen.

Diese Aussagen können im Sinne des Ideenmanagements »interpretiert« werden – etwa in Ansprachen von maßgeblichen Personen bei einschlägigen Anlässen. Es hat sich bewährt, wenn Ideenmanager von sich aus aktiv werden, um Anstöße hierfür zu geben und Vorlagen zur Verfügung zu stellen.

Zielvereinbarungen: Sofern Zielvereinbarungen im Sinne einer echten Auseinandersetzung und Verständigung über gemeinsam anzustrebende Ziele erarbeitet werden, können sie zu einer Stärkung des »Arbeitsbündnisses« zwischen der Unternehmensleitung und der Belegschaft beitragen. In diesem Fall wäre es hilfreich, sich auch darüber zu verständigen (und entsprechende Vereinbarungen zu treffen), was im und mit dem Ideenmanagement erreicht werden soll. Dies gilt auch, wenn die Zielerreichungsquote nicht unmittelbar entgeltrelevant ist.

Eine regelmäßige Thematisierung des Ideenmanagements in Zielvereinbarungs- oder Mitarbeiterjahresgesprächen kann eine lenkende und erzieherische Wirkung haben, indem das Thema immer wieder bewusst gemacht wird. Selbst wenn keine Ziele zum Ideenmanagement vereinbart werden, kann (und sollte) darauf hingewiesen werden, dass vereinbarte Ziele (z. B. bzgl. Produktivitätssteigerungen, Optimierungen, Mitarbeiterzufriedenheit) mit Hilfe von Vorschlägen besser zu erreichen sind.

Insgesamt ist es wünschenswert, dass Zielvereinbarungen auch Kennzahlen des Ideenmanagements berücksichtigen. Die Zielerreichung sollte kontrolliert, Nicht-Erreichung sollte mit Konsequenzen verbunden sein (z. B. geringere Boni). In diesem Sinn können Zielvereinbarungen Bestandteil des Entlohnungssystems sein, in dem Gehaltsbestandteile von Führungskräften variabel sind. Eine übliche Größe ist, 5–20 % des Bonus an Ergebnisse des Ideenmanagements zu binden.

Entgeltsysteme, Leistungszulagen: Das Engagement im Ideenmanagement kann bei der Einstufung der Leistungszulage (als Bestandteil des Stundenlohns für das nächste Jahr) berücksichtigt werden. In einzelnen Unternehmen wird ein Teil der Leistungszulage (z. B. im Umfang von 1,20 EUR/h) auch nach Kriterien aus dem Ideenmanagement und SOS (Sicherheit, Ordnung, Sauberkeit) ermittelt.

Entwicklungs- und Karrierewege: In vielen Unternehmen gibt es definierte Strukturen für Entwicklungs- und Karrierewege (z. B. für Ausbildung, Duales Studium, Laufbahnen). Wünschenswerte Verbindungen zum Ideenmanagement bestehen etwa in folgender Hinsicht:

- Ideenmanagement als Übungs- und Bewährungsfeld für wichtige Führungskompetenzen, z. B.: Entscheidungen herbeiführen, Sachverhalte bewerten, Anerkennung vermitteln. In diesem Sinne können Nachwuchskräfte (»Young Potentials«) mit der Bearbeitung von Problemvorschlägen und Sonderfällen betraut werden (als Mini-Projekte).
- Ergebnisse des Ideenmanagements als ein Indikator (von vielen) für Führungskompetenz. Ebenso wie an Krankenstand und Fluktuation ist gute bzw. schlechte Führung auch an Vorschlagszahlen und Bearbeitungszeiten erkennbar. Bei internen Bewerbungen sollten diese Indikatoren berücksichtigt werden.

Stellenfunktionsbeschreibungen: Über die Personalabteilung können Ideenmanager darauf hinwirken, dass die Unterstützung von Mitarbeitern beim Entwickeln von Ideen und Einreichen von Vorschlägen sowie die Bearbeitung von Vorschlägen als Aufgabe in die Stellenfunktionsbeschreibungen von Führungskräften aufgenommen werden.

Führungskräftetrainings: Veranstaltungen zur Führungskräfteentwicklung werden meist von Trainern geleitet, die keinen Bezug zum Ideenmanagement haben. Dementsprechend kommt das Ideenmanagement in den üblichen Trainings und Schulungen nicht explizit vor. Dabei wäre es ein Leichtes, die Themen, um die es in Seminaren über Kommunikation, Motivation, Umgang mit Konflikten und Ähnlichem geht, auch anhand von Beispielen und Übungen aus dem Alltag des Ideenmanagements zu vermitteln (z. B. Motivation zum Vorschlagen, Konfliktvermeidung bei Ablehnungen). Über die Personalabteilung können Ideenmanager darauf hinwirken, dass die Curricula der in einem Unternehmen regelmäßig angebotenen bzw. durchgeführten Veranstaltungen entsprechend ergänzt werden. Es hat sich zudem bewährt, wenn die Trainer vom Ideenmanager gebrieft werden.

Reporting- und Controllinginstrumente: Derzeit ist es noch eher eine Ausnahme, dass die in vielen Unternehmen erhobenen »Key Performance Indicators« (KPIs) auch Kennzahlen des Ideenmanagements umfassen. Dabei bieten sich Kennzahlen aus dem Ideenmanagement als aussagekräftige Messgrößen für die Perspektive »Innovation und Lernen/Mitarbeiter« in einer Balanced Scorecard (BSC) an.

- Das Konzept der Balanced Scorecard wird in vielen Unternehmen als Managementinstrument verwendet, um strategische Ziele in operative Maßnahmen umzusetzen. Seine Stärken als Planungs-, Steuerungs- und Kontrollsystem beruhen auf der Ausgewogenheit (»Balance«) der berücksichtigten Kennzahlen (»Scores«) zwischen den Polen finanzieller (quantitativer) und nichtfinanzieller (qualitativer) Faktoren, zwischen Ergebnis- und Prozessorientierung sowie zwischen internen und externen Aspekten.
- Üblicherweise werden BSC-Kennzahlen aus vier kausal zusammenhängenden Perspektiven zusammengestellt: 1. Finanzielle Ergebnisse, 2. dafür erforderliche Position im Markt und gegenüber Kunden, 3. dafür erforderliche Ausrichtung der internen Prozesse, 4. deren Optimierung durch Lernen und Entwicklung (u. a. auf Ebene der Mitarbeiter). Die Auswahl der »richtigen« Kennzahlen bestimmt, wie erfolgreich die BSC tatsächlich zur Realisierung der individuellen Unternehmensstrategie wirksam werden kann.
- Je nachdem, welche strategischen Aspekte für ein Unternehmen in der Perspektive »Innovation und Lernen/Mitarbeiter« am wichtigsten sind, wird es die Kennzahlen aus dem Ideenmanagement unterschiedlich kombinieren oder gewichten.
  - Steht die Steigerung der Mitarbeitermotivation im Vordergrund, könnte als Kennzahl das Produkt aus Vorschlags- und Beteiligungsquote genutzt werden.
  - Spielt auch die Erhöhung der Mitarbeiterqualifikation eine wichtige Rolle, könnte die Anzahl umgesetzter Vorschläge pro Mitarbeiter als Kennzahl genutzt werden.
  - Geht es allgemein um die Unternehmens- und Führungskultur im Hinblick auf Verbesserungen, so könnte eine Kombination von Beteiligungs- und Umsetzungsquote genutzt werden.

Shopfloor-Management: Viele Unternehmen haben im Rahmen ihres Produktionssystems ein sogenanntes Shopfloor-Management eingeführt. Auch wenn die konkrete Ausgestaltung von Unternehmen zu Unternehmen unterschiedlich ist, bestehen übliche Elemente eines Shopfloor-Managements in einer (zeitlich und inhaltlich streng begrenzten, oft im Stehen durchgeführten) Regelkommunikation und der Visualisierung relevanter Kennzahlen auf dem Shopfloor. In früheren Zeiten war das hierarchische »Gap« zwischen »unten« (Shopfloor) und »oben« (Management, Führung) deutlich größer als heutzutage. Geführt wurde »von oben nach unten«, in der gleichen Richtung wurde kommuniziert. Oft war das Ideenmanagement der einzige institutionalisierte bottom-up Kommunikationskanal, der jederzeit allen Mitarbeitern offen stand. Im Rahmen eines Shopfloor-Managements begeben »die von oben« sich nach »unten«, um aktiv Informationen von Mitarbeitern aufzugreifen und sofort entsprechende Maßnahmen einleiten zu können. In der Regel stehen dabei Störungen und Abweichungen vom Standard im Vordergrund (alles, was das Erreichen von Leistungsvorgaben behindert oder verhindert hat), die in einem relativ kurzfristigen Zeithorizont angegangen und erledigt werden sollen und können (von gleicher Tag bis nächste 1–2 Wochen), doch zuweilen wird auch nach Ideen für Verbesserungen gefragt (Möglichkeiten, den Standard zu erhöhen).

Die meisten Ideen, auf die ein Ideenmanagement abzielt, betreffen Themen, die sich nicht im »Stand-by-Modus« (in einer »Stehung«) klären und innerhalb eines Tages oder einer Woche erledigen lassen. Insofern geht es im Ideenmanagement meist um andere Dinge als im Shopfloor-Management. Gleichwohl sind folgende Verknüpfungen sinnvoll und machbar:

- Monatliche Betrachtung von Kennzahlen zum Ideenmanagement im Shopfloor-Meeting.
- Bereitstellung von Eingabemöglichkeiten für Vorschläge (Terminal, Vorschlagsformulare oder Ideenkärtchen) an den Stellen, an denen Shopfloor-Meetings stattfinden.
- Nutzung der Regeltermine des Shopfloor-Managements, um sie im Anschluss mit Meetings zu Themen des Ideenmanagements zu verbinden (z. B. Bearbeitung und Entscheidung von Vorschlägen).

Auf der anderen Seite kommen auch im Shopfloor-Management immer wieder Themen zur Sprache, die aufgrund ihrer größeren Komplexität und Reichweite weiter »nach oben« transportiert und abgearbeitet – also gemanagt – werden müssen. In vielen Unternehmen sieht das Shopfloor-Management daher eine Kaskade von »Stehungen« mit Teilnehmern jeweils nächsthöherer Hierarchiestufen vor, um Themen bei Bedarf schnell eskalieren zu können. Dieser Managementprozess ähnelt in vielen Aspekten dem Management von Ideen: Sofern nicht unmittelbar entschieden und gehandelt werden kann, müssen Abstimmungen erfolgen und die Umsetzung von Maßnahmen organisiert werden. Ideenmanagement verfügt damit über Strukturen, Abläufe und Werkzeuge (z. B. Software), die auch für das Shopfloor-Management hilfreich sein könnten, indem sie Systematik, Nachvollziehbarkeit und Transparenz bei der Ausarbeitung, Entscheidung und Umsetzung von Maßnahmen fördern.

- In einigen Unternehmen wird daher die Software (und der dahinter stehende funktionierende Prozess) des Ideenmanagements zur Dokumentation und Nachverfolgung von Maßnahmen genutzt, unabhängig davon, ob sie sich aus Shopfloor-Meetings, ASA-Begehungen, BEM-Gesprächen oder KVP-Workshops ergeben.
- Damit die Zeitvorgaben für die Shopfloor-Meetings eingehalten werden können, werden Aufgaben während der Meetings verteilt, aber nicht gelöst. In vielen Unternehmen finden daher bei Bedarf Anschlussmeetings in kleineren Kreisen statt, in denen Lösungsmöglichkeiten diskutiert werden. Zwar ist es dann oft zunächst Sache der Führungskräfte, sich um Abstellmaßnahmen zu kümmern, damit die Mitarbeiter ungehindert produzieren können. Es wäre gleichwohl sinnvoll und im Sinne (auch) des Shopfloor-Managements, wenn die Führungskräfte ihre Mitarbeiter bei der Suche nach Lösungsideen einbeziehen.

Damit sich das Shopfloor-Management und das Ideenmanagement besser verzahnen, sollten Ideenmanager regelmäßig an Shopfloor-Meetings teilnehmen (z. B. reihum, wöchentlich in einer anderen Abteilung).

3.6.3 Ideenmanagement als Teil des »Methodenkoffers«

Die in Abbildung 10 gezeigte Zusammenstellung verortet das Ideenmanagement zwischen anderen häufig genutzten Kommunikationskanälen und Managementfunktionen.

Dienstweg, informelle Kommunikation (Gespräche, Chats)	Themen beliebig	persönliche Notizen, E-Mails, individuelles »Mikro-Management«	Situativ, durch Anlass gesteuert	Einzelperson
Regelkommunikation, Besprechungen (Meetings, WebEx)	Themen gemäß Agenda definiert und vorgegeben	Protokolle, To-Do- und Open Issue Listen	Geregelte und wiederkehrende Termine	Gruppe
Mängelhinweise, Störmeldungen	Themen ergeben sich aus Handlungsbedarf (z. B. Reparatur)	Shopfloor Meetings, Systeme für Stör- / Mängelmeldungen	Situativ, durch aktuellen Anlass (Mangel) gesteuert	Einzelperson
Ideenmanagement	Themen beliebig (sofern auf Verbesserung zielend und Lösungsweg aufzeigend)	Systematik zum Management von Ideen, Vorschlägen und Initiativen für Verbesserungen	Laufend, spontan, mitarbeitergetrieben	Einzelperson

KaiZen-, KVP-, Lean-Aktivitäten	Themen und Ziele definiert und vorgegeben (Optimierung, Problemlösung)	Workshops oder Projekte zur Problemanalyse und Lösungsfindung, ggf. auch Umsetzung (z. B. gemäß A3-Problemlösungsprozess)	Terminiert, gesteuert und moderiert (unternehmensgetrieben)	Gruppe, z. B. »KVP-Team«, »A3-Team«
Reklamationsmanagement	Themen durch Reklamationen definiert und vorgegeben	Methoden gemäß 8D-Systematik oder A3-Problemlösungsprozess, Schadenstische	Situativ, Steuerung und Kontrolle unternehmensseitig (QM)	Gruppe, z. B. 8D-Team
Projekte	Themen und Ziele definiert und vorgegeben (Optimierung, Problemlösung)	Projektmanagement, ggf. weitere spezielle Methoden (z. B. Six Sigma, Wertstrom, REFA)	Temporär; Anstoß, Steuerung und Kontrolle unternehmensseitig	Gruppe, Projektteam
Innovationsmanagement	Neue Produkte oder Produkteigenschaften	Forschung und Entwicklung, ggf. spezielle Methoden (z. B. Design Thinking)	Laufender, systematischer Dauerprozess	Gruppe, Fachabteilung
Geschäftsfeldentwicklung	New Business Development			Gruppe, Stabsabteilung

Abb. 10: Ein Ideenmanagement ist häufig das einzige institutionalisierte Instrument, in dem sich alle Mitarbeiter zu allen Themen und zu allen Zeiten einbringen können.

In kleineren Unternehmen sind nur wenige dieser Kanäle und Funktionen ausdrücklich definiert und beschrieben. Im Extremfall erfolgt Kommunikation ausschließlich auf Zuruf, Innovation und Geschäftsentwicklung sind (Privat-)Sache des Unternehmers. Im anderen Extrem bilden Unternehmen einen möglichst großen Teil der kommunikativen Beiträge und Entscheidungen digital ab und versuchen die dadurch entstehende Datenmenge in einem übergreifenden IT-Tool (auch im Sinne des Wissensmanagements) zu erschließen. Dazwischen liegt die große Mehrzahl von Unternehmen, die meist nur einen Teil der möglichen Kanäle und Funktionen geregelt hat und nutzt.

Sobald eine gewisse Vielfalt (und damit »Auswahl«) vorhanden ist, gilt es zu klären (und den Mitarbeitern zu erklären), welcher Kanal für welches Anliegen genutzt werden soll.

- Wann soll eine Führungskraft einfach direkt angesprochen werden?
- Was soll in das nächste dafür vorgesehene Meeting oder in einen geeigneten Workshop eingebracht werden?
- Wann soll das System für Mängelhinweise und Störmeldungen genutzt werden?
- Was soll im Ideenmanagement eingereicht werden?
- Wofür muss ein Projektantrag gestellt werden?
- Wofür ist eine Erfindungsmeldung oder ein Produktvorschlag vorgesehen?

Kriterium für die »Sortierung« und »Kanalisierung« ist in der Regel der erforderliche Management- und Methodenaufwand, der sich aus der Komplexität und Reichweite des jeweiligen Themas ergibt.

4 Ideen von der Entstehung bis zum guten Ende managen

Nachdem im vorigen Kapitel der organisatorische Rahmen beschrieben wurde, der geklärt werden muss, um Ideen systematisch und mit Erfolg managen zu können, werden nun die einzelnen Phasen erläutert, die eine Idee im Laufe des Managementprozesses durchläuft.

- Zunächst wird der Begriff »Idee« oder »Vorschlag« als Gegenstand des Ideenmanagements näher bestimmt, indem die im Abschnitt 2.1 genannten Anforderungen an eine Idee ergänzt und vertieft werden.
  Eine entsprechende Klärung, was mit einem Ideenmanagement überhaupt gemanagt werden soll, ist eigentlich eine unternehmenspolitische Entscheidung, die im Rahmen der Strategie- und Zielentwicklung für das Ideenmanagement (Abschnitt 3.1) getroffen werden muss (etwa im Zuge der Erstellung einer Prozessbeschreibung oder einer Betriebsvereinbarung vor der Einführung eines Ideenmanagements, oder im Zuge einer strategischen Neuausrichtung). Da es sich um Vorgaben handelt, an denen jede einzelne Idee gemessen wird (etwa bei formalen Eingangsprüfungen), werden diese Kriterien im Abschnitt 4.1 erläutert.
- Anschließend folgen die Ausführungen zu den am Anfang von Kapitel 3 (»Organisation des Ideenmanagements«) vorgestellten vier »natürlichen« Phasen.
  Gemäß dem Motto »nach dem Vorschlag ist vor dem (nächsten) Vorschlag« ist die Trennung zwischen der Phase 1 (»Alles, was geschieht, bevor eine Idee vorgeschlagen wird«) und Phase 4 (»Feedback an den Einreicher, nachdem die Vorschlagsbearbeitung vollständig abgeschlossen ist«) ein wenig künstlich. Denn gerade die Information darüber, was ein Einreicher (z. B. an Honorierung, Anerkennung) nach Umsetzung seiner Idee zu erwarten hat, wird als wichtiges Motivationsmittel eingesetzt, bevor und damit ein Vorschlag eingereicht wird. Demgegenüber wird allerdings – leider! – die Bedeutung, die ein qualifiziertes und qualifizierendes Feedback bei Ablehnung einer Idee hat (sowohl zur Vermeidung von Demotivation als auch zur Qualifizierung des Einreichers) in den meisten Unternehmen völlig unterschätzt und viel zu wenig aktiv genutzt. Trotz der großen Nähe von Phase 1 und Phase 4 werden diese im Interesse einer klareren Strukturierung in jeweils eigenen Abschnitten (4.2 und 4.5) behandelt.

4.1 Anforderungen an Ideen und Vorschläge

Als Vorschläge können alle Ideen eingereicht werden, die einen bestehenden Zustand in irgendeiner Weise verbessern. Weitere Anforderungen an Vorschläge, die über das Ideenmanagement gemanagt werden, können in folgender Hinsicht bestehen.

Vorschläge sollen neu sein

Dies bedeutet, dass dieselbe Idee nicht von verschiedenen Personen mehrfach eingereicht werden kann. Ein in diesem Sinn »doppelter« Vorschlag kann zwar registriert werden, darf aber nicht in die weiteren Bearbeitungsprozeduren gelangen, weil er sonst nur unnötige, weil doppelte Arbeit verursachen würde. Bei einer hohen Vorschlagsaktivität steigt erfahrungsgemäß auch die Anzahl doppelter Vorschläge an.

Mehrfachanwendung: Ein Vorschlag sollte jedoch auch dann als »neu« betrachtet werden, wenn die konkrete Anwendung oder der Anwendungsbereich neu sind, die Idee selbst aber an anderer Stelle bereits genutzt wird. Es ist eigentlich Sache des Unternehmens (vertreten durch die verantwortliche Führungskraft oder den Ideenkoordinator), zu prüfen, wo überall im Unternehmen eine gute Idee genutzt werden kann. Insofern kann das Unternehmen dankbar sein, wenn noch in zweiten und dritten Schritten Verbesserungspotentiale durch weitere Anwendungen einer Idee aufgezeigt werden. Da das Unternehmen von jeder Ausweitung der Anwendungsbereiche profitiert und sich der Zustand gegenüber dem vorherigen verbessert, sollte sich die Vergütung für den Einreicher nach dem bewirkten Gesamtnutzen richten, unabhängig davon, ob er die Anwendung seiner Idee zunächst nur für den kleinen von ihm überschaubaren Bereich vorgeschlagen hat.

Beispiel: Mehrfachanwendbarkeit

Ein Werker schlug vor, eine für Staplerfahrer schlecht einsehbare Stelle durch einen Spiegel sicherer zu machen. Der Vorschlag wurde dem Sicherheitsbeauftragten vorgelegt. Er entschied sich dafür, die Umsetzung des Vorschlags zu veranlassen, nachdem er sich von den schlechten Sichtverhältnissen überzeugt hatte. Nach einigen Wochen schlug derselbe Einreicher vor, einen Spiegel an einer weiteren Stelle anzubringen, an der vergleichbare Sichtverhältnisse wie an der ersten Stelle herrschten. Wie würden Sie den zweiten Vorschlag entscheiden?

In der Tat wurde auch der zweite Vorschlag umgesetzt und ebenso prämiert wie der erste. Um eine Ausweitung zu einer »Serie« vorzubeugen, erhielten der Sicherheitsbeauftragte und der Einreicher den ausdrücklichen Auftrag, gemeinsam nach weiteren Stellen zu fahnden, an denen Sichthindernisse entschärft werden sollten. Ideen, die im Rahmen eines ausdrücklichen Arbeitsauftrags entstehen, sind in dem betroffenen Unternehmen nicht prämienberechtigt.

Planungsvorlauf: Zuweilen werden auch Maßnahmen vorgeschlagen, die bereits an anderer Stelle des Unternehmens (höhere Hierarchieebene, andere Abteilung) bearbeitet werden oder geplant wurden. In diesem Fall sollte das Unternehmen anhand schriftlicher Unterlagen (Gesprächsvermerke, Zeichnungen) nachweisen können, dass die Idee tatsächlich schon bekannt war. Falls keine schriftlichen Unterlagen vorliegen, ist es gute Praxis, den Vorschlag als neu zu behandeln, weil sonst die Gefahr besteht, dass Ideen mit dem Hinweis: »Darüber haben wir schon einmal gesprochen« abgeblockt werden. Dies entspricht dem Anliegen des Ideenmanagements, Gewohnheiten zu durchbrechen und den Schritt vom »Darüber-Sprechen« zum Handeln anzuregen.

Vorschläge soll(t)en einen Lösungsweg aufzeigen

Manche Unternehmen erkennen nur solche Ideen als Vorschlag an, die einen konkreten Lösungsweg aufzeigen. Mängelhinweise ohne Lösungsvorschlag behandeln sie nicht als Vorschläge. Diese Einschränkung ist insofern problematisch, als in der Praxis viele Vorschläge zwar einen Lösungsweg aufzeigen, der jedoch nicht optimal oder sogar völlig untauglich ist. Ein Vorschlag sollte nicht (nur) nach der Tauglichkeit des angegebenen Lösungswegs, sondern nach dem Wert der angestrebten Verbesserung, also nach dem Zweck des Vorschlags, beurteilt werden. Selbst wenn zum Erreichen der Verbesserung letztlich gänzlich andere Wege als vorgeschlagen beschritten werden, bleibt dem Einreicher das Verdienst, den Anstoß zu dieser Verbesserung gegeben zu haben. Als Ausweg bietet sich an, in der Prämienregelung eine Abstufung nach Qualität des vorgeschlagenen Lösungswegs vorzunehmen.

Beispiel: Anderer Lösungsweg 1

Wie würden Sie entscheiden? Im einem Unternehmen wurde folgender Vorschlag eingereicht: »Von die Kaley-Haspel nicht in Ordnung, neue kaufen: Maß 500, nicht (520). Einzelhaspel 542 M passt nicht.« Zur Sachlage: Tatsächlich bestand an der Abhaspel ein Problem. Aufgrund unterschiedlicher Größen der Innendurchmesser der Stahl-Coils und der Abhaspel mussten die Coils vor der Bearbeitung aufwendig umgespult werden, was Kosten in Höhe von ca. 18.000 EUR pro Jahr verursachte. Eine neue Haspel wäre für einen Kaufpreis ab 150.000 EUR aufwärts zu erhalten gewesen.

Frage 1: Hätten Sie den Vorschlag angenommen – oder mit Blick auf die Kosten (150.000 EUR statt jährlich 18.000 EUR, viel zu lange Amortisationszeit) abgelehnt?

Statt den Vorschlag vorschnell abzulehnen, ging man der Sache nach und stellte zunächst einen Bedienfehler des eigenen Personals fest. Als die Probleme weiterhin auftraten, entdeckte man, dass die Lieferfirma der Coils seit Jahren ein von den Lieferspezifikationen abweichendes Maß lieferte. Die Lieferfirma wurde zum Einhalten der Spezifikationen angehalten – das Unternehmen spart seitdem (ohne eigenen Aufwand gehabt zu haben!) pro Jahr 18.000 EUR.

Frage 2: Hätten Sie den Vorschlag prämiert – oder mit dem Argument, dass ja die vorgeschlagene Lösung gar nicht realisiert wurde, eine Prämierung abgelehnt oder gemindert?

Im Sinne einer großzügigen Prämienregelung erhielt der Einreicher den vollen Prämiensatz. Damit sollte auch honoriert werden, dass der Mitarbeiter – trotz jahrelanger Gewöhnung an den Missstand – mitdachte und aktiv wurde. Ohne diesen Vorschlag würde heute noch umgespult.

Beispiel: Anderer Lösungsweg II
Ein Mitarbeiter schlug vor, an einem Durchgang, der direkt auf einen schlecht einsehbaren Fahrweg für Stapler führte, einen Spiegel anzubringen. Bei der Bearbeitung des Vorschlags stellte die zuständige Fachkraft fest, dass ein Spiegel nicht sinnvoll angebracht werden kann. Da es sich aber tatsächlich um eine Gefahrenstelle handelte, sorgte er dafür, dass in den Boden Kontaktstreifen gelegt werden, sodass bei Annäherung eines Staplers eine Warnlampe angeht.
Frage: Hätten Sie den Vorschlag prämiert – oder mit dem Argument, dass ja die vorgeschlagene Lösung gar nicht realisiert wurde, eine Prämierung abgelehnt oder gemindert?
Im konkreten Fall wurde die gesamte Prämie ausbezahlt, da die Gefahrenstelle bislang auch bei Rundgängen des Ausschusses für Arbeitssicherheit nicht erkannt worden war.

Hinweise auf einen Reparaturbedarf werden im Allgemeinen nicht als Vorschläge angenommen. Insofern wurde die Definition eines Vorschlags bereits dahingehend präzisiert, dass ein bestehender Soll-Zustand *verbessert* wird. Wird eine Reparatur allerdings über lange Zeiten unterlassen, sodass der Defekt zum Gewohnheitszustand wird, könnte man den Vorschlag immerhin als Anregung sehen, entweder den Defekt zum neuen Soll-Zustand zu erklären (weil eine Reparatur keinen Nutzen brächte) oder zu überprüfen, warum die Reparatur bislang ausblieb.

Vorschläge sollen über die Arbeitsaufgabe hinausgehen
Diese Einschränkung hat vor allem die Prämienberechtigung im Blick, weil alles, was zur Arbeitsaufgabe gehört, bereits mit dem Lohn oder dem Gehalt abgegolten ist. Die saubere Abgrenzung eines (prämienberechtigten) Vorschlags von der »eigentlichen« Arbeitsaufgabe ist in der Praxis immer wieder Stein des Anstoßens. Wichtig ist dabei, zwischen dem eigenen »Arbeitsbereich« und der eigenen »Arbeitsaufgabe« zu unterscheiden. Erfahrungsgemäß kommen die weitaus meisten Vorschläge aus dem jeweils eigenen Arbeitsbereich des Einreichers. Dies ist auch sinnvoll, weil die Mitarbeiter für ihren eigenen Arbeitsbereich die höchste Kompetenz und Informationsdichte besitzen. Am eigenen Arbeitsplatz wird täglich am ehesten wahrgenommen, wo Quellen für Mängel, Ärgernisse und Verschwendung sind.

Abgrenzungskriterien: Für die Abgrenzung von der Arbeitsaufgabe (»Jobbereinigung«) hat es sich bewährt, keine Entweder-oder-Regelung zu treffen, sondern Zwischenstufen zuzulassen. Die Einstufung muss anhand weniger aber nachvollziehbarer Kriterien vorgenommen werden. Geeignete Kriterien sind z. B., ob der Einreicher selbst über die Umsetzung seiner Idee entscheiden konnte, ohne eine Führungskraft fragen zu müssen, oder ob er mit der Bearbeitung des durch den Vorschlag gelösten Problems ausdrücklich beauftragt worden war. Ist eines dieser Kriterien eindeutig mit »Ja« zu beantworten, so sollte die Idee nicht als Vorschlag prämiert werden.

Selbsteinschätzung: Die wichtigsten Kriterien für die Bewertung des Vorschlages als einen tatsächlichen Vorschlag außerhalb seiner Arbeitsaufgaben können in einem »Abgrenzungsraster« zusammengestellt werden, das eine schnelle und einfache Handhabung in der Praxis ermöglicht (siehe Abbildung 49). Dabei hat sich bewährt, die Einschätzung anhand des Rasters vom Einreicher selbst unmittelbar bei Abgabe seines Vorschlags vornehmen zu lassen. In 90 % der Fälle kann der Vorgesetzte die Selbsteinschätzung des Einreichers bestätigen. Wenn die Abgrenzung frühzeitig – vor einer finanziellen Bewertung des Vorschlags – erfolgt, kommt niemand in Versuchung, den Prämienanteil im Nachhinein »kleinzurechnen«, falls sich ein hoher Nutzwert herausstellt. Auf die Frage der Jobbereinigung wird in Abschnitt 4.2.6 nochmals im Zusammenhang mit der Prämierung eingegangen.

Vorschläge soll(t)en auch Neuanlagen betreffen
In manchen Unternehmen besteht eine »Sperrfrist« (z. B. 1 Jahr) für Neuanlagen. Da hier naturgemäß zunächst viel zu verbessern ist, soll kein Vorschlag prämiert werden, bis die Anlage »normal« läuft. Eine solche Regelung ist jedoch kontraproduktiv, weil Vorschläge zurückgehalten werden, bis die Sperrfrist abgelaufen ist. Gerade bei Neuanlagen besteht großes Interesse, Verbesserungen schnell zu verwirklichen, um die »Kinderkrankheiten« zu beseitigen. Falls solche Regelungen bestehen, sollte sie das Unternehmen wieder abschaffen.

Für Mitarbeiter, die mit der Einführung der Neuanlage betraut sind, kann man mit Hilfe des »Abgrenzungsrasters« (s. o.) feststellen, inwieweit ihre Optimierungsarbeit ganz oder teilweise zu ihrer Arbeitsaufgabe gehört.

4.2 Phase 1: Informieren, Motivieren, Inspirieren, Qualifizieren

Der Erfolg eines Ideenmanagements hängt entscheidend vom Mitwirken der beteiligten Personen ab. Hierbei geht es um Fragen ...

- der Information: Kennen die Mitarbeiter das Ideenmanagement? Wissen sie, wie und wo ein Vorschlag eingereicht wird? Wissen Führungskräfte, was sie zu tun haben?
- der Motivation: Wollen die Mitarbeiter Vorschläge einreichen? Sind die Führungskräfte zur Unterstützung von Vorschlägen bereit?
- der Qualifikation: Können Mitarbeiter ihre Ideen formulieren? Können Führungskräfte Vorschläge fachlich beurteilen?
- der Ermutigung: Werden Ängste von Einreichern vor Blamage oder nachteiligen Auswirkungen vermieden? Bestehen auf Seiten der Führungskräfte Befürchtungen vor Autoritäts- und Bedeutungsverlust?
- der Autorisation: Dürfen Mitarbeiter sich die Zeit nehmen, um einen Vorschlag einzureichen? Dürfen Führungskräfte über Vorschläge entscheiden, ihre Umsetzung veranlassen, Prämien auszahlen?

Angesichts der Herausforderungen in den Phasen 1 und 4 stellen sich diese Fragen vor allem in Bezug auf die Mitarbeiter als denjenigen, um deren Ideen es geht. Gleichwohl sind parallel stets auch die entsprechenden Anforderungen an Führungskräfte und Ideenmanager zu beachten, durch die ja die Maßnahmen zur Information, Motivation, Inspiration, Qualifizierung und Honorierung getragen werden müssen.

Die meisten der in den folgenden Abschnitten 4.2.1 bis 4.2.6 sowie im Abschnitt 4.5 beschriebenen Maßnahmen können auch als »internes Marketing« für das Ideenmanagement aufgefasst werden, das darauf zielt, ...

- zu informieren und bekannt zu machen: Dies kann etwa die Einführung des Ideenmanagements selbst oder von Neuheiten im Ideenmanagement betreffen (z. B. neue Regelungen, neue Software).
- Aufmerksamkeit und Präsenz im Bewusstsein zu fördern. Grundsätzlich informiert zu sein und zu wissen, dass es das Ideenmanagement gibt, reicht noch nicht aus. Man muss es auch im aktuellen Moment präsent haben, wenn es einen konkreten Anlass gibt, das Ideenmanagement zu nutzen.
- Commitment und emotionale Bindung fördern. Dabei geht es darum, Motive zum Mitmachen nachhaltig zu aktivieren, um eine möglichst intensive Form des Engagements zu erreichen.

Typische interne Zielgruppen des Marketings sind:

- Topmanagement und Unternehmensleitungen.
- Führungskräfte, Entscheider, Experten.
- Mitarbeiter.
- Weitere Stakeholder (z. B. Betriebsräte, Ideenmanager).

In immer mehr Unternehmen haben Marketingmaßnahmen des Ideenmanagements aber auch externe Zielgruppen im Blick, etwa wenn es um die Außendarstellung zur Förderung des allgemeinen Images, zur Stärkung der Arbeitgeberattraktivität oder um die Attraktivität für Kapital- und Kreditgeber geht.

4.2.1 Allgemeine Information für alle Mitarbeiter

Die Kenntnis der Mitarbeiter, dass es ein Ideenmanagement gibt, und das Wissen, wie es zu nutzen ist, zählen zu den wichtigsten Erfolgsfaktoren. Sie sind Voraussetzungen für erwünschtes Verhalten. Das Hauptanliegen der grundlegenden Mitarbeiterinformation kann in drei Botschaften zusammengefasst werden:

- Es gibt ein Ideenmanagement, und das ist gut für alle und jeden Einzelnen.
- Jeder kann und soll mitmachen, einzeln und in Gruppen, jede Idee ist willkommen.
- Es geht alles mit rechten Dingen zu, das System ist gerecht.

Im Betriebsalltag sind die Führungskräfte, der Ideenmanager und der Betriebsrat die wichtigsten Multiplikatoren zur Vermittlung dieser Botschaften. Es reicht nicht, diese Botschaften nur einmalig bei der Einführung oder einer Reaktivierung des Ideenmanagements zu kommunizieren. Es handelt sich vielmehr um eine permanente Aufgabe des »internen Marketings«, das Bewusstsein und die Aufmerksamkeit für das Ideenmanagement wach zu halten.

Zusätzlich zu dieser »Alltags-Kommunikation« sind bei einer Einführung oder Reaktivierung eines Ideenmanagements gezielte Informations-, Schulungs- und Trainingsmaßnahmen erforderlich. Inhalte und Vorgehensweisen für entsprechende Veranstaltungen und Programme zur Qualifizierung von Mitarbeitern, Führungskräften und Gutachtern werden in den Abschnitten 5.3 und 5.4 ausführlich erläutert.

Generell lassen sich Informationen zum Ideenmanagement wie folgt klassifizieren:

- Grundlegende und langfristig gültige Informationen zu Zielen, zur Bedeutung und zur Funktionsweise des Ideenmanagements.
- Aktuelle Informationen zum allgemeinen Stand des Ideenmanagements anhand einiger »griffiger« und wichtiger Kennzahlen.
- Informationen, die im Sinne eines internen Marketings vor allem dazu dienen, die Aufmerksamkeit immer wieder auf das Ideenmanagement zu lenken, sowie ein positives Image und eine emotionale Bindung zu fördern.
- Die Rückinformation an einzelne Einreicher über den Bearbeitungsstand ihrer konkreten Vorschläge ist Teil des Feedbacks im Rahmen der Abschlussphase (Phase 4).

Nach Möglichkeit sollten sich alle Mitarbeiter jederzeit selbst über diese Dinge informieren können. Zusätzlich müssen wichtige Informationen immer wieder aktiv an die Mitarbeiter herangetragen werden.

Im Folgenden werden aktive und passive Ansätze für die Information und Visualisierung in Form einer Ideensammlung vorgestellt. Da sowohl grundlegende Informationen, aktuelle Daten als auch Hinweise auf temporäre Marketingaktionen oft an den gleichen Stellen bzw. über die gleichen Medien kommuniziert werden, werden diese hier gemeinsam behandelt. Das Feedback an einzelne Einreicher wird als Teil der Phase 4 in Abschnitt 4.5 erörtert.

- **Persönliche Gespräche** sind der im Hinblick auf die Motivationswirkung wirksamste Informationsweg.
- Alle **routinemäßigen Zusammenkünfte** von wöchentlichen Besprechungen bis zu Betriebsversammlungen sollte man bewusst wahrnehmen und systematisch zur Informationsweitergabe nutzen. Das Ideenmanagement sollte auf möglichst vielen geeigneten Veranstaltungen als fester Tagesordnungspunkt verankert werden.
- Attraktiv gestaltete **Informationstafeln, Schwarze Bretter, Aushänge** mit einer Kombination aus gleichbleibenden, regelmäßig aktualisierten und wechselnden temporären Inhalten in variablen Gestaltungsmöglichkeiten:
  - Kurzinformation zu Zielen und Funktionsweise des Ideenmanagements, möglichst anhand einfacher und verständlicher grafischer Darstellungen der Aufbau- und Ablauforganisation. Zusätzlich kann der Weg eines Vorschlags an einem konkreten Beispiel veranschaulicht werden (Bild des vorherigen Zustands, Kopie des Vorschlags, Konstruktionszeichnungen, Bewertungsunterlagen, Bild des verbesserten Zustands, Kosten-Nutzen-Rechnung mit Prämiennachweis). Nicht fehlen sollte der Hinweis auf die Verfügbarkeit von weiteren Informationen (z. B. Betriebsvereinbarung) und Unterstützungsangeboten (z. B. Führungskräfte, Ideenmanager, Betriebsrat).

- Aktuelle Angaben zur Vorschlagsstatistik, zu Durchlaufzeiten, zum Gesamtwert der Prämien. Ggf. Listen mit Einreicher- oder Abteilungsrankings. Die Kennzahlen sollten nicht (nur) tabellarisch bereitgestellt, sondern als Diagramme visualisiert werden (Trendlinien, Säulendiagramme, »Vorschlagsbarometer«). Wichtige Daten sollten mindestens monatlich aktualisiert werden.
- Vorstellung eines »Vorschlags des Monats«.
- Hinweise auf aktuelle Marketing- und Sonderaktionen.
- Motivationsposter, mit denen Aufmerksamkeit angezogen werden kann.
- Schautafeln visuell möglichst auffallend (»bunt«) gestalten – dies kollidiert in manchen Unternehmen jedoch mit Anforderungen der CI.
- Fester (möglichst eigener separater) Platz der Aushänge und gleichbleibende Anordnung.
- Deutliche Kennzeichnung von Neuerungen/Aktualisierungen (z. B. Fähnchen).

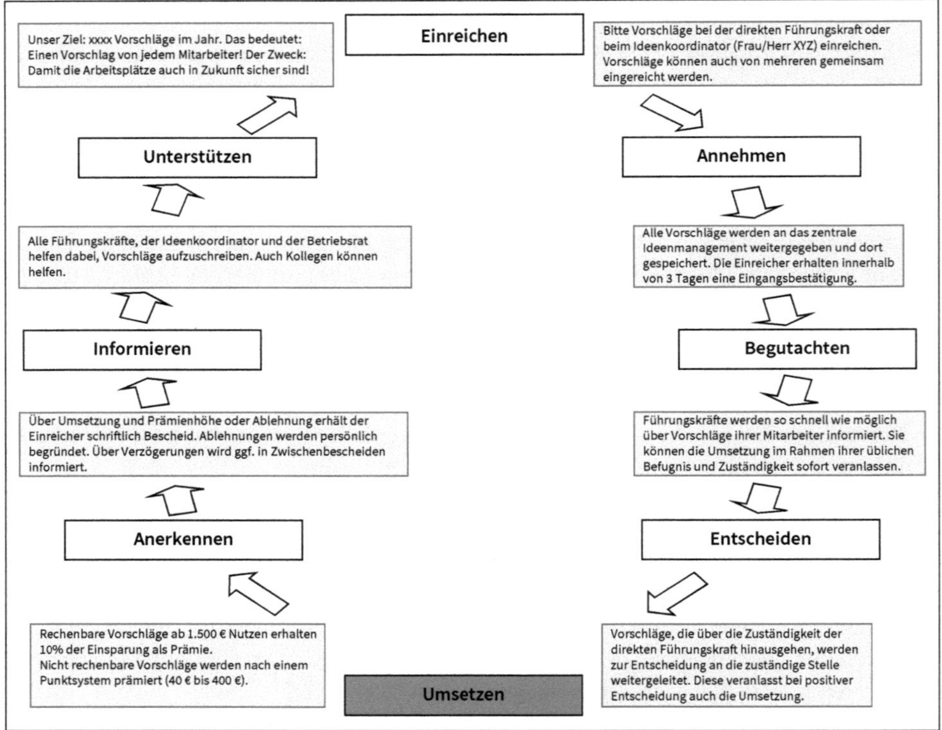

Abb. 11: Beispiel für eine einfache schematische Visualisierung der Abläufe im Ideenmanagement zur Mitarbeiterinformation in Aushängen, Intranetseiten, Flyern u. Ä.

- **Shopfloortafeln, KVP-Boards** und ähnliche im Betrieb vor Ort etablierte Kommunikations- und Visualisierungsplätze bieten in vielen Unternehmen einen geeigneten Rahmen für Informationen auch zum Ideenmanagement.

Kennzahlen zu Produktivität, Qualität, Sauberkeit und Ordnung, Arbeitssicherheit, Anwesenheit usw. ergänzen sich thematisch bestens mit Kennzahlen zu Verbesserungsaktivitäten.
Auch die Kommunikation über aktuelle Störungen und Ausfälle lässt sich nahtlos mit der Thematisierung von Ideen und ihrer Umsetzung verbinden.

- Bereitstellung der unter »Aushänge« genannten Inhalte im **Intranet** des Unternehmens. Man sollte darauf achten, dass der Zugriff auf die Seiten zum Ideenmanagement bereits direkt von der Einstiegsseite aus möglich ist (keine »Link-Odyssee«).
- **Monitore** und Nachrichten auf Bildschirmen (Bildschirmschoner) dienen als »digitale Schwarze Bretter«. Möglich sind folgende Ausgestaltungen:
  - Informationsmonitore, deren Anzeige vom Betrachter nicht beeinflusst werden kann.
  - Terminals, an denen der Nutzer ihn interessierende Inhalte (z. B. im Intranet) aufrufen kann.
  - Bildschirmschoner für alle Büro-PCs, Bildschirme zur Maschinenbedienung, usw.
  - Als Aufstellungsorte für Monitore und Terminals haben sich bewährt: Kantine, Durchgänge, Plätze an bzw. neben Infoboards auf dem Shopfloor, neben Stempeluhren.
- Aktuelle Daten (der Aushänge, Inhalte der Intranet-Seite) kann man in einer **Mitarbeiter- oder Betriebszeitung** nochmals übersichtlich zusammenstellen. Hier können auch regelmäßig beispielhafte Vorschläge und/oder deren Einreicher vorgestellt und Sonderaktionen angekündigt werden. Idealerweise ist das Ideenmanagement in jeder Ausgabe mit einer eigenen Rubrik vertreten.
- Sofern vorhanden, sollte auch ein **Firmen-TV** regelmäßig über das Ideenmanagement berichten.
- Große **Digitalanzeige** der tagesaktuellen Anzahl der seit Jahresbeginn eingereichten Vorschläge an einer großen Anzeige beim Pförtner, am Empfang, in der Kantine, o. Ä. (»Ideen-Uhr«, »Pegelstandanzeige«).
- **Flyer, Broschüren, Informationsblätter oder Postkarten** dienen zur Erst-Information von neuen Mitarbeitern sowie zur Erinnerung und Werbung für langjährige Mitarbeiter.
- **Beilagen zur Lohnabrechnung** können genutzt werden für:
  - Information über Sonderaktionen.
  - Aufmerksamkeit wecken: Beilage eines symbolischen Schecks mit der Botschaft »Diesen Scheck hätten Sie für einen Vorschlag erhalten können«.
  - Monatliche Information über den persönlichen Vorschlagsstatus (Anzahl eingereichte, umgesetzte, in Bearbeitung befindliche Ideen).
- **Checklisten und Kärtchen** in einem handlichen Format, die Mitarbeiter jederzeit bei sich tragen können (ggf. zum Schutz laminiert), mit Basisinformationen zum Ideenmanagement, Tipps zur Ideenfindung oder Erläuterungen zu den sieben Arten der Verschwendung. Diese können neben Behältern mit Vorschlagsformularen oder an Terminals ausgelegt sowie auf Veranstaltungen verteilt werden.
- **Newsticker**, die per E-Mail versendet bzw. über das Intranet zugänglich sind, aber auch im Print-Format über Auslagen verteilt werden.

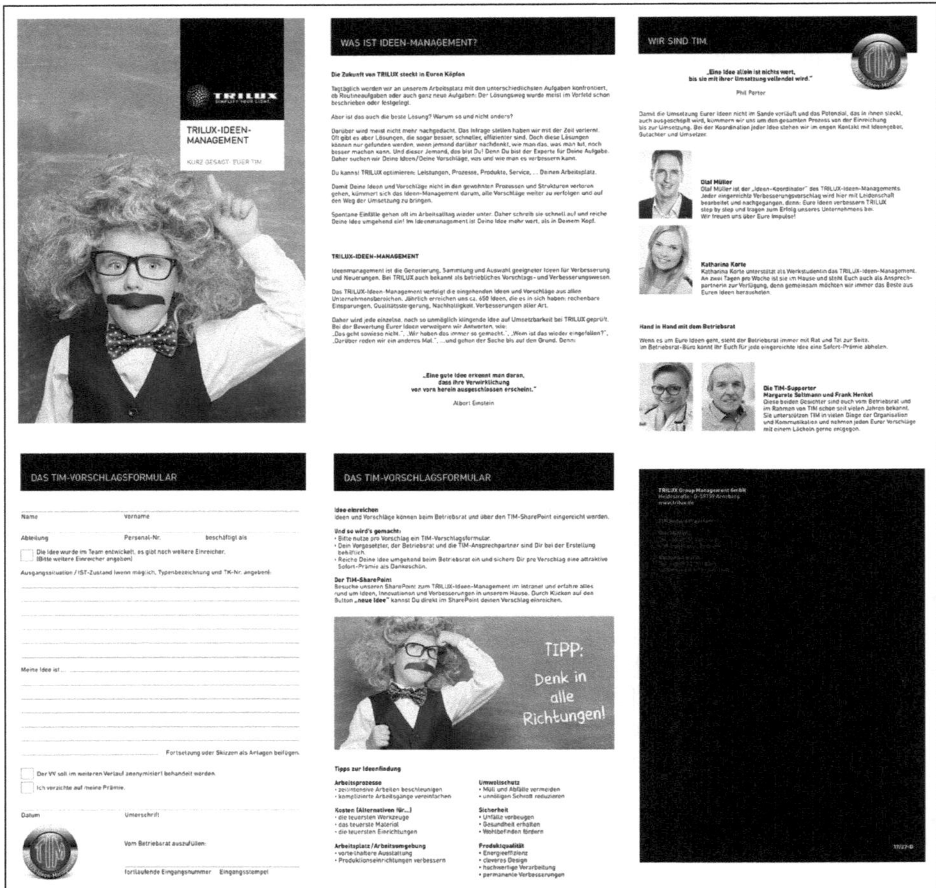

Abb. 12: Beispiel für einen Informations- und Motivationsflyer für Mitarbeiter.

- **Visuelle Präsenz:** Visuelle Präsenz macht das Ideenmanagement immer wieder bewusst. Dem dienen auch alle voranstehend genannten Maßnahmen. Bei den folgenden Ansätzen geht es jedoch nicht um die Vermittlung von inhaltlichen Informationen (abgesehen von einer evtl. Kernbotschaft, die als Motto oder Slogan mittransportiert wird), sondern (nur) darum, das Ideenmanagement an möglichst vielen Stellen und Gelegenheiten vor Augen zu führen und dadurch in Erinnerung zu rufen. Beispiele sind:
  - Logo/Stempel des Ideenmanagements auf allen Bescheiden/Briefen.
  - Aufkleber mit Logo des Ideenmanagements an sichtbaren Stellen platzieren (z. B. auf Hauspost-Umschlägen).
  - Kreativ gestaltete Eye-Catcher an stark frequentierten Stellen.
  - Verbreitung von Give-Aways (z. B. Kugelschreiber, Notizblöcke, Feuerzeuge, Schlüsselanhänger mit dem Logo oder Slogan des Ideenmanagements).
- **Wiedererkennung:** Symbolfigur, Maskottchen, Logo, Name für das Ideenmanagement.

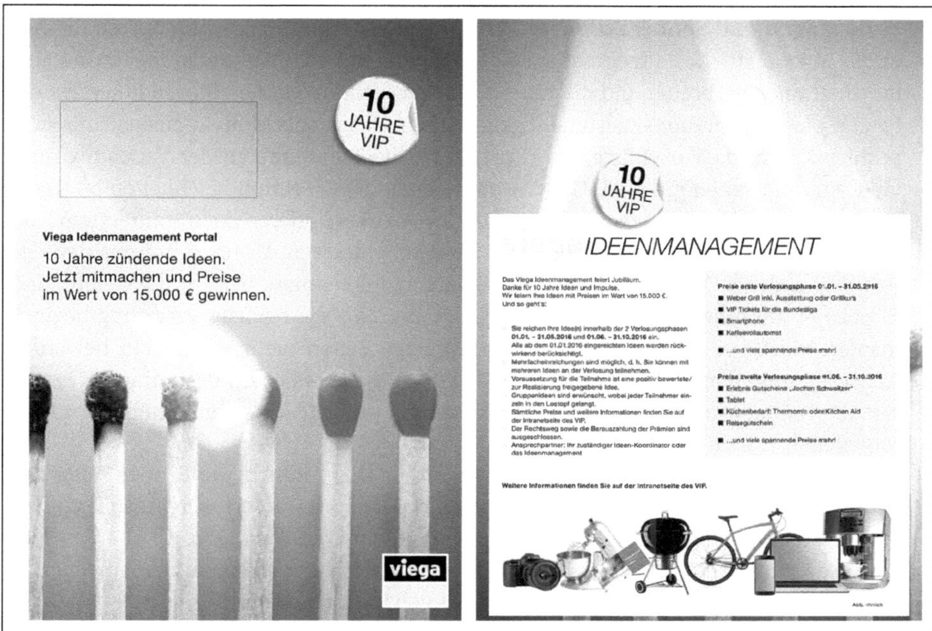

Abb. 13: Beispiel für eine Beilage zur Lohnabrechnung, mit der Aufmerksamkeit für eine Aktion zum Jubiläum des Ideenmanagements geweckt werden soll.

Abb. 14: Beispiel einer Symbolfigur für das Ideenmanagement, mit der ein hoher Wiedererkennungseffekt in Informations-, Arbeits- und Werbe-Materialien erzielt wird.

- **Verlosungen und Sonderaktionen:** Verlosungen und Sonderaktionen lenken die Aufmerksamkeit auf das Ideenmanagement, indem mit der Ankündigung zusätzliche Informationen verbreitet und die visuelle Präsenz erhöht werden. Sie sind hier deshalb bewusst als Informationsinstrument genannt. Ein Einsatz als Motivationsinstrument ist problematisch, da Vorschläge, die (nur) durch die Teilnahme an der Verlosung motiviert wurden, selten gut sind. Gleichwohl können die Gewinnmöglichkeiten bei Verlosungen zusätzliche Anreize geben (und den einen oder anderen doch »hinter dem Ofen hervorlocken«). Verlosungen sollte man sparsam einsetzen. Wenn Zeiträume definiert werden, in denen Vorschläge an einer Verlosung teilnehmen, besteht die Gefahr, dass Einreicher anschließend Vorschläge zurückhalten, bis die nächste Verlosung beginnt. Insofern dürfte es dann keine »verlosungsfreien« Zeiten mehr geben. Ein bewährter Ansatz besteht darin, unter allen Vorschlägen eines Jahres einen bestimmten Prozentsatz der Prämiensumme dieses Jahres auszulosen (aufgeteilt in mehrere Preise mit verschiedenen Höhen).
  Bei Verlosungen können die Voraussetzungen für Durchführung und/oder Teilnahme variiert werden, je nachdem welche Aspekte besonders gefördert werden sollen:
  - Lose für alle eingereichten, umgesetzten, rechenbaren Vorschläge.
  - Lose für alle Einreicher (unabhängig von der Anzahl der eingereichten Vorschläge).
  - Lose (nur) für Top-Einreicher – jedes Los gewinnt, unklar ist nur, was.
  - Durchführung der Verlosung nur bei Erreichen einer Mindestanzahl von Vorschlägen, Mindestbeteiligung, Mindesteinsparung.
  - Höhe des Gewinns in Form eines Jack-Pots oder Sachwerts, der sich als Geldbetrag von x EUR pro umgesetzten Vorschlag oder als x % der rechenbaren Einsparung ergibt.

  Verlosung und Preisübergabe sollte man »öffentlichkeitswirksam« inszenieren. Zur Preisverleihung kann die örtliche Presse eingeladen werden, die Preisträger können in der Mitarbeiter- oder Betriebszeitung vorgestellt werden. Sonderaktionen können thematisch (z. B. »Qualität«, »Rüstzeiten und Durchlaufzeiten«, »Verpackungen«), saisonal oder auf aktuelle und populäre Ereignisse (z. B. Laufzeit während einer Olympiade oder Weltmeisterschaft) bezogen sein.
- **Feiern, Events oder Würdigungen** bei Erreichen bestimmter Zielmarken oder aus (ggf. auch »herbeigeholten«) Anlässen: z. B. 111te Idee des Jahres, 10.000te Idee oder 10-Jahres-Jubiläum seit Beginn des Ideenmanagements im Unternehmen.
- **Neue Mitarbeiter** sollte man bereits in der Einarbeitungsphase mit dem Ideenmanagement vertraut machen. Dies sollte in den Einarbeitungsplänen fest verankert sein. Nach der Einarbeitung kann die Ansprache (z. B. mit einem kurzen Anschreiben) wiederholt werden.
- Insbesondere **Auszubildende** sollte man systematisch informieren und einbeziehen, um so potentielle zukünftige Mitarbeiter frühzeitig an das Ideenmanagement heranzuführen. In vielen Unternehmen führen Azubis (größere oder kleinere) Projekte zu wechselnden Themen durch. Dabei können auch Aufgabenstellungen mit Bezug zum Ideenmanagement vorgegeben werden. Auch die Facharbeit oder Abschlussarbeit kann einem Thema mit Bezug zum Ideenmanagement gewidmet werden.

Beispiel
Azubis führen eine Mitarbeiterbefragung zum Ideenmanagement durch und entwickelten ein Konzept für ein verbessertes Marketing. Sie stellen die Ergebnisse der Geschäftsleitung vor und wirken bei der Umsetzung mit.

- Mit »**Guerilla-Aktionen**« lässt sich Aufmerksamkeit für das Ideenmanagement insgesamt, für spezielle Neuerungen oder für besondere Aktionen wecken. Beispiele sind:
  - Nächtliches Umstellen der Startmasken von allen Beamern in Besprechungsräumen auf Informationsseiten zum Ideenmanagement.
  - Platzierung von Anhängern an Türklinken.

Abb. 15: Beispiel für einen Türanhänger, mit dem Aufmerksamkeit für eine Aktion zum Jubiläum des Ideenmanagements geweckt werden soll.

- **Betriebsvereinbarung:** Für die allgemeine Information zum Zweck und den Grundzügen des Vorschlagswesens kann die Betriebsvereinbarung oder Richtlinie ein erster Anhaltspunkt sein. Allerdings sind die meisten Betriebsvereinbarungen nicht gerade »lesefreundlich« formuliert. Die Informationswirkung per Aushang oder Verteilung ist praktisch gleich Null. Dennoch ist es wichtig, dass sich insbesondere die Führungskräfte mit den Inhalten der Betriebsvereinbarung auseinandersetzen, damit sie die Abläufe kennen und ihren Mitarbeitern erklären können (siehe Abschnitt 5.3).

4.2.2 Konkrete Information für den einzelnen Einreicher

Neben der allgemeinen Information für alle Mitarbeiter ist die zeitnahe Information der einzelnen Einreicher über den Stand und das Ergebnis der Bearbeitung ihres Vorschlags ein wichtiger Faktor für den langfristigen Erfolg des Ideenmanagements. Eine angemessene Rückmeldung zu geben, ist auch eine Frage der Wertschätzung und Anerkennung. Zumindest zwei Informationen sollte jeder Einreicher routinemäßig erhalten:

- Die Information darüber, dass der Vorschlag eingegangen ist.
- Die Information über das Ergebnis der Bearbeitung und Entscheidung, ...
  - bei erfolgter Umsetzung ggf. mit Angabe der vorgesehenen Prämienhöhe;
  - bei einer Ablehnung mit einer verständlichen Begründung, warum der Vorschlag nicht umgesetzt wird.

Fall sich der Bewertungs- und Entscheidungsprozess in die Länge zieht oder die Umsetzung verzögert, sollte der Einreicher nach angemessenen Fristen eine Zwischeninformation erhalten.

Der Informationsfluss an die einzelnen Einreicher lässt sich auf verschiedene Weise organisieren:

- Wird der Workflow des Ideenmanagements in einer Software abgebildet, erhalten die Einreicher alle relevanten Informationen über das EDV-System.
- Im klassischen Vorschlagswesen stellt der Ideenmanager Eingangs-, Zwischen- und Abschluss- oder Prämienbescheide aus, die persönlich vom Ideenmanager, über die direkte Führungskraft oder per Hauspost zugestellt werden.
- Ist das Ideenmanagements in Verbindung mit Shopfloortafeln, KVP-Boards oder ähnlichen Elementen eines Produktionssystems organisiert, kann die Information daraus entnommen werden, ob die jeweilige Ideen-Karte oder der Vorschlag-Zettel noch im Feld »Neu« oder bereits in den Feldern »In Arbeit« oder »Erledigt« hängt, und welche Kommentare ggf. darauf vermerkt sind.
- In manchen Unternehmen werden regelmäßig Listen ausgehängt, auf denen der Stand aller Vorschläge farblich markiert ist. Abgeschlossene Vorschläge werden nach definierten Fristen aus der Liste entfernt.
- Monatliche Information über den persönlichen Vorschlagsstatus (Anzahl eingereichte, umgesetzte, in Bearbeitung befindliche Ideen) als Beilage zur Lohnabrechnung (siehe Abbildung 16).

Zu beachten ist, dass diese Beispiele nur den technischen Aspekt des Informationsflusses abdecken. Emotional bedeutsamer Dank und Anerkennung lässt sich dagegen nur im persönlichen Kontakt vermitteln. Das gleiche gilt für die Begründung einer Ablehnung, die ebenfalls persönlich erklärt werden sollte, damit sie zur Qualifizierung des Einreichers beiträgt. Um die gleiche Wirkung mit einer schriftlichen Erklärung zu erzielen, wäre meist ein wesentlich höherer Formulierungsaufwand erforderlich.

Möglichkeiten, die Überbringung der Information für einen zusätzlichen Motivationsschub zu nutzen (z. B. indem Prämienbescheide für besonders gute Ideen vom Geschäftsführer überbracht werden), oder »Ablehnungsgespräche« im Sinne »konstruktiver Lehrgespräche« zu führen, werden in den nachfolgenden Abschnitten vertieft.

Ideenmanagement			Name:				Logo
			Datum:				
Idee Nr	Gutachter	GA Status	GA Termin	Umsetzer	US Status	US Termin	umgesetzt

Abb. 16: Beispiel für eine persönliche Status-Übersicht der Vorschläge, die jedem Mitarbeiter zusammen mit der Lohnabrechnung zugestellt wird. Da in der Übersicht auch die zuständigen Gutachter und Umsetzer angegeben sind, entsteht eine hohe Verbindlichkeit, Vorschläge zeitnah zu bearbeiten.

4.2.3 Motivation der Mitarbeiter

Die beiden wichtigsten Säulen der Motivation sind Information und Zuversicht. Das Erfordernis und die vielfältigen Möglichkeiten, Mitarbeiter über das Ideenmanagement zu informieren, wurden im voranstehenden Abschnitt behandelt. Mit Zuversicht ist gemeint, den Mitarbeitern zu vermitteln, dass sie mit ihren Ideen und Vorschlägen tatsächlich etwas bewirken können, dass sie Missstände beseitigen, ihre Bedürfnisse befriedigen oder ihre Motive verwirklichen können. Damit diese Zuversicht glaubhaft vermittelt werden kann, muss man vor allem die Bedingungen und ein Umfeld schaffen, in dem sich Kreativität entfalten und Vorschläge wirksam werden können. Maßgeblich für die Motivation sind allerdings nicht (nur) die tatsächlichen »objektiven« Gegebenheiten, sondern die subjektiv wahrgenommenen Informationen und die individuellen Wirksamkeitserwartungen. Bereits erfolgte Veränderungen müssen daher – wenn nötig – auch mehrfach und auf verschiedenen Wegen kommuniziert werden, um sich gegenüber älteren Vorurteilen durchsetzen zu können.

Motivationsfaktoren: Was sind nun die Bedürfnisse und Motive, die Mitarbeiter dazu bewegen (= motivieren), Vorschläge einzureichen? In vielen Fällen ist der Auslöser für eine Idee der Wunsch nach einer persönlich erfahrbaren Verbesserung: Arbeit soll erleichtert, Ärgernisse, Missstände oder Gefahren sollen beseitigt, als unsinnig oder unnötig erlebte Arbeitsschritte sollen vermieden werden. Das Motiv, eine Idee vorzuschlagen, besteht dann vor allem in der angestrebten Wirkung der Vorschlagsrealisierung.

Andere Vorschläge wirken sich (nur) indirekt zum Vorteil des Einreichers aus, etwa wenn Einsparungen zur Erhöhung der Wettbewerbsfähigkeit und damit zur Sicherheit des Arbeitsplatzes beitragen.

Insgesamt ist eine Vielzahl von weiteren Motiven denkbar, die man dadurch realisieren kann, dass man Vorschläge macht.

- *Wachstumsmotive:* Lernbedürfnis, Neugierde, eigene Ideen können verwirklicht werden, Vorschlagswesen und KVP-Workshops bieten Raum für Kreativität.
- *Ich-Motive:* Wertschätzung und Anerkennung durch Führungskräfte, Auszeichnung und Zertifikat von der Unternehmensleitung, öffentliche Bekanntmachung (Ranking) in Aushängen, Zeitungen.
- *Soziale Motive:* Zugehörigkeit, Solidarität/Sympathie, Vorschläge können gemeinsam mit Kollegen erarbeitet werden, Vorschläge nutzen der Gruppe und der Gemeinschaft, Mitarbeit in KVP-Gruppen ist erwünscht.
- *Finanzielle bzw. materielle Motive:* Prämien (mit denen wiederum viele weitere Bedürfnisse befriedigt werden können).

Diese Motivationsfaktoren sind je nach Mensch unterschiedlich wichtig. Bei Gesprächen mit Mitarbeitern sollte man daher den jeweiligen »Motivations-Typ« berücksichtigen. In Mitarbeiterbefragungen kann man ermitteln, welche Motivationsfaktoren als besonders wichtig bewertet werden. Dabei sind der Erhalt des Arbeitsplatzes und die Qualität der Arbeitsbedingungen regelmäßig mit Abstand am wichtigsten, dicht gefolgt von der Möglichkeit, sich mit eigenen Ideen einbringen zu können. »Geld« steht als Motivationsfaktor erst an vierter Stelle, Sachprämien werden sogar als eher unwichtig eingestuft (siehe Abbildung 17).

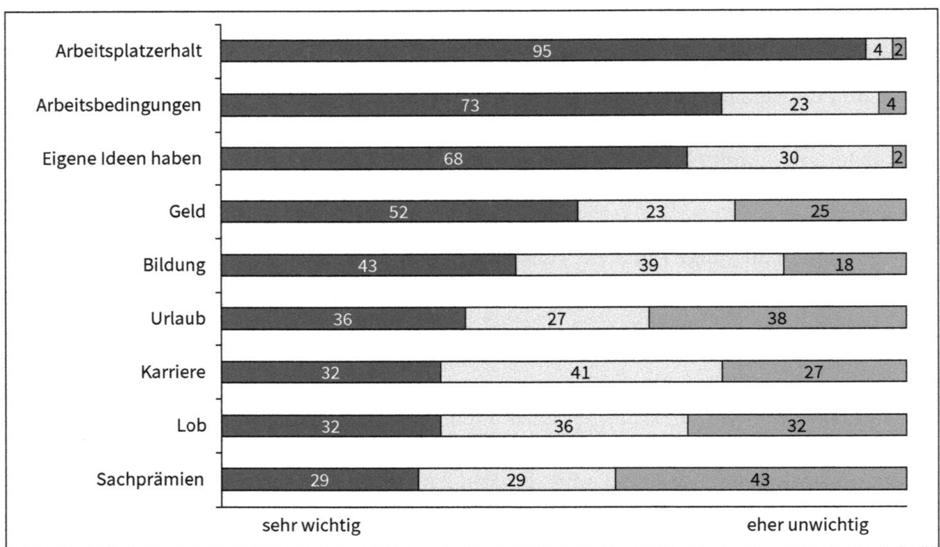

Abb. 17: Bedeutung verschiedener Motivationsfaktoren als Grund, Vorschläge einzureichen. Mittelwert aus Umfragen in über 20 verschiedenen Unternehmen mit insgesamt über 5.000 Mitarbeitern (dunkle Balken/links: sehr wichtig, helle Balken/in der Mitte: indifferent bzw. keine Angaben, halbdunkle Balken/rechts: unwichtig).

Dieses Ergebnis legt nahe, dass bei der Gestaltung von Werbematerialien für das Ideenmanagement der Faktor »Geld« nicht an erster Stelle stehen muss. Vielmehr sollte man diejenigen Beweggründe in den Vordergrund stellen, die einerseits den Mitarbeitern am wichtigsten sind und andererseits auch qualitativ gute Vorschläge erwarten lassen. Unternehmen, die bei ihren Informations- und Werbematerialien vor allem mit der Prämie »winken«, brauchen sich nicht zu wundern, wenn sie dann überwiegend Vorschläge erhalten, die um der Prämie willen, und nicht um der Verbesserung willen gemacht wurden (»Wie man in den Wald ruft, so schallt es heraus«).

Die (vielleicht überraschend) niedrig bewertete Bedeutung von »Lob« als Motivationsfaktor darf nicht dahingehend missverstanden werden, dass Lob und Anerkennung unwichtig wären. Sie sind unverzichtbar, um vorhandene Motivation dauerhaft aufrechtzuerhalten. Auf Möglichkeiten zur Anerkennung wird daher in Abschnitt 4.5 noch intensiv eingegangen.

Das Ergebnis der Mitarbeiterbefragungen bestätigt vor allem die oben gemachte Aussage, dass das »Motiv«, einen Vorschlag zu machen, in der angestrebten Verbesserung selbst liegt – und eher weniger in möglichen sekundären Effekten, die nichts direkt mit dem eigentlichen Thema des Vorschlags zu tun haben (wie Geld- oder Sachprämien, Bildungs- oder Karrieremöglichkeiten, Lob, Urlaub).

Eine schnelle und wirkungsvolle Umsetzung von Vorschlägen ist insofern der wichtigster Motivationsfaktor überhaupt. Ebenso wichtig sind eine zeitnahe und offene Kommunikation bei Verzögerungen und Ablehnungen.

Anreize und Motivationsmaßnahmen: Nachfolgend werden verschiedene Möglichkeiten für weitere Anreize und Motivationsmaßnahmen vorgestellt.

- **Give-Aways** können sowohl der visuellen Präsenz dienen (wenn sie als Gebrauchsgegenstände mit dem Logo des Ideenmanagements versehen sind – z. B. Schreibblock, Kugelschreiber, Kalender, Mütze, T-Shirt, Tasche, Messer, Taschenlampen, Tasse, Butterbrotdose) als auch als niedrigschwellig zu verteilende Sachprämien oder Incentives zur Motivation eingesetzt werden. Wenn die Motivationswirkung im Vordergrund steht, ist die Attraktivität des Give-Aways wichtiger als bei einem Einsatz zur Erhöhung der visuellen Präsenz. Dabei ist zu beachten, dass es nach einer gewissen Zeit schwer wird, weitere attraktive und bezahlbare Gegenstände zu finden, die als Anreiz zur Motivation tauglich sind (oder gar Potential zum Kult-Charakter haben).
  Faktoren, die die Attraktivität eines Give-Aways ausmachen, sind beispielsweise:
  - Identifikation mit dem Unternehmen.
  - Nicht auf normalem Wege käuflich zu erwerben, nicht für jedermann erhältlich.
  - Auch für andere sichtbar und anfassbar.

  Typische Anlässe zur Ausgabe bzw. Verteilung von Give-Aways sind:
  - Thematische Aktionen (z. B. Energie sparen).
  - Aktionen mit Bezug zu Jahreszeiten (z. B. Überraschungsei zu Ostern, Grillgut oder Eis im Sommer, Martinstaler im Herbst, Nikolaus oder Adventskalender im Advent, Eiskratzer im Winter) oder mit Bezug zu populären Ereignissen (z. B. Fußballmeisterschaft, Olympiade).
  - Verteilung an alle Mitarbeiter (nicht nur an die Einreicher) bei jedem x-ten eingereichten Vorschlag.

- »Trost« und Anerkennung für abgelehnte (aber gedanklich gute) Ideen.
- »Entschädigung« für Ideen mit langer Wartezeit.

In manchen Unternehmen können sich Einreicher anstelle eines Give-Aways auch für einen Stempel auf einer »Prämienkarte« entscheiden. Wenn 5 Stempel gesammelt wurden, kann die Prämienkarte gegen einen höherwertigen Warengutschein eingelöst werden.

- **Prämien:** Die Aussicht, eine Geld- oder Sachprämie erhalten zu können, wird in vielen Unternehmen als wichtigster Motivationsfaktor behandelt (insbesondere bei Verhandlungen über eine Betriebsvereinbarung), obwohl er nur einer von vielen ist. Möglichkeiten zur Ausgestaltung von Prämienregelungen werden als Teil der Phase 4 im Abschnitt 4.5 erörtert.
- **Vorbildfunktion der Führungskräfte:** Viele Führungskräfte sind der Meinung, dass das Ideenmanagement vor allem ein Instrument für Mitarbeiter ist, die sonst nichts oder nur wenig »zu sagen haben«. Aufgrund ihres Arbeitsethos als Führungskraft lehnen sie es für sich selbst ab, eigene Vorschläge einzureichen. Gemäß ihrem Selbstverständnis sind Verbesserungen auch dann (bereits bezahlter) Teil ihrer Arbeitsaufgabe, wenn sie über die Verwirklichung ihrer Idee nicht selbst entscheiden können. Aufgrund der Vorbildfunktion der Führungskräfte ist es jedoch wünschenswert, wenn auch diese sich aktiv am Vorschlagswesen beteiligen. Wird die »Jobbereinigung« (siehe Abgrenzungsraster in Abbildung 49) entsprechend gehandhabt, können die Führungskräfte selbst dazu beitragen, dass die Prämie weitgehend gemindert wird oder ganz entfällt – im Vordergrund steht die motivierende Signalwirkung auf die Mitarbeiter und die Realisierung der Idee.
- **Wettbewerbe, Rankings, Awards:** Wettbewerb und die Möglichkeit, »Ehre« zu gewinnen, sind oft geeignete Motivationsfaktoren. Einige Beispiele zeigen, wie diese möglichst wirksam »in Szene gesetzt« werden können:
  - Auswahl und Aushang eines »Vorschlag des Monats«. Unter allen »Vorschlägen der Monate« wird zudem ein »Vorschlag des Jahres« gekürt, der nochmals gesondert prämiert wird. Analog lässt sich ein »Einreicher des Monats« küren.
  - Monatlicher Abteilungswettbewerb mit Visualisierung des Abteilungsvergleichs bzgl. festgelegter Kennzahlen.
  - Jährliche Kür einer besten Abteilung, die ein Budget für eine gemeinsame Aktivität erhält (z. B. Kegelabend, o. ä.). Die Bewertung erfolgt beispielsweise anhand eines Punktsystems: Für jede vorgeschlagene Idee erhält die Abteilung einen Punkt, wird der Vorschlag umgesetzt, kommen nochmals zwei Punkte hinzu. Gewinner ist die Abteilung mit den meisten Punkten pro Mitarbeiter.

  Denkbar sind zudem auch folgende Möglichkeiten zur Ausgestaltung:
  - Kriterien: Erster Platz; Erste drei Plätze; Top Ten bzgl. Anzahl der (umgesetzten) Vorschläge; Top Ten bzgl. Beteiligungsquote; Vorschlag des Monats/Jahres; höchster Nutzen.
  - Awards: »Ehre« (Anerkennung; Aushang/Veröffentlichung; Gratulation durch maßgebliche Personen); Fototermin (mit maßgeblichen Personen); Urkunde; (Wander-)Pokal; Teilnahme an Events (Abendessen, Reisen); Teilnahme an Verlosung; Sach- oder Geldprämie.
- **Zielvorgaben bzw. Zielvereinbarungen:** Die Beteiligung am Ideenmanagement kann auch in eines der Kriterien einfließen, die für die jährliche Festlegung der Leistungsprämie relevant sind.

Vermeiden von Demotivation: Fast noch wichtiger als die Frage, wie Mitarbeiter motiviert werden können, ist das Thema, wie eine Demotivation vermieden werden kann. Die Erfahrung zeigt, dass die meisten Mitarbeiter die Vorteile des Ideenmanagements rasch erkennen und es aus einem »natürlichen« eigenen Interesse nutzen, sofern dafür ein geeigneter Rahmen bereitgestellt wird. Durch folgende Faktoren kann die vorhandene Motivation von (potentiellen) Einreichern gemindert werden. Auch hier beruhen die Wirkungen nicht auf den tatsächlichen Verhältnissen, sondern auf den vermeintlichen und subjektiv wahrgenommenen Umständen:

- Folgenlosigkeit früherer Bemühungen.
- Bestrafung von Fehlern (Suche nach dem Schuldigen statt nach den Ursachen, Strafe statt Lernen).
- Befürchtung von Nachteilen (Arbeitsverdichtung, Arbeitsplatzabbau, Bloßstellung, Blamage).
- Zweifel an eigener Fähigkeit, mangelndes Selbstvertrauen.
- Zurückhaltung von Informationen, mangelnde Kommunikation zwischen Mitarbeitern und Führungskräften.
- Mangelnde Ehrlichkeit, mangelnde Verbindlichkeit und Zuverlässigkeit, Willkür und Ungerechtigkeit.
- Abwertung kleinerer Vorschläge als »schöner wohnen«.
- Killerphrasen wie: »Das ist Ihr Job!«, »Der Vorschlag ist nicht gut genug (ausgearbeitet)!«
- Abbau von bereits vorhandenen Anreizen, sonstige Kürzungen.
- Druck: »Du musst kreativ sein!« (Forderung von 1 VV/MA als Vorgabe an die Mitarbeiter).
- Fehlplanungen »von oben« machen die Bemühungen »von unten« wieder zunichte.
- Zuschreibung von Erfolgen an die Führungskräfte, von Misserfolgen an die Mitarbeiter.
- Spannungsreiches Klima.

4.2.4 Unterstützung, Inspiration und Qualifizierung für Mitarbeiter

Während Information beim »Wissen« und Motivation beim »Wollen« der Mitarbeiter ansetzt, sollen durch Unterstützung, Inspiration und Qualifizierung Fähigkeitshemmnisse im Bereich des »Könnens« abgebaut oder vermieden werden.

Die **Unterstützung und Ermutigung durch ihre direkte Führungskraft** ist für Mitarbeiter am wichtigsten. In der direkten Interaktion zwischen Führungskraft und Mitarbeiter gehen Information, Motivation, Qualifizierung und Unterstützung nahtlos ineinander über. Dabei besteht Unterstützung auch darin, Situationen zuzulassen oder zu schaffen, in denen Vorschläge eingereicht werden (z. B. Zugang zum Terminal während der Arbeitszeit). Ideen und Kreativität benötigen ein geeignetes »Klima«, um zu gedeihen. Zuweilen warten Mitarbeiter auf einen »letzten Anstoß«, um ihre Idee auch tatsächlich zu äußern und vorzuschlagen.

Ein erster Ansatz, besteht daher häufig darin, zunächst die Führungskräfte zu schulen, wie sie ihre Mitarbeiter beim Einreichen »guter« Vorschläge fördern und fordern können (»Train the Trainer«-Konzept). Diese Tätigkeit als Teil der Führungsaufgabe wahrzunehmen, kann durch entsprechende Zielvorgaben für Führungskräfte bestärkt werden.

Die **Gestaltung der Eingabemaske bzw. des Vorschlagsformulars** (»Ideen-Karte«, o. Ä.) ist ein weiteres Hilfsmittel, das Mitarbeiter dabei unterstützen kann, sich die »richtigen« Gedanken zu machen und ihren Vorschlag so zu formulieren und auszuarbeiten, dass er sich möglichst unaufwendig managen lässt. Beispiele sind:

- Strukturierung der Eingabemaske bzw. des Vorschlagsformulars durch entsprechende Leitfragen (siehe Beispiele in Abbildungen 23–25).
- Aufdruck möglicher Themenbereiche (z. B. 7 Arten der Verschwendung) auf der Rückseite des Vorschlagsformulars bzw. im Rahmen der Eingabemaske.

Im Folgenden werden weitere Möglichkeiten vorgestellt, wie Mitarbeiter dabei unterstützt werden können, ihren Blickwinkel zu öffnen, ihre Ideen als Vorschläge zu formulieren und bei deren Weiterbearbeitung und Umsetzung mitzuwirken:

- **Schulungen und Abendveranstaltungen:** Je nach Größe des Unternehmens können unterschiedlich aufwendige Veranstaltungsformate angeboten werden, mit denen Denkweisen oder ganz konkrete Techniken vermittelt werden.
  - Abendveranstaltungen außerhalb der Arbeitszeit (z. B. 17.00-19.00 Uhr), in denen Querdenken und Kreativität gefördert werden (z. B. mit Vorträgen wie »Motivation ist Inderleicht« von Biyon Kattilathu; »Vom Junkie zum Ironman!« von Andreas Niedrig).
  - Kurzschulungen, die als bezahlte Arbeitszeit auf freiwilliger Basis (z. B. 17.00-18.00 Uhr) stattfinden, und in denen vom Ideenmanager oder anderen internen Fachleuten verschiedene Kreativitäts- und Präsentationstechniken vermittelt werden (z. B. Morphologischer Kasten, Mind-Mapping, Osborn-Checkliste).

		Ideenziel					
		Kosten senken	Herstellung vereinfachen	Leistung verbessern	Zeit sparen	Gewicht reduzieren	...
Aktion	Entfernen						
	Anpassen						
	Umstellen						
	Vergrößern						
	Verkleinern						
	Kombinieren						
	Ersetzen						
	Neu anordnen						
	Verändern						
	Vertauschen						

Abb. 18: Osborn-Checkliste – Arbeitshilfe für Teilnehmer an einer Kurzschulung zur Ideenentwicklung.

- **Thematische Aktionen**, in denen (ggf. abteilungsspezifische) Themen mit Nutzen- bzw. Einsparpotential benannt werden. Die Themen sollen Inspiration und Denkanstöße geben, um die Chancen auf »gute« Ideen zu steigern. Geeignete Themen können sich u. a. aus den »7 Arten der Verschwendung«, aus speziellen Kostentreibern oder aus

Bedarfen zu Prozessoptimierungen ergeben. Auch eine Auswertung bisheriger Vorschläge kann Hinweise auf lohnende Themen ergeben.
Die Bekanntgabe/Benennung von Themen kann unterschiedlich organisiert werden:
- Zeitlich definierte Aktion (z. B. »Thema des Monats«). Innerhalb des Zeitraums werden alle Vorschläge zum jeweiligen Thema besonders prämiert oder nehmen an einer Verlosung teil.
- Regelmäßig wechselnde Aushänge oder Bildschirm-Infos mit Nennungen von interessanten Themen- oder Fragenkatalogen.
- Veröffentlichung von grundlegenden (dauerhaft gültigen) Themenbereichen: z. B. Themenübersicht in einem Informationsflyer zum Ideenmanagement, Aufdruck auf der Rückseite der Vorschlagsformulare, Bekanntgabe im Intranet.

Die Bekanntgabe von konkreten Themen kann folgende Vorteile haben:
- Ersteinreicher lassen sich aktivieren, die sich von einem speziellen Thema mehr angesprochen fühlen als von der (allgemeinen) Einladung, »(irgend)etwas« zu verbessern.
- Die Themen für Vorschläge werden auf Belange fokussiert, die für das Unternehmen relevant und wichtig sind (anstatt dass Vorschläge zu »allem und jedem« gemacht werden). Dies ist durchweg auch bei KVP der Fall, wo Themen für Workshops vorgegeben werden.

Eine Herausforderung besteht darin, dass die ausgewählten Themen weder zu allgemein noch zu speziell (nur von hochqualifizierte Experten lösbar) sein sollten.

- **Filme von Abläufen** erstellen, die anschließend von Mitarbeitern angeschaut und im Hinblick auf Verbesserungspotentiale kommentiert werden (inkl. der Mitarbeiter, die beim Arbeiten gefilmt wurden).
  Das Geschehen in einem Film zu betrachten, bewirkt eine gewisse Distanz. Dadurch können mehr und andere Dinge wahrgenommen werden, als wenn man »mittendrin steckt«.
- **Anleitungen/Leitfaden für Einreicher** bereitstellen. Hier können Empfehlungen (»Wie mache ich einen (guten) Vorschlag?«) gegeben werden, die über die Angaben in einem allgemeinen Informationsflyer zum Ideenmanagement hinausgehen (siehe Beispiele in den Abbildungen 19-21). Eine derartige Handreichung empfiehlt sich nur vorsichtig anzubieten, denn kein Mitarbeiter soll abgeschreckt werden, weil er fürchten muss, einem hohen Anspruch an Vorschlägen nicht gerecht werden zu können.

Folgende Angaben erleichtern die zügige Bearbeitung Ihres Vorschlags:

- Ihr(e) Name(n), Datum, Thema der Idee
- Beschreibung des bisherigen Zustands: Worum geht es? Was ist das Problem?
  - Worum geht es genau (Bezeichnung und/oder Nummer für Produkt/Artikel, Maschine, Anlage, Bauteil, Behälter, Prozess, Arbeitsschritt, Dokument, ...)?
- Beschreibung des vorgeschlagenen neuen Zustands: Was soll verbessert werden? Was wären die Vorteile und der Nutzen bei einer Umsetzung?
- Lösungsweg: Wie kann die Idee konkret umgesetzt werden?

Abb. 19: Kurzanleitung als Hilfestellung für Einreicher, wie sie Vorschläge gedanklich strukturieren können.

Die Beachtung der folgenden Hinweise und Fragen steigert die Erfolgschancen Ihres Vorschlags:

- Sammeln Sie in einer Liste alle Ärgernisse und Störungen.
- Prüfen Sie regelmäßig, welches Ärgernis mit besonders viel Verschwendung verbunden ist – dort könnte auch am meisten zu gewinnen sein. Eine Übersicht der »7 Arten der Verschwendung« und eine Liste der wichtigsten Kostenblöcke (z.B. ungenutzte Arbeitszeit, Rohmaterial, Betriebsstoffe, stillstehende Maschinen) finden Sie auf der Rückseite.
- Nutzen Sie Ihre Kollegen und Teams, um erste Lösungsansätze zu besprechen und daraus konkrete Ideen zu entwickeln.
- Worin besteht die Verbesserung?
  - ☐ Gesundheit und Sicherheit
  - ☐ Ergonomie
  - ☐ Umwelt
  - ☐ Qualität
  - ☐ Ausbringung
  - ☐ Prozessverbesserung
  - ☐ Kostenreduktion (z.B. weniger Verbrauch von Material, Betriebsstoffen, Energie o.Ä.)
  - ☐ Zeitersparnis (z.B. für Suchen, Lauferei, Warten, unnötige Arbeiten, zu komplizierte Arbeiten)
  - ☐ Verringerung von Nacharbeit
  - ☐ Verringerung von Instandsetzungs-/Reparaturaufwand
  - ☐ Standardisierung, Vereinheitlichung
  - ☐ Arbeitserleichterung, Vereinfachung
  - ☐ Abfallreduktion, Abfalltrennung (inkl. Schrottreduktion)
  - ☐ Transportwege verkürzen
  - ☐ Bedarf an Lagerfläche verringern
  - ☐ Ordnung und Sauberkeit
  - ☐ Motivation
  - ☐ Sonstiges:
- Wo wird die Verbesserung wirksam (in welcher Abteilung, an welcher Maschine, in welchem Prozess)? Wer hat den Nutzen? Wer profitiert von der Verbesserung?
- Lassen sich die Idee und der Weg zu ihrer Umsetzung bildlich veranschaulichen (Skizze, Zeichnung, Foto)?
- In welchen Kennzahlen kann die Verbesserung gemessen werden? In welcher Größenordnung liegen die Kennzahlen jetzt und wie groß wären sie nach der Verbesserung?
  - ☐ Stückzahlen, Ausbringung
  - ☐ Durchlaufzeiten
  - ☐ Wege (Transport, Lauferei)
  - ☐ Flächen (Bereitstellung, Lager)
  - ☐ Arbeitszeiten (z.B. Rüstzeiten)
  - ☐ Standzeiten
  - ☐ Gewichte (zum Heben, Tragen)
  - ☐ Einkaufspreise, Kosten, finanzieller Aufwand
  - ☐ Durchlaufzeiten, Prozesszeiten
  - ☐ Sonstiges:
- Lässt sich der finanzielle Nutzen der Idee berechnen? In welcher Höhe würde der berechnete Nutzen in etwa liegen?
- Wurden die Umsetzbarkeit und der Nutzen der Idee bereits getestet? Wenn ja, mit welchem Ergebnis? Wenn nein, wie könnte ein Test erfolgen?
- Wie könnte die Umsetzung organisiert werden? Wer muss für die Umsetzung aktiv werden?
  - ☐ Umsetzung ist direkt in der eigenen Abteilung möglich
  - ☐ Umsetzung erfordert Mitwirkung anderer Abteilungen, z.B.:
    - Schlosser
    - Elektriker
    - IT
    - Einkauf (z.B. zum Einholen von Angeboten, Ermittlung möglicher Lieferanten)
    - Qualitätswesen (bei Änderung von Verfahrensanweisungen, Arbeitsanweisungen, Vorgabedokumenten, Prüfmitteln, usw.)
    - Logistik
    - Vertrieb, Marketing
    - Gebäudemanagement (Facility Management, o.Ä.)
    - Sonstige:
  - ☐ Umsetzung erfordert eine Entscheidung des oberen Managements (z.B. bei Investitionsbedarf)
  - ☐ Umsetzung betrifft die Unternehmensstrategie oder Unternehmenspolitik
- Gibt es im Ideenpool bereits ähnliche Ideen, die man eventuell aufgreifen und mitnutzen kann?

- Wo lässt sich die Idee sonst noch umsetzen? Wie könnte sie mehrfach genutzt werden (z.B. andere Abteilungen oder Standorte, andere Anwendungen, Synergie)?
- Was wäre für Sie wichtig, wenn Sie über diesen Vorschlag entscheiden müssten?
- Welcher Aufwand ist für eine Umsetzung der Idee erforderlich? Welche Schwierigkeiten müssen zur Umsetzung überwunden werden? Was wären mögliche Nachteile?
- Was könnten K.-o.-Kriterien sein, die einer Umsetzung der Idee im Wege stehen könnten?
- Wenn Sie entscheiden würden: Wie viel Geld sollte das Unternehmen Ihrer Meinung nach mindestens bereit sein auszugeben, um diesen Vorschlag umzusetzen? Wie viel maximal?

Abb. 20: Leitfaden für Mitarbeiter, sich systematisch Gedanken über Verbesserungsmöglichkeiten zu machen.

Fragestellung	Nein	Ja
Liegt der Vorschlag außerhalb der eigenen Arbeitsaufgabe?		
Ist eine aussagefähige Überschrift für die Idee vorhanden?		
Sind (sofern möglich) Maschinentypen eingetragen?		
Sind (sofern möglich) Sachnummern eingetragen?		
Ist die Idee konkret und konstruktiv beschrieben (umsetzungsbereit)?		
Ist der IST-Zustand beschrieben?		
Ist der SOLL-Zustand beschrieben?		
Ist ein Lösungsweg beschrieben?		

Sollten Sie eine oder mehrere der Fragen mit Nein beantwortet haben, so überdenken Sie Ihre Idee nochmal und reden mit Ihrem Vorgesetzen und überarbeiten Sie die Idee inhaltlich.

Abb. 21: »Selbst-Check« für Einreicher hilft, um den Bearbeitungsaufwand bei einer zu großen Anzahl von unausgereiften Vorschlägen zu reduzieren.

- **Kritik mit Reinigungsplänen oder Schichtübergaben verknüpfen:** Die Abfrage nach Ärgernissen und Störungen (wie sie im Entwurf des Leitfadens für Einreicher in Abbildung 20 vorgeschlagen wird), kann auch systematisiert werden: Das Aufschreiben aller »Negativ-Erlebnisse« kann mit der regelmäßigen Reinigungsarbeit gekoppelt, mit der Informationsweitergabe bei Schichtübergaben verbunden oder in Shopfloor-Meetings integriert werden.
- **Systematisches Abfragen nach »Blicken über den Tellerrand«:** Teilnehmer von Schulungen, Messen, Vorträgen, Kundenbesuchen, Betriebsrundgängen in anderen Unternehmen u. Ä. bei der Rückkehr in die Firma mit einem Vorschlagsformular empfangen und zur Abgabe eines Vorschlags auffordern. Ggf. könnte die Abfrage analog zu dem Verfahren organisiert werden, mit dem die Teilnehmer an Schulungen nach einer gewissen Zeit zur Anwendbarkeit der Schulungsinhalte in der Praxis befragt werden (»Follow up«).

- **Visualisierungen und Erklärungen ausgewählter Vorschläge (z. B. »Vorschlag des Monats/Quartals«):** An dieser Stelle steht die inspirierende Wirkung von beispielhaften Ideen im Vordergrund, nicht die Würdigung der jeweiligen Einreicher. Daher sollten solche Vorschläge ausgewählt werden, die besonders interessant und lehrreich sind (z. B. im Hinblick auf Einspar- oder Nutzeffekt; Herangehensweise und Pfiffigkeit; Demonstration, dass auch kleine Dinge sehr sinnvoll sein können). Anhand von Vorher- und Nachher-Fotos und eines kurzen Texts werden die Idee, das zugrundeliegende Prinzip der Verbesserung und die Wirkung erklärt, um Denkanstöße für weitere Ideen zu geben zu geben und das abteilungsübergreifende Verständnis zu fördern.
- **Unterstützer/Ansprechpartner für die Ausarbeitung und bei der Realisierung guter Vorschläge benennen:**
  - Experten, die als Coach für komplexe Themen dienen können (z. B. Fachleute mit gutem Prozessverständnis).
  - Mentoren/Paten auf Ebene der Mitarbeiter, die Erfahrung bei der Ausarbeitung von Vorschlägen (insbesondere im Hinblick auf Konkretisierung des Lösungswegs) haben und andere dabei unterstützen können.
- **»Ablehnungsgespräche« als gezielte Mitarbeiterqualifizierung:** Wenn eine Idee (aus guten Gründen) nicht umgesetzt wird, bedeutet dies, dass dem Einreicher diese Gründe vorab nicht bekannt waren, er etwas nicht richtig verstanden oder etwas nicht bedacht hat – sonst hätte er die Idee vermutlich nicht vorgeschlagen. Insofern gilt es, diese Situation als Anlass zu einer »Mini-Schulung« im Rahmen des erläuternden Gesprächs zu nutzen. Dem Mitarbeiter werden darin die Hintergründe, Zusammenhänge und relevanten Zahlen, Daten und Fakten erklärt. Damit trägt die Kommunikation über nicht umgesetzte Ideen zu einer fortgesetzten Personalqualifizierung »im Kleinen« bei (siehe Leitfaden für ein »Ablehnungsgespräch« in Abbildung 42).

  Die Gründe für die Nicht-Umsetzung sollten verständlich und in einer Form erklärt werden, die Frustration und Demotivation möglichst vermeidet. Ein Schreiben mit einer lapidaren Mitteilung »aus technischen (oder finanziellen) Gründen leider nicht durchführbar …« ist ein gar zu häufig praktiziertes Beispiel, wie man es nicht machen sollte. Gerade wenn man Anerkennung vermitteln möchte oder die Gründe für eine Ablehnung erklären muss, ist das persönliche Gespräch unabdingbar.

  Die Erläuterungen bezüglich der Nicht-Umsetzung durch die Führungskraft tragen dazu bei, wie sich der Einreicher selbst seinen »Misserfolg« erklärt und welche Gründe er dafür verantwortlich macht, dass der Vorschlag nicht umgesetzt wird. Die angenommenen Kausalzusammenhänge sind maßgeblich für die Motivation, auch künftig wieder Vorschläge zu machen. Die Erklärung sollte daher solche Gründe anführen, die weder in der Person des Einreichers liegen noch als unveränderliche Rahmenbedingungen auch zur Ablehnung anderer Vorschläge führen würden. Wenn sich der Einreicher die Ablehnung der Umsetzung mit eigener Unfähigkeit oder mit der Bürokratie bzw. Fehlorganisation »des Systems« erklärt, hat er keine Veranlassung für weitere Aktivitäten. Insofern ist das Spezifische und Einmalige der Umstände hervorzuheben, die in diesem konkreten Fall zur Nicht-Umsetzung geführt haben.
- **Ideen-Werkstätten und KVP-Workshops** können schließlich ebenfalls dazu beitragen, die Aktivität von Einreichern zu unterstützen.

In Abbildung 22 sind einige Anregungen für Fragenkataloge zusammengestellt, mit denen die Entwicklung von Ideen unterstützt werden kann.

Fragen, die im monatlichen Wechsel ausgehangen oder versendet werden können:

Abweichungen:
- Wer weicht ab?
- Was weicht ab?
- Wann wird abgewichen?
- Wo wird abgewichen?
- Warum wird abgewichen?
- Wie kann ich etwas dagegen tun?

Arbeit:
- Ist der Ablauf sicher?
- Gibt es geeignete Arbeitsstandards?
- Sind die Abläufe abgestimmt?
- Werden Methoden angewendet?
- Ist die Abfolge sinnvoll?
- Ist die Arbeit effizient?

Material:
- Gibt es Abweichungen in der Qualität?
- Ist es die richtige Marke?
- Weist das Material Verunreinigungen auf?
- Ist der Materialtransport richtig?
- Wird Material verschwendet?
- Passen Material und Maschine zusammen?

Maschine:
- Funktioniert die Maschine richtig?
- Genügt die Maschine den Anforderungen?
- Arbeiter die Maschine genau genug?
- Wird sie regelmäßig gewartet?
- Gibt es genug Maschinen?
- Verursacht sie merkwürdige Geräusche?

Mensch:
- Sehe ich Probleme bei meiner Arbeit?
- Gefährde ich mich durch meine Arbeit?
- Ist der Arbeitsplatz für mich geeignet?
- Suche ich Verbesserungsmöglichkeiten?
- Bin ich gesund und fit für meine Arbeit?
- Macht mir die Arbeit Spaß?

Messen:
- Ist das Messverfahren geeignet?
- Ist es genau genug?
- Wird regelmäßig gemessen?
- Wird das Messgerät gewartet?
- Werden die Messdaten dokumentiert?
- Ist die Anzahl der Messgeräte ausreichend?

Mitarbeiter:
- Kenne ich meine Kollegen?
- Weiß ich, was sie arbeiten?
- Arbeiten wir zusammen?
- Können wir uns ergänzen?
- Kann ich ihm/ihr im Notfall helfen?
- Wie kann ich das Verhältnis verbessern?

Überlastung:
- Wer ist überlastet?
- Was ist überlastet?
- Wann wird überlastet?
- Wo wird überlastet?
- Warum wird überlastet?
- Wie kann ich etwas dagegen tun?

Verschwendung:
- Wer verschwendet etwas?
- Was wird verschwendet?
- Wann wird verschwendet?
- Wo wird verschwendet?
- Warum wird verschwendet?
- Wie kann ich etwas dagegen tun?

Wann & Wo:
- Wann wird etwas verschwendet?
- Wann wird jemand überlastet?
- Wann passieren Abweichungen?
- Wo wird verschwendet?
- Wo wird jemand überlastet?
- Wo passieren Abweichungen?

Warum & Wie:
- Warum wird etwas verschwendet?
- Warum wird jemand überlastet?
- Warum passieren Abweichungen?
- Wie wird verschwendet?
- Wie wird jemand überlastet?
- Wie passieren Abweichungen?

Wer & Was:
- Wer verschwendet etwas?
- Wer überlastet sich oder eine Maschine?
- Wer weicht ab?
- Was wird verschwendet?
- Was wird überlastet?
- Was weicht ab?

Fragen, die im monatlichen Wechsel ausgehangen oder versendet werden können:

Fragenliste zum Erkennen von Verbesserungsmöglichkeiten:
- Was geht immer wieder kaputt oder wird oft beschädigt?
- Was kostet Sie immer wieder (Warte-)Zeit?
- Welche Dinge müssen Sie immer wieder suchen?
- Was müssen Sie von Hand machen (ohne Hilfsmittel oder Werkzeug)?
- Wodurch werden Sie körperlich belastet?
- Was wird immer wieder weggeworfen oder verschrottet, weil es nicht in Ordnung ist?
- Welche Fehler oder Reklamationen treten immer wieder mal auf?
- Wo und wann müssen Sie immer wieder viel hin und her laufen; wodurch haben Sie viel Lauferei (z. B. Suchen, Nachfragen, Dinge nicht am Platz)?
- Welche Dinge sind für Sie schwer erreichbar oder schwer zugänglich?
- Welche Dinge oder Bereiche (ggf. auch PC-Masken, Aushänge) sind unübersichtlich, unklar, unbeschriftet, unaufgeräumt?
- Bei welchen Dinge oder Informationen, die Sie brauchen, kommt es immer wieder vor, dass sie fehlen und Sie Aufwand haben, um das zu erhalten?
- Bei welchen Dingen oder Informationen, die Sie brauchen, kommt es immer wieder vor, dass sie unvollständig, fehlerhaft oder defekt sind?
- Welche Dinge oder Tätigkeiten sind übertrieben kompliziert oder unbequem?
- Welche Dinge sind überflüssig und nehmen nur Platz weg?
- Welche Tätigkeiten sind unnötig und rauben nur Zeit?
- Wann und worüber ärgern Sie sich immer wieder?

Abb. 22: Fragenkataloge geben Impulse und regen zum Nachdenken an. Dabei sollte man nicht alle Fragen auf einmal veröffentlichen, sondern monatlich einen anderen Themenschwerpunkt wählen, damit immer wieder Aufmerksamkeit geweckt wird.

4.2.5 Ermutigung und »Erlaubnis« für Mitarbeiter

Neben »Wissen«, »Wollen« und »Können« ist auch das »Dürfen« ein Faktor, der berücksichtigt werden muss, wenn man Mitarbeiter zum Mitmachen im Ideenmanagement gewinnen will. Das hört sich zunächst merkwürdig an, weil es ja ausdrücklich gewünscht ist, dass Ideen vorgeschlagen werden. Folgende Umstände können jedoch dazu führen, dass Mitarbeiter »sich selbst verbieten«, ihre Vorschläge vorzubringen.

- **Mangelnde soziale Akzeptanz:** Wenn das Ideenmanagement ein schlechtes Image hat, können manche Mitarbeiter es nicht mit ihrem Selbstbild als »guter Mitarbeiter« vereinen, sich am Ideenmanagement zu beteiligen. Mitzuwirken würde für sie bedeuten, dass sie sich selbst als geldgierig, streberhaft oder bürokratieverliebt vorkommen würden, oder dass sie einen entsprechenden Ansehensverlust bei ihren Kollegen oder Führungskräften zu befürchten hätten.
- **Zu hoher Anspruch an die Qualität einer Idee:** Dabei kann es sich sowohl um den eigenen Anspruch handeln (nur etwas vorzubringen, das wirklich erstklassig und hochwertig ist) als auch um Anforderungen, die von maßgeblichen Personen (bewusst oder unbewusst) vermittelt werden. Kommentare, dass die meisten Vorschläge ja eh nicht rechenbar sind, vielfach nur »Schöner-wohnen-Vorschläge« gemacht würden, und insgesamt das Unternehmen sowieso am meisten sparen würde, wenn man das Ideenmanagement wieder abschafft, sind Beispiele dafür, wie man Mitarbeiter davon abhält, ihre Ideen zu äußern (und ihnen somit letztlich »den Mund verbietet«).

Auch hier liegt es vor allem an den Führungskräften, ihre Mitarbeiter zu ermutigen, um Ängste und Selbstzweifel abzubauen.

Darüber hinaus sind aber auch weitere Maßnahmen seitens des Unternehmens bzw. des Ideenmanagers dazu geeignet, die soziale Akzeptanz des Ideenmanagements und das Gemeinschaftsgefühl zu steigern. Die Besonderheit dieser Maßnahmen ist, dass nicht nur die Einreicher, sondern *alle* Mitarbeiter – also ausdrücklich auch Nicht-Einreicher – von ihnen profitieren, damit alle das Ideenmanagement in einem positiven Kontext erleben.

- Alle Mitarbeiter (inkl. Nicht-Einreicher) erhalten alle x Vorschläge eine kleine Aufmerksamkeit (Wert unter 1 EUR; z. B. Osterei im Frühjahr, Eis im Sommer, Martinstaler im Herbst, u. Ä.).
- Gemeinschaftsaktionen, die bei Erreichen von vorab definierten Zielwerten (z. B. bestimmte Anzahl eingereichter oder umgesetzter Vorschläge, bestimmte Beteiligungsquote) spendiert werden (für die gesamte Gruppe oder das gesamte Werk, inkl. Nicht-Einreicher): z. B. Grillen in der Mittagspause oder zum Schichtwechsel.
- Gemeinschaftsaktionen als Gewinne für Abteilungen oder Gruppen (inkl. Nicht-Einreicher), die im Hinblick auf vorab definierte Kriterien am besten abschneiden: z. B. Bowling-Abend.
- Gemeinschaftsaktionen, die Abteilungen oder Gruppen (inkl. Nicht-Einreicher) aus ihrem gemeinsamen »Prämientopf« finanzieren, der mit festen Beträgen pro umgesetzten/prämierten Vorschlag gefüllt wird: z. B. Abendessen, Besichtigung einer Brauerei. Einige Unternehmen haben gute Erfahrungen mit der Regelung gemacht, dass grundsätzlich 50 % der individuellen Prämie in den »Gruppentopf« abgezweigt werden. Voraussetzung ist, dass die Gruppen nicht zu groß und in ihrer Zusammensetzung weitgehend stabil sind.

4.2.6 Information, Motivation, Honorierung von Führungskräften und Gutachtern

Allgemeine Information der Führungskräfte und Gutachter: Neben gezielten Informations-, Schulungs- und Trainingsmaßnahmen, die im Rahmen der Einführung oder Reaktivierung eines Ideenmanagements erfolgen (und auf die in Abschnitt 5.3 eingegangen wird), ist es meist erforderlich, das Bewusstsein und die Aufmerksamkeit auch bei Führungskräften und Gutachtern immer wieder auf das Ideenmanagement zu lenken. Hierzu können beispielsweise folgende Maßnahmen dienen:

- **Visuelle Präsenz:**
  - Give-Aways wie Schreibblock, Kugelschreiber, Kalender, Timer, Mouse-Pad. Da derartige Hilfsmittel in vielen Unternehmen sowieso bereitgestellt werden, geht es darum, dort als Ideenmanagement sichtbar präsent zu sein (Aufschrift, Logo).
  - Hinweise auf das Ideenmanagement auf Umlaufhüllen.
  - Beim Hochfahren von Rechnern oder Beamern Hinweise auf das Ideenmanagement erscheinen lassen.
- **Wiederkehrende Erinnerung:** Vor den jährlichen Mitarbeitergesprächen finden »Fresh-up Schulungen« für die Führungskräfte statt, die diese Gespräche mit ihren Mit-

arbeitern führen sollen. In den letzten 5 Minuten der Schulung erhält der Ideenmanager die Gelegenheit, die teilnehmenden Führungskräfte für das Ideenmanagement zu sensibilisieren.

Konkrete Information der Führungskräfte und Gutachter über einzelne Vorschläge: Führungskräfte und Gutachter können über folgende Wege über neue Vorschläge informiert werden, die für sie relevant sind und die sie zu bearbeiten haben:

- Persönliche Abgabe von Vorschlägen beim direkten Vorgesetzten.
- Automatische Benachrichtigung über das System (Ideenmanagement-Software).
- Weiterleitung durch den Ideenmanager (z. B. über E-Mail).
- Platzierung an einer Shopfloortafel (KVP-Board, o. Ä.), an denen Führungskräften regelmäßig aktuelle Anliegen mit Mitarbeitern und/oder Kollegen thematisieren.

Weitere Informationen fallen ggf. über Mahnungen an, die in einigen Unternehmen bei Fristüberschreitungen automatisch vom System generiert werden. In einigen Unternehmen erhalten die Führungskräfte bzw. Gutachter vom Ideenmanagement z. T. wöchentlich, z. T. monatlich eine Übersicht der noch offenen Vorschläge. In anderen Unternehmen erfolgt zudem ein regelmäßiger persönlicher Informationsaustausch in Regelterminen mit dem Ideenmanager (Jour fixe).

Motivation und Honorierung von Führungskräften und Gutachtern: Es ist allgemein üblich, dass die Unterstützung und Bearbeitung von Vorschlägen als Teil der normalen Führungsaufgabe angesehen wird. Eine Prämierung für den Einsatz im Zusammenhang mit einzelnen konkreten Vorschlägen entfällt daher bei Führungskräften und Gutachtern.

Allerdings ist es nur folgerichtig und wünschenswert, dass die Performance von Führungskräften auch zu diesem Aspekt ihrer Aufgabe bewertet wird und sie diesbezüglich Feedback erhalten (z. B. in Jahresgesprächen oder Zielvereinbarungsgesprächen). So sollte etwa die Einstufung für die individuelle ERA-Leistungszulage auch die Leistung der jeweiligen Führungskraft beim Management von Ideen berücksichtigen.

In diesem Sinne wird in einigen Unternehmen die Motivation für Führungskräfte und Gutachter durch Berücksichtigung des Ideenmanagements im entgeltrelevanten Zielsystem bewirkt, etwa indem …

- Kennzahlen des Ideenmanagements in die individuellen Balanced Scorecards der Führungskräfte einfließen;
- die Erreichung der Zielvorgaben für das Ideenmanagement als ein Bewertungspunkt in die Höhe der monatlich ausgeschütteten Mitarbeiterbeteiligung eingeht. Darüber können auch Führungskräfte von guten Ergebnissen im Ideenmanagement profitieren.

Weitere mögliche Ansätze zur Motivation und Honorierung von Führungskräften und Gutachtern sind:

- **Verlosungen:** Jährliche Verlosung eines Gutscheins (z. B. über 250 EUR) unter allen Gutachtern.
- **Incentives:** Jährliche Einladung aller Gutachter zu einem besonderen Event (z. B. Abendessen in einem Varieté).

- **Aufmerksamkeit:** Regelmäßige Einladung von Gutachtern zu einem »Gutachterfrühstück« innerhalb der Firma (ggf. mit Begrüßung oder Teilnahme von Seiten der Unternehmensleitung).
- **Sachgeschenke:** Gutachter erhalten (als Dankeschön) jährlich eine Sachprämie geschenkt oder Punkte für einen Prämienshop gutgeschrieben.
- **Wettbewerbe, Rankings, Awards:** Sofern ihre Abteilung gewinnt und als Ganzes davon profitiert (z. B. gemeinsames Event), ist dies auch für die jeweilige Führungskraft von Vorteil (Profilierung gegenüber den Mitarbeitern, Förderung des Zusammenhalts unter den eigenen Mitarbeitern). Zudem kann man eine »Führungskraft des Jahres« oder ein »Gutachter des Jahres« küren und diese von der Unternehmensleitung besonders würdigen.
- **»List of Shame«, »rote Laterne«:** In einigen Unternehmen werden in geeigneten Besprechungsformaten die Listen offener Vorschläge thematisiert (sortiert nach Menge oder nach Alter, jeweils mit Zuordnung der zuständigen Führungskraft).

4.3 Phase 2: Ideen einreichen, erfassen, bewerten, entscheiden

4.3.1 Ideen einreichen

Teilnahmeberechtigung: Grundsätzlich sollte es für alle Mitarbeiter möglich sein, Verbesserungsvorschläge einzureichen. Auch mehrere Mitarbeiter sollten gemeinsam (als informelle Gruppe) Vorschläge einreichen können.

In manchen Unternehmen werden allerdings Angestellte und Führungskräfte vom Vorschlagswesen ausgeschlossen, weil von ihnen eine ständige Verbesserungstätigkeit als Teil ihrer Arbeitsaufgabe verlangt wird. Dies führt zu einer unnötigen Verkomplizierung und einer »Zwei-Klassen-Regelung«, die man vermeiden kann, indem man das oben vorgestellte Prinzip für die Abgrenzung von Vorschlägen von der Arbeitsaufgabe konsequent anwendet.

Pflicht des Mitarbeiters zur Mitteilung von Vorschlägen
Der Arbeitnehmer hat die Pflicht, sich um die Entwicklung von Verbesserungen in seinem eigenen Aufgabenbereich zu bemühen, wenn dies vom Arbeitgeber gewünscht wird. Aufgefundene Verbesserungsmöglichkeiten im eigenen Aufgabenbereich müssen dem Arbeitgeber unverzüglich mitgeteilt werden. Für Verbesserungen, die außerhalb des eigenen Aufgabenbereichs liegen, besteht dagegen keine Mitteilungspflicht. Dies entspricht dem Ansatz des Ideenmanagements, vor allem auf Vorschläge zu zielen, die über die Arbeitsaufgabe hinausgehen.

Einreichungswege: Vielfältige Möglichkeiten sollen es für alle Mitarbeiter möglichst einfach machen, Vorschläge einzureichen. Als bevorzugter Weg, einen Vorschlag einzureichen, sollte der Kontakt mit der direkten Führungskraft propagiert werden. Dadurch wird die Kommunikation zwischen Mitarbeitern und Führungskräften gefordert und gefördert, und es wird deutlich, dass Vorschläge einzureichen eine »normale« Tätigkeit des Betriebsalltags ist. Keinesfalls sollte die Möglichkeit, Vorschläge einzureichen, als legale Umgehung des Dienstweges konzipiert und betrieben werden.

Allerdings besteht vielfach das Bestreben, auch solchen Mitarbeitern Wege zum Vorschlagswesen zu eröffnen, die Schwierigkeiten damit haben, ihren Vorgesetzten anzusprechen. Daher wird meist auch zugelassen, Vorschläge bei einem zentralen Ansprechpartner, z. B. einem »Vorschlagsbeauftragten« bzw. »Ideenmanager« oder beim Betriebsrat einzureichen. Schließlich stellen einige Unternehmen als dritten Weg »Vorschlags-Briefkästen« auf. Dieser unpersönliche Weg wird jedoch um so weniger genutzt, je tiefer das Ideenmanagement in einem Unternehmen kulturell verankert ist.

In vielen Unternehmen hat es sich bewährt, eine Eingabemaske im Intranet einzurichten, über die Vorschläge direkt von Einreichern in das EDV-System des Ideenmanagements eingegeben werden können. Falls nicht alle Mitarbeiter Zugang zu vernetzten PCs haben, können weitere PCs in den Sozial- und Pausenräumen installiert werden. Wo dies nicht möglich ist, sollten Mitarbeiter ihre Vorschläge mit Hilfe von Führungskräften, des Ideenmanagers oder des Betriebsrats in die EDV eingeben können.

Zunehmend wird der Zugriff auf das EDV-System des Ideenmanagements auch über das Internet sowie über Apps eröffnet, sodass Ideen auch von Zuhause oder von unterwegs eingegeben werden können.

Idealerweise stehen Vorschlagsformulare, Ideenkärtchen oder Eingabemöglichkeiten via Terminals überall dort bereit, wo Ideen entstehen können und wo viele Mitarbeiter vorbeikommen, z. B.:

- Auf den Tischen von Besprechungsräumen.
- Neben den Stellen, an denen Probleme oder Störung gemeldet oder dokumentiert werden (z. B. Schichtbücher, Terminals) – als Unterstützung der Assoziation und Anregung des Denkprozesses »Wenn Störung/Problem zu melden ist => dann auch über dauerhafte Abstellmaßnahme nachdenken und am besten gleich Vorschlag für entsprechende Verbesserung machen!«
- In Sozialräumen und an häufig genutzten Durchgängen.

Analog können Links an den entsprechenden Stellen in den digitalen Medien (z. B. in Formblättern für Besprechungsprotokolle, in Buchungsmasken) platziert werden. In den Abbildungen 23–25 sind einige Beispiele für verschiedene Möglichkeiten, Vorschläge einzureichen, vorgestellt.

Name(n) Pers.-Nr. Abteilung Vorschlag-Nr.

Bitte reichen Sie die Vorschläge ein bei:
· Ihrem Meister/Vorgesetzten, oder
· Ideenkoordinator Frau/Herr XYZ

Fragen zum Thema Verbesserungsvorschläge?

=> **Tel 123**

Ich / Wir mache(n) folgenden **Verbesserungsvorschlag**

Was soll wo verbessert werden? Wie ist es jetzt und wie wäre es besser?
Wie soll die Verbesserung durchgeführt werden? Was muss getan werden?
Warum soll die Verbesserung erfolgen? Welcher Nutzen ergibt sich? Worin besteht der Vorteil?

Kurzbezeichnung der Idee

Was und wo?

Wie?

Warum?

Falls der Platz nicht ausreicht, bitte weitere Blätter, Skizzen, usw. beifügen !

Abb. 23: Vorschlagsformular als strukturierte Vorlage im DIN-A4-Format. Es gilt, eine Überfrachtung mit zu vielen Feldern zu vermeiden.

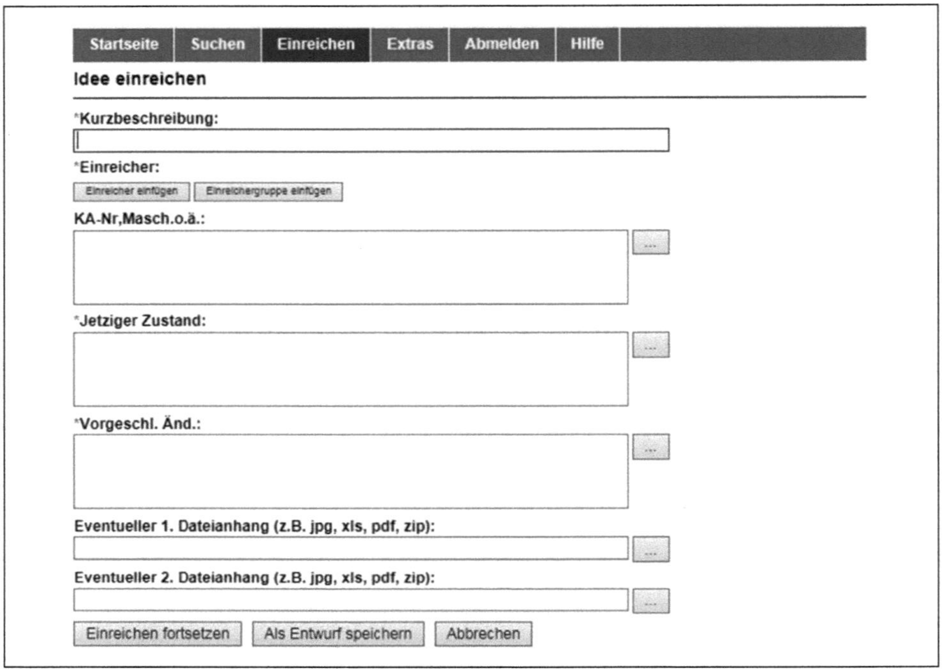

Startseite | Suchen | Einreichen | Extras | Abmelden | Hilfe

Idee einreichen

*Kurzbeschreibung:

*Einreicher:

Einreicher einfügen | Einreichergruppe einfügen

KA-Nr,Masch.o.ä.:

*Jetziger Zustand:

*Vorgeschl. Änd.:

Eventueller 1. Dateianhang (z.B. jpg, xls, pdf, zip):

Eventueller 2. Dateianhang (z.B. jpg, xls, pdf, zip):

Einreichen fortsetzen | Als Entwurf speichern | Abbrechen

Abb. 24: Für eine Direkteingabe in die EDV spiegeln die meisten Erfassungsmasken die Struktur des (oft noch parallel verfügbaren) Vorschlagsformulars wider.

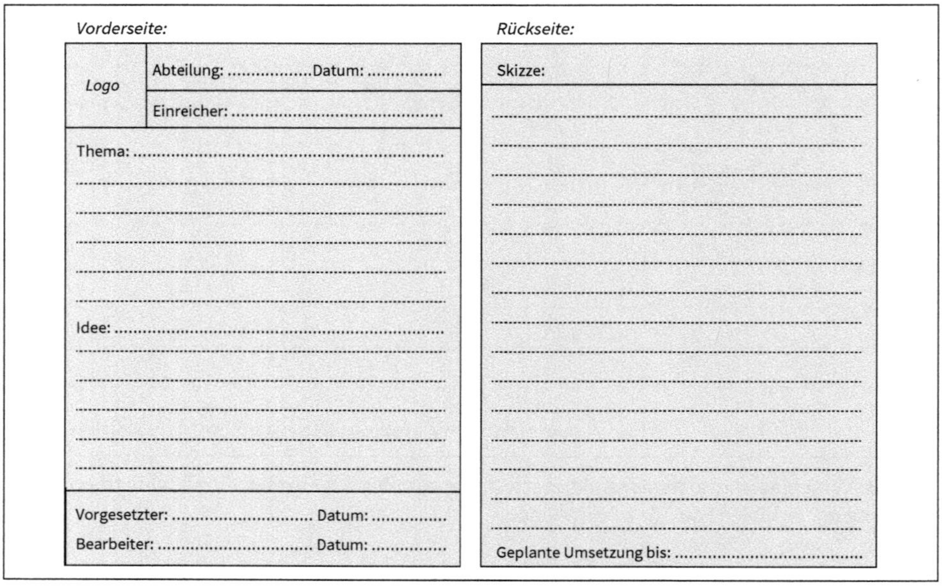

Vorderseite:

Logo

Abteilung: ....Datum: ....

Einreicher: ....

Thema: ....

Idee: ....

Vorgesetzter: .... Datum: ....

Bearbeiter: .... Datum: ....

Rückseite:

Skizze:

Geplante Umsetzung bis: ....

Abb. 25: Eine handliche Ideenkarte auf gelbem Karton im Format 10,5 cm x 15,0 cm passt in jede Tasche und lässt sich auch vor Ort beschreiben.

Selbstverständlich sollten auch Vorschläge auf beliebigem Papier angenommen werden: Dass der Wert eines Vorschlags nicht von seiner äußeren Form abhängt, zeigt Abbildung 26. Die hier eingereichte Idee »Eine komplette Messingschiene für die 573« erspart dem Unternehmen jährlich über 8.000 EUR und brachte dem Einreicher eine Prämie von 808 EUR.

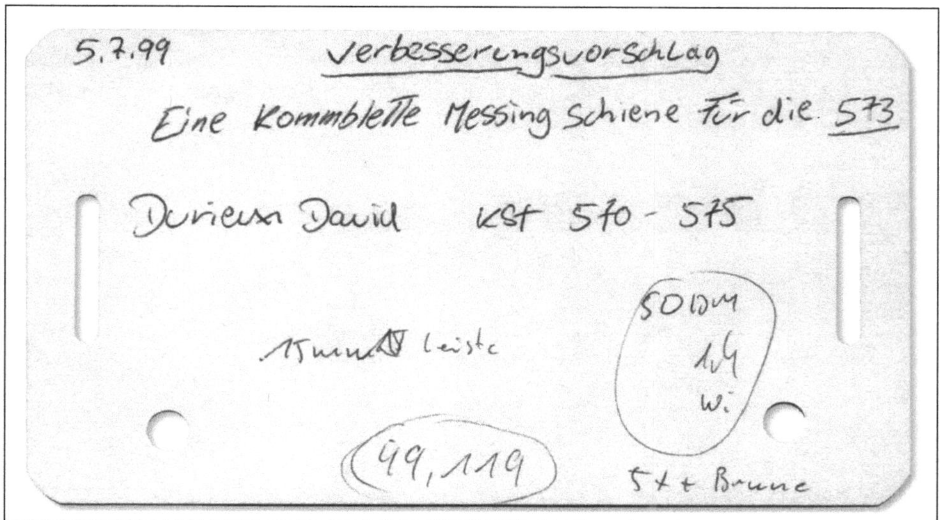

Abb. 26: Vorschläge können auch auf »Schmierzetteln« eingereicht werden.

Das Verfahren zum Einreichen und Bearbeiten von Vorschlägen lässt sich auch sehr einfach und ohne jeglichen Verwaltungs- oder IT-Aufwand gestalten. In den Abbildungen 27–29 ist ein entsprechendes Beispiel vorgestellt. Der Ablauf ist wie folgt.

- Mitarbeiter heften ihre Vorschlagskarten in die Spalte »Neu« an ein »KVP-Board« und versehen sie mit einer laufenden Nummer (Rolle mit Aufklebern). In einigen Unternehmen müssen Vorschlagskarten dafür von einer (frei wählbaren) Führungskraft gegengezeichnet (zum Aushang genehmigt) werden.
- Wöchentlich treffen sich dafür benannte Führungskräfte am KVP-Board, sichten neu eingegangene Vorschläge und entscheiden, wer welches Thema in Angriff nimmt. Pro Abteilungsleiter können maximal drei Themen auf einmal »in Arbeit« sein.
- Die entsprechenden Karten werden jeweils in die Spalten »In Arbeit« umgehängt und mit einer »Bearbeitungskarte« ergänzt. Auf der Bearbeitungskarte wird vermerkt, wer für die Bearbeitung zuständig ist, und welche Maßnahmen zur Umsetzung von wem bis wann ergriffen werden sollen. Bei einer Ablehnung werden die Gründe notiert. Verzögerungen werden mit einem roten Klebepunkt markiert.
- Falls mehr Ideen vorhanden sind, als »in Arbeit« genommen werden können (z. B. maximal 3 Themen für eine Person), werden die dazugehörigen Karten in einem »Ideenspeicher« geparkt, bis ein anderes Thema erledigt ist.
- Zum guten Ende werden die Karten in die Spalten »Umgesetzt« oder »Abgelehnt« umgehängt.

- Nach Erledigung eines Themas bleibt die Karte noch mindestens eine Woche am Board hängen, damit sich jeder über die Ergebnisse informieren kann. Danach werden die Karten archiviert.
- Neben den Spalten für »Neue Vorschläge«, »Vorschläge in Arbeit (pro zuständiger Person eine Spalte), »Umgesetzt« und »Abgelehnt« kann das KVP-Board noch eine Spalte »Information« enthalten, in der der Ablauf kurz beschrieben und visualisiert ist, Diagramme mit monatlichen Zahlen (neue Vorschläge, umgesetzte Vorschläge) veröffentlicht werden sowie Prospekttaschen für Vorschlags- und Bearbeitungskarten und die Rolle mit Klebe-Nummern platziert werden.

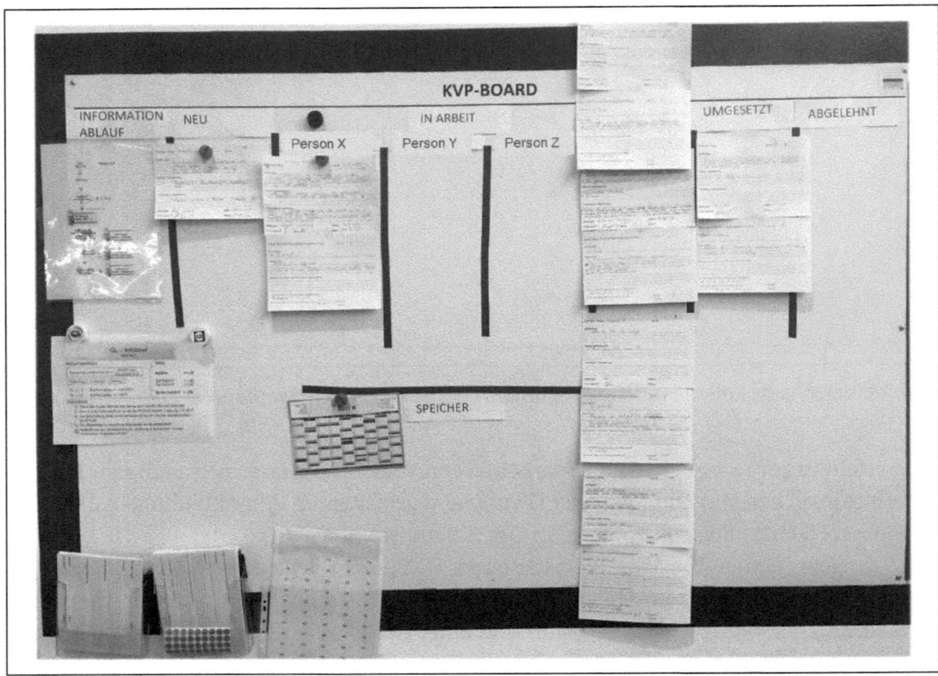

Abb. 27: KVP-Board – ein Ideenmanagement lässt sich auch mit einfachsten Mitteln auf den Weg bringen. Der Start mit einem selbstgebauten Board hat den Vorteil, dass nach ersten Erfahrungen jederzeit schnell Anpassungen vorgenommen werden können. So entwickelt sich das Ideenmanagement in unmittelbarer Verzahnung mit der Praxis.

Verknüpfung mit Shopfloor-Management, KVP und 5S: Wie bereits in Abschnitt 3.6 beschrieben, dient Shopfloor-Management vor allem dazu, dass die vielen kleinen alltäglichen Störungen und Ausfälle schnell kommuniziert und angegangen werden können. Daneben kommen aber auch immer wieder Themen zur Sprache, die sich nicht am selben oder bis zum nächsten Tag klären lassen, sondern einen tiefergehenden Problemanalyse- und -Lösungsprozess erfordern. Ein Sonderfall sind Verbesserungsvorschläge, weil hier ein Vorschlag für die Lösung vom Einreicher bereits »mitgeliefert« wird (die ansonsten erst z. B. in einem A3-Team oder KVP-Workshop erarbeitet werden müsste).

KVP-Idee/Thema:	Lfd. Nr.:
Ist-Situation:	
Idee zur Verbesserung:	
Vorschlag zur Realisierung:	
Mitarbeiter:	Datum:
Führungskraft:	Datum:

Abb. 28: Beispiel für eine Vorschlagskarte für das Einreichen an einem KVP-Board.

Datum (Board Meeting zur Bearbeitung/Entscheidung):		Lfd. Nr.:
Bearbeiter/Entscheider: ☐ Maßnahme: ☐ Begründung, warum keine Berücksichtigung erfolgt: Verantwortlich für Umsetzung der Maßnahme:		
Termin bis Maßnahme umgesetzt sein soll:	Verzögert: Erledigt:	

Abb. 29: Beispiel für eine Bearbeitungskarte für die Dokumentation und Visualisierung der Vorschlagsbearbeitung an einem KVP-Board.

Im Folgenden wird ein Beispiel vorgestellt, wie das Einreichen von Vorschlägen direkt mit dem Shopfloor-Management kombiniert werden kann.

- In den Produktionsbereichen sind Visualisierungstafeln aufgestellt (siehe Abbildung 30), um …
  - Verbesserungsvorschläge (im Sinne des Ideenmanagements) und Mängelhinweise;
  - Meldungen zu Störungen, Defekten oder Maschinenausfällen, bei denen unmittelbar Produktionsausfall droht oder bereits eingetreten ist;
  - Meldungen zu Handlungsbedarf im Bereich Ordnung- und Sauberkeit (»5S«)

  gemeinsam zu erfassen und zu verfolgen.
- Für jede Art der Meldung gibt es unterschiedliche Karten in verschiedenen Farben: »Störungskarten« und »5S-Karten« sind rot, »Mängel- und Verbesserungskarten« sind gelb. Die Nutzung der Karten ist jeweils auf der Rückseite beschrieben (siehe Abbildungen 31–33).
- Die Führungskräfte sind verantwortlich für die Bearbeitung der Karten. Bei täglichen bis wöchentlichen Shopfloor-Meetings mit dem Betriebsleiter, der Konstruktion, der Instandhaltung, der Arbeitsvorbereitung und dem Ideenkoordinator werden die Karten im Bereich »Eingang« der Visualisierungstafel besprochen und entstehende Aufgaben verteilt.
- Jede Karte wird dann in dem Bereich »In Bearbeitung« einem Fertigstellungsdatum zugeordnet. Der Wochentag kann an dem Zahlenstreifen abgelesen werden, der Monat steht oberhalb des Zahlenstreifens.

Abb. 30: Beispiel für eine Visualisierungstafel für das Shopfloor-Management, in dessen Rahmen u. a. auch Verbesserungsvorschläge integriert werden.

- Ist die Aufgabe zum vorgesehenen Datum noch nicht erledigt, wird dies auf der Karte vermerkt und ein neuer Termin festgesetzt.
- Nach Abschluss der Bearbeitung wird die Karte in den Bereich »Erledigt« gehängt.

Vorderseite:

Mängel- und Verbesserungskarte

Datum: ....

Name: ....

☐ Problem
☐ Verbesserungsvorschlag

Ort des Problems oder der Verbesserung?

....

Beschreibung des Problems oder der Verbesserung:

....

Zu erledigen durch:
☐ Betriebsleitung
☐ Meister
☐ Qualitätssicherung
☐ Instandhaltung
☐ KVP-Team
☐ Ideenmanagement

Ansprechpartner:

Termin:

Erledigt ☐ Name: ....
Tel.: ....
Datum: ....

Umgesetzte Maßnahme: ....

....

Rückseite:

Erklärung der M/V-Karten:

1. Jeder, der einen Mangel feststellt oder einen Verbesserungsvorschlag hat, trägt diesen in eine M/V-Karte ein.
2. Die M/V-Karte wird an die Visualisierungstafel in den Bereich »Eingang« gehängt.
3. Das KVP-Team bespricht die M/V-Karten, delegiert die Aufgabe an die entsprechende Stelle und vermerkt dies auf der Karte, die in den Bereich »Bearbeitung« gesteckt wird.
4. Ist die Aufgabe erledigt, wird dies auf der Karte vermerkt, und die Karte wird auf den Status »Umgesetzt« verschoben.

Die 7 Arten der Verschwendung:

1. Wartezeit/Liegezeit
2. Unnötige Transporte
3. Falscher Arbeitsprozess
4. Hohe Bestände
5. Überflüssige Materialbewegung
6. Fehler/Reparaturen
7. Überproduktion

Abb. 31: Beispiel für eine Karte, mit der sowohl Verbesserungsvorschläge als auch Mängelhinweise eingebracht werden können.

Unterstützung: Wie bereits erwähnt, haben die direkten Vorgesetzten die weitaus wichtigste Funktion zur Unterstützung von Einreichern. Sie sollen ihren Mitarbeitern bei der Überwindung von sprachlichen und Formulierungsschwierigkeiten helfen. Des weiteren sollen sie ihre Mitarbeiter fachlich beraten und dazu beitragen, die ursprüngliche Idee weiter zu verbessern. Durch die vorherige Beratung kann die Anzahl von Vorschlägen reduziert werden, die von vornherein keine Aussicht auf Umsetzung haben.

Des Weiteren soll auch die Gestaltung der Vorschlagsformulare bzw. der Eingabemasken dabei helfen und dazu anhalten, nicht nur die gewünschte Verbesserung, sondern auch das Problem des bisherigen Zustands, den Lösungsweg und den Zweck bzw. Vorteil der Verbesserung darzulegen. Auf den Rückseiten können weitergehende Hinweise und Hilfen gegeben werden.

Vorderseite:

Störungskarte

Datum: ....
Name: ....
Nummer: ....

Kategorie:
☐ Maschine ☐ Vorrichtung
☐ Werkzeug ☐ Sonstiges

Betroffener Gegenstand:
Bezeichnung: ....
Inventar-oder Werkzeugnummer: ....
Menge, Stückzahl: ....
Ort: ....

Art des Defekts:
☐ Mechanik ☐ Elektrik
☐ Leckage ☐ Rost
☐ Unfall ☐ Sonstiges:
....

Vorgeschlagene Maßnahme:
☐ Reparatur durch den Bediener
☐ Reparatur durch einen Mechaniker, Schlosser
☐ Reparatur durch einen Elektriker
☐ Ersatzteil, Ersatzinvestition
☐ Sonstiges:
....

Erledigt ☐ Name: ....
Tel.: ....
Datum: ....

Umgesetzte Maßnahme: ....

Rückseite:

Erklärung der Störungskarten:

1. Jeder, der einen Defekt an einer Maschine feststellt, der unverzüglich behoben werden muss, informiert den Schichtführer. Dieser trägt den Defekt in eine Störungskarte ein.
2. Die Störungskarte wird direkt an der betreffenen Stelle gut sichtbar aufgehangen.
3. Der Ort des Auftretens und die Nummer der Störungskarte werden an der Visualisierungstafel notiert.
4. Der Meister wird informiert, damit Sofortmaßnahmen veranlasst werden können.
5. Erst nach vollständiger Beseitigung des Problems wird die Karte entfernt und an der Visualisierungstafel befestigt.

Die 7 Arten der Verschwendung:

1. Wartezeit/Liegezeit
2. Unnötige Transporte
3. Falscher Arbeitsprozess
4. Hohe Bestände
5. Überflüssige Materialbewegung
6. Fehler/Reparaturen
7. Überproduktion

Abb. 32: Beispiel für eine Karte, mit der Defekte und Störungen gemeldet werden, die Sofortmaßnahmen erfordern.

Weitere Gestaltungsmöglichkeiten betreffen das Format und das Material der Vorschlagsformulare oder Ideenkärtchen:

- Verwendung eines festen Kartons, der auch auf der rauhen Oberfläche einer Maschine oder eines Werkzeugwagens beschrieben werden kann (und auch ein paar Ölflecke »verträgt«).
- Verwendung von kleineren Formaten, die auch in einer Jackentasche Platz finden. Dies baut Hemmschwellen ab, denn …
  - idealerweise tragen Führungskräfte stets einen Vorrat bei sich, damit sie Mitarbeiter in geeigneten Situationen auffordern und unterstützen können, eine im Gespräch geäußerte Idee sofort aufzuschreiben;
  - ein kleines Format signalisiert gleichzeitig, dass man gar nicht viel Text schreiben kann – und daher auch nicht muss.

Vorderseite:

5S-Karte

Datum: ....
Name: ....
Nummer: ....

Kategorie:
☐ Maschine ☐ Vorrichtung
☐ Werkzeug ☐ Sonstiges
☐ Dokumente ☐ Halbzeuge
☐ Betriebsstoffe ☐ Ersatzteile
☐ Sonstiges.

Betroffener Gegenstand:
Bezeichnung: ....
Inventar-oder Werkzeugnummer: ....
Menge, Stückzahl: ....
Ort: ....

Grund der Kennzeichnung:
☐ nicht notwendig ☐ Ausschuss
☐ kaum genutzt ☐ Überschuss
☐ defekt ☐ veraltet
☐ unbekannt ☐ Sonstiges:
....

Vorgeschlagene Maßnahme:
☐ Rückgabe ☐ Entsorgung
☐ Umlagerung ☐ Reparatur
☐ Sonstiges:

....

Erledigt ☐ Name: ....
Tel.: ....
Datum: ....

Umgesetzte Maßnahme: ....
....

Rückseite:

Erklärung der 5S-Karten:

1. Im Zweifelsfall wird stets eine 5S-Karte angebracht.
2. Das Anbringen der 5S-Karten sollte nach spätestens zwei Tagen abgeschlossen sein.
3. Setzen Sie Schwerpunkte hinsichtlich der Anzahl der 5S-Karten.
4. Bringen Sie nur eine 5S-Karte pro Gegenstand an.
5. 5S-Karten müssen auch an Artikeln angebracht werden, die in großen Mengen vorhanden sind.

Die 7 Arten der Verschwendung:

1. Wartezeit/Liegezeit
2. Unnötige Transporte
3. Falscher Arbeitsprozess
4. Hohe Bestände
5. Überflüssige Materialbewegung
6. Fehler/Reparaturen
7. Überproduktion

Abb. 33: Beispiel für eine Karte, die im Rahmen von Aktionen zur Förderung von Ordnung und Sauberkeit eingesetzt werden kann (erste zwei Stufen von »5S«).

Schriftliches Einreichen: Als wichtigster Grundsatz für Vorschläge gilt, dass sie schriftlich eingereicht werden müssen (inkl. elektronischem »Aufschreiben« und/oder Aufschreiben mit Hilfe der Führungskraft, des Betriebsrats oder des Ideenkoordinators). Sinn und Nutzen der Schriftform sind wie folgt begründbar:

- Nur durch Aufschreiben kann man verhindern, dass die Führungskraft, der Ideen »zwischen Tür und Angel« mitgeteilt werden, einen Teil wieder vergisst.
- Eine Weitergabe/Übertragung auf andere Bereiche, Abteilungen oder Kooperationspartner erfordert schriftliche Dokumentation. Ideenmanagement sollte als Teil des Wissensmanagements des Unternehmens verstanden werden.
- Mit einer Dokumentation kann man doppelte Vorschläge erkennen und nachvollziehbar ablehnen.

- Nur aufgeschriebene Vorschläge kann man zentral registrieren, dadurch können evtl. vorschnelle Ablehnungen noch einmal überprüft und in Frage gestellt werden.
- Ohne Aufschreiben fehlen dem Unternehmen wichtige Kennzahlen zum kreativen Engagement der Mitarbeiter. Über Statistik lassen sich Stand und Veränderungen erkennen und Korrekturmaßnahmen ergreifen. Solche Kennzahlen werden auch von Banken bei der Bemessung von Kreditlinien berücksichtigt.
- Nur über eine geeignete Dokumentation sind Transparenz und Information möglich, dies ist erforderlich für eine Signalwirkung auf die Belegschaft (Motivation).
- Schließlich ist nur für aufgeschriebene Vorschläge eine Prämienvergabe möglich. Das Aufschreiben sichert den Prämienanspruch.

Das Ideenmanagement muss so organisiert sein, dass »Aufschreiben« und »sofort umsetzen« einander keineswegs ausschließen. Führungskräfte sollten, wie in anderen Fragen auch, Entscheidungen über Vorschläge gemäß ihrer Kompetenz, Budgetverantwortung und Entscheidungsbefugnis möglichst schnell treffen und umsetzen. Aus diesem Grunde müssen Vorschläge, die nicht beim direkten Vorgesetzten eingereicht wurden, umgehend an ihn weitergeleitet werden.

Selbst wenn die ermittelte Prämienhöhe die Bearbeitung eines Vorschlags durch ein Gremium erfordert, kann (und sollte!) die Führungskräfte bereits die Umsetzung im Rahmen seiner Kompetenzen und Befugnisse entschieden und veranlasst haben, lange bevor das Gremium wieder zusammentritt. Dadurch lässt sich der durch den Vorschlag bewirkte Nutzen möglichst früh realisieren.

Anonymität: Der Wunsch nach Anonymität entspringt häufig einer Misstrauenskultur. Ihm nachzugeben würde daher ein Kurieren an den Symptomen, nicht aber eine Vermeidung der Missstände bedeuten. Um das Vorschlagswesen in den Betriebsalltag zu integrieren und die »kommunikative Zweibahnstraße« zwischen Mitarbeitern und Führungskräften zu fördern, sollte es grundsätzlich keine Möglichkeit geben, Vorschläge anonym einzureichen. Allerdings muss der Einreicher einverstanden sein, wenn sein Name im Zusammenhang mit Vorschlägen im Rahmen von PR-Maßnahmen bekannt gemacht werden soll.

Erhöhung der Anzahl eingereichter Vorschläge: Maßnahmen zur Erhöhung der Anzahl eingereichter Vorschläge sollten vor allem an einer Verbreiterung der Basis, also an der Aktivierung einer möglichst großen Zahl von Einreichern, ansetzen. So zeigt der Vergleich von mehreren hundert Unternehmen, die sich an bundesweiten Statistiken beteiligen, dass eine hohe Anzahl von Vorschlägen signifikant mit einer hohen Beteiligungsquote korreliert (siehe Abbildung 3). Wie bereits erwähnt, ist es auch im Interesse einer Verbesserungskultur vorteilhafter, von vielen Mitarbeitern (zumindest) einige Vorschläge zu erhalten als nur von wenigen (Mehr- oder Vielfach-)Einreichern viele Vorschläge.

Es hat sich bewährt, neue Mitarbeiter gezielt zur Äußerung von Kritik und Verbesserungsvorschlägen aufzufordern. Neue Mitarbeiter sind noch nicht betriebsblind und können durch die noch »frischen« Vergleichsmöglichkeiten Probleme erkennen, an die sich die Stammbelegschaft bereits gewöhnt hat und die als unabänderlich hingenommen werden. Da gerade neue Mitarbeiter naturgemäß zunächst eher zurückhaltend sind, um im neuen

Betrieb nicht sofort »anzuecken« und sich nicht durch »Besserwisserei« unbeliebt zu machen, muss man diesen Ansatz sowohl den »alten« Mitarbeitern als auch den »Neuen« als bewusstes Programm erklären und intensiv begleiten.

Wie Ideen und Vorschläge durch Information, Motivation, Inspiration und Qualifizierung von Mitarbeitern zu fördern sind, wurde in Abschnitt 4.2 vorgestellt.

Hemmnisse beim Einreichen und Lösungsmöglichkeiten: Im Betriebsalltag können verschiedenste Ursachen die Artikulation und das Einreichen von Vorschlägen erschweren. Sie können in personalen, strukturellen, situativen und kulturellen Gegebenheiten liegen.

Abbildung 34 stellt den wichtigsten personalen Hemmnissen mögliche Maßnahmen zu deren Beseitigung gegenüber.

Hemmnis	Merkmale, Indikatoren	Maßnahmen
Fähigkeitshemmnisse (Nicht kennen)	Mangelnde Informationen zum Vorschlagswesen, zu Anforderungen an VV, zum Umgang mit VV	Informationsveranstaltungen für alle Mitarbeiter (etwa einstündige Gruppenschulungen), Hinweise durch Führungskräfte, Aushänge von vereinfachten Ablaufplänen, Verteilung von Flyern
(Nicht können)	Mangel an Kreativität Betriebsblindheit, Mangel an Kritikfähigkeit gegenüber dem Betriebsgeschehen Einfallslosigkeit und Denkschwierigkeiten, Kritik ohne Lösungsideen Verhaltensträgheit, festgefahrene Denk- und Verhaltensmuster,	Moderierte Gruppenaktivitäten zur Problemdefinition und -bearbeitung (KVP-Workshops, Ideen-Werkstätten, Problemlösezirkel), Aushang/Verteilung von Fragekatalogen; Unterstützung und Anregung durch Führungskräfte, Betriebsbesichtigungen
	Artikulations-, Formulierungs-, Sprach- und Schreibschwierigkeiten, Präferenz für mündliche Mitteilungen	Ansprechpartner bekannt machen, Angebot von Hilfe durch Führungskräfte, Betriebsrat, Ideenkoordinator
Bereitschaftshemmnisse (Nicht wagen)	Furcht vor materiellen Nachteilen (Einkommens-, Arbeitsplatzverlust)	Offene Diskussion auf Informationsveranstaltungen für alle Mitarbeiter, Rückinformation über positive Wirkung der VV für Arbeitsplatzsicherheit
(Nicht dürfen)	Furcht vor ideellen und sozialen Nachteilen (Blamage, Negativ-Image bei Kollegen, Vorgesetzten)	Führungskräftetrainings, Entwicklung einer Kultur der Wertschätzung und des Respekts, ideelle Anerkennung für VV
(Nicht wollen)	Gleichgültigkeit gegenüber dem Betriebsgeschehen, geringe Identifikation mit der eigenen Tätigkeit oder dem Unternehmen, traditionelles Rollenverständnis, Bequemlichkeit, oberflächliches Verhältnis zur Berufsarbeit	Aufzeigen der Wirkmöglichkeiten, Überzeugen durch schnelle Umsetzung von VV und Rückinformation (auf Informationsveranstaltungen für alle Mitarbeiter, in Aushängen), Anregung und Motivation durch Betriebsrat und Führungskräfte

Hemmnis	Merkmale, Indikatoren	Maßnahmen
	Ressentiments und Ablehnung gegenüber dem Unternehmen und dem BVW (Angst vor Ausbeutung, frühere schlechte Erfahrungen)	Transparenz bei der bestehenden Regelungen, Überzeugen durch Verbreitung von »Positiv-Beispielen« (auf Informationsveranstaltungen für alle Mitarbeiter, in Aushängen), Anregung und Motivation durch Betriebsrat und Führungskräfte
	Allgemeiner Widerstand gegen Änderungen	Offene Diskussion konkreter Ängste auf Informationsveranstaltungen für alle Mitarbeiter, Rückinformation über positive Wirkung von aktuellen Entwicklungen/ Änderungen, notfalls Mitarbeiter entlassen

Abb. 34: Personale Hemmnisse beim Einreichen und mögliche Maßnahmen zu deren Beseitigung.

Strukturelle Hemmnisse sind in der Organisation begründet. So wirken sich bürokratische Strukturen, eine geringe Aufgabenvielfalt und hohe Vorstrukturierung der Aufgaben, hierarchische Kommunikationsstrukturen und eine restriktive Informationspolitik negativ auf Vorschlagsaktivitäten aus.

Das Einreichen von Vorschlägen muss situativ ermöglicht werden. Das bedeutet, dass es im Betriebsalltag Situationen geben muss, in denen man Vorschläge einreichen kann. Die Aufbau- und Ablauforganisation muss Zugang zu Einreichungsmöglichkeiten bieten (Intranet, App, Formulare, Ansprechbarkeit der Führungskraft oder Ideenkoordinators).

Nicht zuletzt können Hemmnisse auch in der Unternehmens- und Führungskultur begründet liegen. Der Umgang mit Fehlern und Kritik, die Art und Weise des Miteinanders, die Betonung von Titeln und Hierarchie sowie die Ausprägung des »Feinddenkens« zwischen Arbeitgebern und -nehmern sind wichtige Faktoren, die die Bereitschaft beeinflussen, Vorschläge einzureichen.

4.3.2 Ideen erfassen

Alle Vorschläge sollten in einem zentralen Erfassungssystem dokumentiert werden. Software-technische Möglichkeiten hierfür wurden bereits in Abschnitt 3.4 erörtert.

Vorschläge, die auf Papier eingereicht wurden, müssen nachträglich in die Software eingegeben werden. Im Interesse einer leichteren Wiederauffindbarkeit sollte man die Vorschläge dabei thematisch klassifizieren, was eine kompetente Auseinandersetzung mit den Inhalten erfordert. Ein sachverständiger Überblick über die bisherigen Vorschläge erleichtert es zudem, doppelte Vorschläge zu erkennen und ggf. ausfiltern zu können. Auch dezentral über das Intranet eingegebene Vorschläge sollte man (der Ideenkoordinator) daraufhin überprüfen, ob sie nicht bereits früher schon einmal eingereicht wurden.

- Arbeitserleichterung, Ergonomie
- Arbeitssicherheit, Gesundheitsschutz
  - Gefahrstoffe
  - Gesundheitsschutz
  - Unfallverhütung an Maschinen und Anlagen
  - Verkehrs- und Trittsicherheit
- Einsparungen
  - Arbeitsablauf verbessern
  - Arbeitszeit, Wege vermeiden/kürzen
  - Ausschuß, Schrott verringern
  - Beschädigungen an Maschinen und Anlagen vermeiden
  - Einsatzmenge, Material, Teile einsparen
  - Energie einsparen
  - Dampf
  - Elektrizität
  - Gas, Öl, Kohle
  - Wasser
  - Stillstandszeiten verringern
- Mehreinnahmen
  - Ausstoßmenge steigern
  - Produktinnovation
  - Produktionsverfahren, Arbeitsablauf verbessern
- Qualität, Prüfen
  - Fehlerquellen und Qualitätsrisiken abbauen
  - Prüfverfahren verbessern
- Umweltschutz
- Vertrieb, Marketing
- Verwaltung, Organisation, EDV
- Sonstiges

Abb. 35: Beispiel für eine Klassifikation zur sachlichen Einordnung von Vorschlägen.

Wie bereits erwähnt, sollten Einreicher informiert werden, wenn ihr Vorschlag eingegangen ist und erfasst wurde. Die meisten Vorschlags-Softwareprogramme bieten dem Ideenmanager die Möglichkeit, Eingangsbescheide an die Einreicher zu entwerfen und »auf Knopfdruck« zu drucken oder per E-Mail zu versenden.

Vorschläge, die beim direkten Vorgesetzten eingereicht werden, muss dieser umgehend an die zentrale Erfassung weiterleiten. Der Ideenkoordinator muss umgekehrt Vorschläge, die direkt bei ihm, über die Software oder über Briefkästen eingereicht wurden, an den Vorgesetzten des Einreichers bzw. an den Prozessverantwortlichen oder Gutachter weiterleiten.

Wenn der Ideenkoordinator erkennt, dass ein Vorschlag aufgrund von eindeutigen KO-Kriterien nicht umzusetzen ist, sollte er ihn zwar im System erfassen (auch für statistische Zwecke), aber die weitere Bearbeitungsprozedur möglichst abkürzen. »Offensichtlichen Unsinn« sollte er dagegen ausfiltern und nicht erfassen.

Pflicht des Unternehmens zur Annahme von Vorschlägen
Für den Arbeitgeber besteht zunächst keine gesetzlich vorgegebene Pflicht, eingereichte Vorschläge überhaupt anzunehmen. Allerdings ist der Arbeitgeber aufgrund des Anhörungsrechts des Arbeitnehmers nach § 82 BetrVG dazu verpflichtet, Vorschläge, die sich auf den Arbeitsbereich des Einreichers beziehen, anzunehmen und sich mit ihnen auseinanderzusetzen. Hierfür ist in der Regel der direkte Vorgesetzte zuständig.
Sofern der Vorschlag angenommen wird, hat der Einreicher einen Anspruch darauf, dass seine Urheberschaft vom Arbeitgeber gesichert und seine »Schöpferehre« gewahrt wird. Dies kann durch eine Eingangsbestätigung geschehen.

4.3.3 Ideen bewerten und entscheiden

Um entscheiden zu können, ob ein Vorschlag realisiert werden soll oder nicht, muss man zunächst bewerten, ob sich der Aufwand zur Umsetzung für das Unternehmen lohnt. Diese Frage stellt sich völlig losgelöst von der Frage einer möglichen späteren Prämierung – es geht zunächst (nur) um die Bewertung, ob sich ein bestimmter Aufwand für einen bestimmten Zweck lohnt. Als Grundlage für unternehmerische Entscheidungen sind Kosten-Nutzen-Kalküle eine Selbstverständlichkeit, die auch dann angewendet werden, wenn es keine Prämienregelungen gibt.

Zuständigkeit: Grundsätzlich gilt, dass Vorschläge von denjenigen Personen bewertet (und entschieden) werden sollten, die auch für die jeweilige Problemstellung zuständig wären, wenn diese im »normalen« Betriebsalltag und nicht durch einen Vorschlag auf den Tisch gekommen wäre.

Die Beschaffung der jeweils relevanten Informationen ist eine Holschuld des zuständigen Bearbeiters (z. B. des Gutachters). Dabei sind der Einreicher, der Ideenmanager, andere Bereichsleiter oder betroffene Abteilungsvorgesetzte, die vom Vorschlag betroffenen Mitarbeiter sowie die Umsetzer (z. B. Handwerker, EDV-Mitarbeiter) wichtige Schnittstellen. Die Fristen für Stellungnahmen der Schnittstellen sollte man möglichst kurz ansetzen (maximal 10 Arbeitstage).

Rücksprachen mit Einreicher, Beteiligten, Betroffenen: Im Rahmen des Bewertungsprozesses ist in erster Linie der mit dem Vorschlag angestrebte »gute Zweck« zu bewerten, erst in zweiter Linie der vorgeschlagene Lösungsweg. Wenn der Zweck als sinnvoll und nutzbringend bewertet wird, sollte man prüfen, ob die Umsetzung möglich ist, und ob sich ggf. bessere Alternativen der Umsetzung als der vorgeschlagene Lösungsweg finden lassen.

Um den mit einem Vorschlag angestrebten Zweck *wirklich* zu verstehen, sollte der zuständige Bearbeiter beim Einreicher persönlich rückfragen. Des Weiteren sollte im Rahmen der Bewertung auch die Meinung derjenigen Personen berücksichtigt werden, die den Vorschlag in die Praxis umsetzen müssen (Beurteilung der technischen Machbarkeit, des Umsetzungsaufwands), und es ist zu klären, ob die Umsetzung von allen Betroffenen akzeptiert würde (»soziale Machbarkeit«). Zuweilen besteht die Gefahr, dass eine in einer Schicht umgesetzte »Verbesserung« von der nächsten Schicht wieder rückgängig gemacht wird, weil sie die Veränderung nicht mitträgt.

Technische Machbarkeit: Ob ein Vorschlag (verfahrens-)technisch überhaupt realisiert werden kann, gehört neben der Kosten-Nutzen-Frage zu den wichtigsten Bewertungskriterien. Häufig muss man vorab Versuche anstellen, um die Machbarkeit und die Auswirkung eines Vorschlags zu erproben. Um entscheiden zu können, ob sich ein Versuch lohnt, sollte man den möglichen Nutzen grob überschlagen. Eine genaue Nutzenberechnung ist erst nach einem positiven Ergebnis sinnvoll.

Schnelligkeit vor Genauigkeit: Durch einen möglichst frühen Check auf eindeutige KO-Kriterien (Sicherheitsbelange, Kundenvorschriften) können die zuständigen Gutachter und Entscheider unnötigen Aufwand für die Bewertung vermeiden. Der Aufwand für die Bewertung sollte zudem danach abgestuft werden, ob es sich eher um »kleine«, »mittlere« oder »große« Vorschläge handelt. »Kleine« Vorschläge sind möglichst unmittelbar umzusetzen oder zu verwerfen (»Kleine Vorschläge = kleine Bewertung!«).

Arbeitsblatt zur schnellen Einschätzung eines Vorschlags

Vorschlag:

Zweck des Vorschlags:

Vorteile:	Nachteile/Aufwand:

So kann man das Beste daraus machen/So kann man dem Zweck näherkommen:

Maßnahmen zur Umsetzung:

Abb. 36: Eine kurze Gegenüberstellung von möglichen Vor- und Nachteilen ermöglicht bei vielen Vorschlägen, die keine komplexen Sachverhalte betreffen, eine schnelle Entscheidung.

Nutzenberechnung: Je höher die finanzielle Größenordnung ist, desto wichtiger wird es, eine belastbare Quantifizierung der Einsparung bzw. des Nutzens auf einer exakten Datengrundlage vorzunehmen. In der Regel ist die Wirtschaftlichkeitsrechnung für Vorschläge auf Basis der Grenzkosten durchzuführen. Dabei berücksichtigt man nur die Kosten der Leistungserstellung (Materialkosten, produktbezogene Personalkosten, variable Gemeinkosten). Die fixen Kosten der Leistungsbereitschaft (Kosten für Gebäude und Anlagen, Zinsdienst, nicht produktbezogene Personalkosten) werden durch die meisten Verbesserungsvorschläge nicht beeinflusst.

Eine Kostenvergleichsrechnung erfolgt in mehreren Schritten. Zunächst identifiziert man die Kostenarten, die von der vorgeschlagenen Änderung beeinflusst werden. Dabei sind auch die Einführungskosten als einmalige Kosten für die Umsetzung zu beachten (eigener Arbeitsaufwand, erforderliche Werkzeuge, Geräte, Zukaufteile, Aufwand für Versuche).

Im nächsten Schritt wählt man die Kostenelemente aus, die für das Endergebnis maßgeblich sind. Um zu großen Aufwand bei der Datenerhebung zu vermeiden, sollten nur Kostenelemente berücksichtigt werden, die größenordnungsmäßig ins Gewicht fallen. Liegen z. B. die eingesparten Materialkosten bei 1.000 EUR, dann ist eine halbe Handwerkerstunde zu vernachlässigen.

Der dritte Schritt besteht in der Erhebung der Ausgangsdaten für die zu berücksichtigenden Kostenelemente. Übliche Datenquellen sind Arbeitsvorbereitung, Fertigungsplanung oder Controlling.

Um aufwendige Anfragen für jeden Einzelfall zu vermeiden, kann das Unternehmen den Gutachtern als Datenbasis für ihre Kosten-Nutzen-Ermittlung Listen mit den Grenzkostensätzen der Maschinen- und Mitarbeiterstunden sowie der Materialkosten der gängigen Rohstoffe zur Verfügung stellen. Werden die Zahlen zu Kostenfaktoren im Unternehmen offengelegt, so trägt dies zudem zu einer Erhöhung des Kostenbewusstseins bei den Mitarbeitern bei. Nicht zuletzt verhindert Kostentransparenz, dass Einreicher Enttäuschungen erleben, weil sie sich anhand der Vollkosten oder des Verkaufspreises von Produkten viel zu große Hoffnungen machten.

Wenn man alle relevanten Zahlen ermittelt hat, kann man im vierten Schritt die Kostenvergleichsrechnung durchführen. Dazu kann man das in Abbildung 37 gezeigte Schema nutzen.

	Kosten vor der Umsetzung	Kosten nach der Umsetzung	Umsetzungs-kosten	Differenz = Nettonutzen
Personal				
Personalnebenkosten				
Material				
Betriebsstoffe				
Wartung und Instandhaltung				
Anlagenausnutzung				
Geräte und Werkzeuge				
Gemeinkosten				
Investitionen oder jährliche Abschreibung				

	Kosten vor der Umsetzung	Kosten nach der Umsetzung	Umsetzungs-kosten	Differenz = Nettonutzen
Sonstiges				
Summen				

Abb. 37: Beispiel für ein Schema zur Berechnung der Einsparung.

Die Erfahrung zeigt, dass maximal 10–15 % der umgesetzten Vorschläge »rechenbar« sind.

Beispiel: Nutzenberechnung I

Beim Einlass von Muttern auf ein Transportband wurde bisher ein Draht verwendet, um nur die Muttern durchzulassen, die mit der richtigen Orientierung liegen. Allerdings war es mühselig, den Draht richtig einzustellen. Zudem wurde der Draht durch falsch liegende Muttern oft verbogen, wodurch sich dann die Muttern verklemmt hatten. Dies verursachte erhebliche Stillstandzeiten.

Ein Mitarbeiter schlug vor, statt des Drahtes ein gebogenes Blech, das in der Höhe angepasst wird, so einzubauen, dass nur Muttern mit der richtigen Orientierung durchlaufen. Dadurch wurden die Störungen ausgeschlossen und die Laufzeit stabilisiert.

Der Nutzen wurde wie folgt berechnet:

- Bisher wurden 2.800 Stück auf 2 Schichten gefertigt. Nach Umsetzung des Vorschlags werden in 2 Schichten 9.000 Stück gefertigt, also 6.200 Stück mehr als früher.
- Bei einem Jahresbedarf und einer Jahresausbringung von 76.000 Stück werden 12,26 Produktionstage (= 76.000/6.200) eingespart. Dies entspricht 85,8 Stunden.
- Die Kosten für das Blech und der Aufwand für den Umbau waren vernachlässigbar.
- Bei einem Stundensatz von 32 EUR pro Bedienerstunde ergibt sich eine Einsparung von 2.745,80 EUR (= 85,8 h × 32 EUR/h).

Beispiel: Nutzenberechnung II

Ein Werkzeugwechselwagen wird über ein induktives Energieübertragungssystem mit Leistung versorgt. Durch Verunreinigungen des Fahrwegs bleiben häufig Metallteile an der Unterseite des Induktionsgeräts hängen. Diese brennen sich in das Material ein und zerstören nach und nach die Kontakte, sodass etwa alle 6 Wochen ein Austausch notwendig wird. Die Kosten der Kontakte betragen 1.500 EUR pro Stück.

Seitdem der Vorschlag umgesetzt wurde, zur Reinigung der Fahrstrecke einfach eine Reinigungsbürste am Gehäuse des Induktionsgeräts anzubringen, müssen die Kontakte nur noch alle 9 Wochen ausgetauscht werden.

Die Einsparung wurde wie folgt berechnet:

- Bei einem Austausch der Kontakte alle 6 Wochen wurden 9 Stück pro Jahr benötigt, was jährliche Kosten in Höhe von 13.500 EUR verursacht.
- Nach Anbringung der Bürste werden nur noch 6 Stück pro Jahr benötigt, wodurch die jährlichen Kosten auf 9.000 EUR sinken.
- Die Beschaffung und das Anbringen der Bürste hat einmalige Kosten in Höhe von 500 EUR verursacht.
- Damit beträgt die Erstjahres-Netto-Einsparung 4.000 EUR.

Bewertungskriterien: Der bewirkte rechenbare Nettonutzen ist aus betriebswirtschaftlicher Sicht einer der wichtigsten Parameter bei der Bewertung eines Vorschlags. Allerdings muss man auch andere Kriterien berücksichtigen, die dazu führen können, dass ein Vorschlag trotz einer positiven Kosten-Nutzen-Bilanz nicht, oder trotz einer negativen Bilanz doch umgesetzt wird (z. B. Sicherheits-, Gesundheits- und Umweltbelange, Kundenwünsche).

Zur Erleichterung einer Datenerhebung und der Bewertung kann man Fragensammlungen und Checklisten nutzen, die den Gutachtern dabei helfen, alle für die Beurteilung möglicherweise relevanten Parameter systematisch und schnell abzuklopfen (siehe die folgende Fragensammlung und die Checklisten in Abbildungen 38–41). Als Ergebnis auf die Antworten aus der Checkliste sollte der Prozessverantwortliche für die Bewertung einen Maßnahmenplan erstellen, der die erforderlichen Kontaktaufnahmen und sonstigen Schritte für die Informationsbeschaffung festhält.

Hintergrund:
- Bin ich die richtige Person zur Bewertung und Entscheidung dieses Vorschlags? (Der Entscheidungsträger muss befugt und kompetent sein, über die Umsetzungsmaßnahmen/Investitionen zu entscheiden, die Entscheidung muss in seinem Aufgaben- und Verantwortungsbereich liegen.)
- Wurde der Vorschlag mit dem Einreicher besprochen?
- Was will der Einreicher mit dem Vorschlag bezwecken?

Formale Kriterien (werden in der Regel vorab vom Ideenkoordinator geklärt):
- Neuheit: Wurde der Vorschlag bereits früher/doppelt eingereicht?
- Sind Sperrfristen (bei neuen Anlagen und Maschinen) zu beachten?
- Ernsthaftigkeit: Handelt es sich um offensichtlichen Unsinn?

Strategische, übergeordnete Kriterien (werden in der Regel vorab geklärt):
- Vereinbarkeit mit der Unternehmenspolitik: Entspricht der Vorschlag den Unternehmenszielen? Passt der Vorschlag in das Leistungs-/Lieferprogramm?

Nutzen des Vorschlags:
- Ist das zugrundeliegende Problem noch relevant? Ist die betroffene Maschine/Werkzeug noch in Gebrauch? Haben sich Verfahren/Anlage mittlerweile geändert?
- Wird das zugrundeliegende Problem auch zukünftig relevant bleiben? Wenn nein: Zeitpunkt festlegen, an dem überprüft wird, ob Relevanz tatsächlich wie geplant weggefallen ist.
- Ist das zugrundeliegende Problem so wichtig, dass es in jedem Fall gelöst werden sollte, auch wenn der konkret vorgeschlagene Lösungsweg nicht umgesetzt werden kann (z. B. für Arbeitssicherheit oder Gesundheitsschutz)? Wer prüft/ermittelt alternative Lösungswege?
- Wird der angestrebte Zweck durch den Vorschlag tatsächlich erreicht? In welchem Ausmaß wird das Problem gelöst?
- Lässt sich der mit dem Vorschlag angestrebte Zweck auch anders einfacher erreichen? Wer prüft/ermittelt alternative Lösungswege?
- Welche Daten/Informationen sind zur Beurteilung des Vorschlags wichtig?
  - Kosten für Mannstunden? Wie viel Arbeitszeit wird gespart?
  - Kosten für Maschinenlaufzeit? Wie viel Maschinenlaufzeit wird gespart?

- Kosten/Erträge für produzierte Einheiten? Wie viele Einheiten werden zusätzlich produziert?
- Kosten für Hilfs- und/oder Betriebsstoffe? Wie viele Hilfs- und/oder Betriebsstoffe werden gespart?
- Auf welche Gemeinkosten wirkt sich der Vorschlag aus? In welcher Höhe?
- Häufigkeit des Auftretens?
  Wie oft tritt das im Vorschlag genannte Ereignis auf? Ist es überhaupt schon einmal aufgetreten?
  Welche Auswirkung hat/hätte es, wenn es auftritt (Höhe des Schadens)?
  Wie groß ist die Wahrscheinlichkeit/Möglichkeit, dass es in Zukunft erstmals/wieder auftritt?
- Wie viele Mitarbeiter würden von der Verbesserung profitieren?
- Ist vor der Entscheidung eine Datenerhebung (Zählung, Zeitaufnahmen, o. Ä.) erforderlich? Liegen Ergebnisse vielleicht schon vor? Wo sind sie zu finden?

Umsetzung des Vorschlags:

- Technische Machbarkeit: Lässt sich der Vorschlag (verfahrens-)technisch realisieren?
- Gibt es negative »Nebenwirkungen« (Behinderung der Fertigung)?
- Was ist für die Umsetzung erforderlich? Geräte, Instrumente, Werkzeuge? Platzbedarf? Manpower? Prüfsiegel? Einkauf?
- Müssen Angebote, Kataloge oder sonstige Produktinformationen eingeholt werden?
- Sind vielleicht schon Angebote eingeholt worden? Wenn ja, wo sind sie?
- Ist ein Test/Versuch notwendig, um die technische Durchführbarkeit oder den Nutzen des Vorschlags beurteilen zu können?
  - Wie aufwendig wäre ein solcher Test?
  - Wie hoch wäre der Nutzen im besten Fall (grobe Abschätzung)?
  - Wie groß ist die Wahrscheinlichkeit, dass das Testergebnis positiv ist?
- Kann die Beschaffung von Daten/Angeboten u.Ä. ganz oder teilweise an den Einreicher delegiert werden? Oder an wen sonst?
- Wer ist vom Vorschlag betroffen?
- Wurde geklärt, ob der Vorschlag von allen Betroffenen akzeptiert würde?
- Wenn der Vorschlag nicht von allen akzeptiert wird: Legen Sicherheits-, Gesundheits-, Umwelt- oder Kosten/Nutzen-Überlegungen dennoch eine Umsetzung nahe?
- Gibt es eindeutige Vorschriften von Kunden oder Sicherheitsvorschriften, die der Umsetzung des Vorschlags entgegenstehen? Werden Sicherheit, Gesundheits- und Umweltschutz gewahrt?
- Wer ist für die Umsetzung zuständig? Wer muss die Umsetzung realisieren? Wie kommen die Informationen an die Umsetzer?

Entscheidung:

- Kosten-Nutzen Verhältnis: Stehen Aufwand (für die Umsetzung) und Nutzen in vernünftigem Verhältnis?
- Wenn nein: Legen Sicherheits-, Gesundheits- oder Umwelt-Überlegungen dennoch eine Umsetzung nahe?

Abb. 38: Fragensammlung zur Unterstützung der Bewertung.

Checkliste zur Bewertung und Entscheidung von Vorschlägen

Zuständigkeit für die Bearbeitung/Entscheidung? Befugnis zu Auftragserteilung für die Umsetzung?

Gespräch mit Einreicher? — **Wer muss einbezogen/gefragt werden?**

NEIN	Datenerhebung Nutzen	JA	JA	Datenerhebung Umsetzung (Kosten)	NEIN
	Relevanz des Problems:		☐	**Lässt sich der Vorschlag technisch variieren?**	☐
☐	Noch relevant? Maschine in Gebrauch? Anlage unverändert?	☐			
☐	Zukünftig relevant?	☐	☐	**Hat die Umsetzung negative »Nebenwirkungen«?**	☐
	Dringlichkeit der Problemlösung/Zweck des Vorschlags:			**Was ist für die Umsetzung erforderlich? Kosten?**	
☐	Einsparungen, Mängelvermeidung usw.	☐	☐	Geräte, Instrumente (Kosten?)	☐
☐	Sicherheit, Gesundheit, Umwelt, Ordnung, Sauberkeit	☐	☐	Teile, Ersatzteile (Kosten?)	☐
☐	Mitarbeiterzufriedenheit, Betriebsklima, Soziales	☐	☐	Werkzeuge (Kosten?)	☐
			☐	Platzbedarf (Kosten?)	☐
☐	**Angestrebter Zweck wird durch Vorschlag erreicht?**	☐	☐	Manpower (Kosten?)	☐
			☐	Prüfsiegel (Kosten?)	☐
☐	**Häufigkeit des Auftretens bekannt?**	☐	☐	Einkauf (Kosten?)	☐
			☐	Testläufe (Kosten?)	☐
	Auswirkung auf Kosten/Ersparnis/Ertrag/Nutzen:		☐	Angebote, Kataloge, sonstige Informationen	☐
☐	Personenstunden, Personalkosten, Personalnebenkosten	☐			
☐	Maschinenlaufzeiten, Maschinenkosten	☐		**Ist Umsetzung vereinbart mit:**	
☐	Produzierte Einheiten	☐	☐	Sicherheitsvorschriften	☐
☐	Hilfs- und/oder Betriebsstoffe	☐	☐	Gesundheitsschutz	☐
☐	Gemeinstoffe, Gemeinkosten	☐	☐	Umweltschutz	☐
☐	Vermiedener Ausschuss	☐	☐	Kundenvorschriften	☐
☐	Vermiedene Beschädigungen/Reparaturen	☐			
☐	Vermiedene Unfälle, Umweltschädigungen	☐	☐	**Ist bekannt, wer für die Umsetzung zuständig ist?**	☐
☐	»Weiche« Faktoren: Klima, Soziales, Disziplin, Ordnung	☐	☐	Ist bekannt, wer die Umsetzung realisieren muss?	☐
			☐	Ist geklärt, wie die Informationen an die Umsetzer kommen?	☐
☐	**Liegen Ergebnisse einer Datenerhebung schon vor?**	☐			
☐	**Eventuell auch alternative Lösungswege suchen?**	☐	☐	**Delegation an Einreicher möglich?**	☐
	Kosten-Nutzen Verhältnis:			**Übergeordnete Umsetzungsgründe:**	
☐	Aufwand und Nutzen im vernünftigen Verhältnis?	☐	☐	Wenn nein: Legen Sicherheits-, Gesundheits- oder Umweltüberlegungen dennoch eine Umsetzung nahe?	☐
	Entscheidung:	JA ☐	JA	**Auftrag zur Umsetzung erteilen**	Nein ☐

Abb. 39: Checkliste zur Unterstützung bei der Berücksichtigung relevanter Parameter für eine Kosten-Nutzen-Abwägung von Vorschlägen – Variante Produktion.

Checkliste zur Bewertung und Entscheidung von Vorschlägen

Zuständigkeit für die Bearbeitung/Entscheidung? Befugnis zu Auftragserteilung für die Umsetzung?

Gespräch mit Einreicher?

Wer muss einbezogen/gefragt werden?

NEIN	Datenerhebung Nutzen	JA	JA	Datenerhebung Umsetzung (Kosten)	NEIN
	Relevanz des Problems:		☐	**Lässt sich der Vorschlag technisch variieren?**	☐
☐	Noch relevant? Maschine in Gebrauch? Anlage unverändert?	☐			
☐	Zukünftig relevant?	☐	☐	**Hat die Umsetzung negative »Nebenwirkungen«?**	☐
	Dringlichkeit der Problemlösung/Zweck des Vorschlags:			**Was ist für die Umsetzung erforderlich? Kosten?**	
☐	Einsparungen, Mängelvermeidung usw.	☐	☐	Geräte, Instrumente (Kosten?)	☐
☐	Sicherheit, Gesundheit, Umwelt, Ordnung, Sauberkeit	☐	☐	Werkzeuge, Teile, Ersatzteile (Kosten?)	☐
☐	Mitarbeiterzufriedenheit, Betriebsklima, Soziales	☐	☐	Platzbedarf (Kosten?)	☐
☐	Kundenzufriedenheit	☐	☐	Manpower (Kosten?)	☐
			☐	Prüfsiegel (Kosten?)	☐
☐	**Angestrebter Zweck wird durch Vorschlag erreicht?**	☐	☐	Einkauf (Kosten?)	☐
			☐	Testläufe (Kosten?)	☐
☐	**Häufigkeit des Auftretens bekannt?**	☐	☐	Markenanalyse?	☐
			☐	Angebote, Kataloge, sonstige Informationen	☐
	Auswirkung auf Kosten/Ersparnis/Ertrag/Nutzen:			**Ist Umsetzung vereinbart mit:**	
☐	Personenstunden, Personalkosten, Personalnebenkosten	☐	☐	Sicherheitsvorschriften	☐
☐	Erhöhung der Kundenzufriedenheit	☐	☐	Gesundheitsschutz	☐
☐	Produzierte Einheiten	☐	☐	Umweltschutz	☐
☐	Verbesserung von Prozessen	☐	☐	Kundenvorschriften	☐
☐	Vermeidung von Verschwendung	☐			
☐	Vermiedene Beschädigungen/Reparaturen	☐	☐	**Ist bekannt, wer für die Umsetzung zuständig ist?**	☐
☐	Vermiedene Unfälle, Umweltschädigungen	☐	☐	Ist bekannt, wer die Umsetzung realisieren muss?	☐
☐	»Weiche« Faktoren: Klima, Soziales, Disziplin, Ordnung	☐	☐	Ist geklärt, wie die Informationen an die Umsetzer kommen?	☐
☐	**Liegen Ergebnisse einer Datenerhebung schon vor?**	☐			
☐	**Eventuell auch alternative Lösungswege suchen?**	☐	☐	**Delegation an Einreicher möglich?**	☐
	Kosten-Nutzen Verhältnis:			**Übergeordnete Umsetzungsgründe:**	
☐	Aufwand und Nutzen im vernünftigen Verhältnis?	☐	☐	Wenn nein: Legen Sicherheits-, Gesundheits- oder Umweltüberlegungen dennoch eine Umsetzung nahe?	☐
	Entscheidung:	JA ☐	JA	**Auftrag zur Umsetzung erteilen**	Nein ☐

Abb. 40: Checkliste zur Unterstützung bei der Berücksichtigung relevanter Parameter für eine Kosten-Nutzen-Abwägung von Vorschlägen – Variante Verwaltung, Dienstleistung, Handel, u.Ä.

Maßnahmen für die Datenerhebung

Benötigte Daten, Informationen	Zu erfragen/ermitteln bei?	Von wem?	Bis wann?	Ergebnis/Erledigt

Maßnahmen für die Umsetzung

Was? Inhalt der Maßnahme	Womit? Ressourcen	Wer?	Bis wann?	Ergebnis/Erledigt

Abb. 41: Auf der Rückseite der Checkliste werden Angaben zur Erhebung der für die Entscheidungsfindung benötigten Daten und zu den Maßnahmen für die Umsetzung notiert.

Die Anwendung dieser Checklisten sollte im Rahmen von Führungskräftetrainings anhand konkreter Vorschläge aus der Praxis der Teilnehmer geübt werden (siehe Abschnitt 5.3). Nach mehreren Durchläufen sind die meisten Gutachter mit der durch die Checklisten nahegelegten systematischen Herangehensweise so vertraut, dass sie die Bewertung vornehmen können, ohne die Checkliste zur Hand nehmen zu müssen – zumal sich Entscheidungen im Ideenmanagement nicht von anderen Entscheidungen unterscheiden, die Führungskräfte üblicherweise zu treffen haben.

Entscheiden: Auf der Grundlage des Bewertungsprozesses kann man die Entscheidung treffen, ob und ggf. wie der Vorschlag umgesetzt werden soll. Entscheidungskriterium ist, ob der durch den Vorschlag bewirkte Nutzen innerhalb einer vernünftigen Amortisationszeit größer als der Aufwand ist. Diese Definition berücksichtigt, dass sich Nutzen und Aufwand nicht nur aus finanziellen Gesichtspunkten ergeben.

Bei der Entscheidung über die Umsetzung »kleiner« Vorschläge sollte man beachten, dass Geldbeträge, die in die Umsetzung von angeblich »nutzlosen« Vorschlägen (»schöner wohnen«) investiert werden, eine erheblich höhere Motivationswirkung haben, als wenn diese Beträge als (Zusatz-)Prämien verteilt würden.

Entscheidung oder Akzeptanz: Es ist wichtig, den Entscheidern zu vermitteln, dass eine Entscheidung nicht durch Bekunden von Einverständnis oder Akzeptanz getroffen ist.

Insofern weckt der Begriff »Gutachter« häufig falsche Assoziationen, weil im Selbstverständnis eines Gutachters der Job mit dem Bekunden von »in Ordnung« oder »nicht in Ordnung« getan ist. Es geht jedoch um eine Entscheidung in Form einer Willensbekundung und Anweisung zu »machen« oder »nicht machen«. Dies gilt auch dann, wenn die Entscheidung letztlich durch ein Gremium getroffen wird. In jedem Fall sollte klar geregelt sein, wie nach der Entscheidung auch ihre Umsetzung bewirkt wird, indem man unmittelbar Arbeitsaufträge auslöst, terminierte Maßnahmen beschließt und Umsetzungsverantwortliche benennt sowie Berichts- und Kontrollwege festlegt.

Information des Einreichers: Über das Ergebnis der Entscheidung sollte der Einreicher unmittelbar informiert werden. Dies geschieht je nach System, indem ...

- der Entscheider dem Einreicher das Ergebnis persönlich mitteilt (beste Variante);
- der Ideenkoordinator entsprechende Bescheide mit Hilfe einer Software erstellt und zusendet;
- eine geänderte Platzierung der entsprechenden Ideenkarte an einer Shopfloortafel (KVP-Board, o.Ä.) den Entscheidungsstatus visualisiert.

Insbesondere wenn eine Umsetzung des Vorschlags abgelehnt wird, sollte der Einreicher – wie bereits erwähnt – nicht nur eine schriftliche Information über die Ablehnung erhalten, sondern die Gründe in einem persönlichen Gespräch vom Entscheider (in Ausnahmefällen auch durch den Ideenmanager) erläutert bekommen. Abbildung 42 zeigt einen Gesprächsleitfaden zur Vorbereitung eines »Ablehnungsgesprächs«.

Leitfaden für »Ablehnungsgespräche«

- Dank und Anerkennung für das Engagement, mitzudenken, den Vorschlag aufzuschreiben und einzureichen.
- Anerkennung des »guten Zwecks« des Vorschlags.
  - Selbst wenn ein Vorschlag abgelehnt werden muss, ist der »Zweck«, der mit dem Vorschlag bezweckt wird, in den meisten Fällen gut und erstrebenswert. Die Ablehnung betrifft den vorgeschlagenen Lösungsweg (zu teuer, nicht machbar, usw.), nicht aber das Ziel, das der Mitarbeiter mit seinem Vorschlag bewirken will.
- Sachliche Erklärung der Gründe, warum der Vorschlag nicht umgesetzt werden kann (»Eigentliche Schulung«, Kern des Gesprächs).
  - Dabei sollten nicht nur die Nachteile des Lösungswegs aufgezählt, sondern zunächst Vor- und Nachteile gegenübergestellt werden (siehe »Schnellcheck« in Abbildung 36).
  - Hintergründe, Zusammenhänge und relevante Zahlen, Daten, Fakten sollten dem Mitarbeiter im Sinne einer persönlichen Schulung verständlich erklärt werden. Die Erklärung soll deutlich über die Nennung von Stichworten hinausgehen bzw. diese im einzelnen erläutern.
  - Mögliche Ablehnungsgründe entsprechen den Gesichtspunkten in den Checklisten zur Bewertung von Vorschlägen (Abbildungen 39 und 40)
- Ermutigung/Motivation, weiterhin Vorschläge einzureichen.

Zur weiteren »Aufmunterung« kann man darauf hinweisen, dass durchschnittlich die Hälfte der Vorschläge umgesetzt wird – umgekehrt bedeutet das, dass etwa die Hälfte der Vorschläge abgelehnt werden. Es ist also »normal«, dass Vorschläge abgelehnt werden. Die Chancen auf Umsetzung sind selbst mit 50:50 sehr hoch.

Abb. 42: Ein gut geführtes »Ablehnungsgespräch« trägt zur Qualifizierung des Einreichers bei und vermeidet Demotivation.

Die einzelnen Schritte im Bearbeitungs- und Entscheidungsprozess sind in Abbildung 43 tabellarisch zusammengestellt.

☐	Zuständigkeit?		
☐	Gespräch mit dem Einreicher?	→	Verständnis des angestrebten Zwecks
☐	KO-Faktoren?		
☐	Grob-Abschätzung: Kleiner, mittlerer, großer Nutzen?	→	Bearbeitungsaufwand anpassen
☐	Ist Umsetzung machbar		
	• technisch, organisatorisch?	→	Umsetzer bzw. Umsetzungsverantwortliche einbeziehen, ggf. Versuche durchführen
	• sozial?	→	Akzeptanz der Betroffenen klären
	• finanziell?	→	rechenbar: • Kostenvergleichsrechnungnicht rechenbar: • Vergleich zwischen Aufwand und Nutzen
☐	Alle relevanten Kriterien berücksichtigt?	→	Belastbarkeit der Bewertung

Abb. 43: Vereinfachte Übersicht der einzelnen Arbeitsschritte während des Bewertungs- und Entscheidungsprozess.

Hemmnisse beim Bewerten und Entscheiden

Typische Hemmnisse, die eine schnelle und fundierte Bewertung in der Praxis erschweren, liegen unter anderem in …

- Zeitmangel und sonstige Arbeitsbelastung der Gutachter;
- zu langen Rückmeldezeiten (insbesondere bei vielen Mitwirkenden);
- Abwesenheit wichtiger Personen (Urlaub, Krankheit, auswärtige Tätigkeit);
- unterschiedliche oder widersprüchliche Meinungen, Daten, Informationen;
- Missverständnisse, Kommunikationsbarrieren zwischen Beteiligten und Betroffenen;
- Hierarchie- und Abteilungsgrenzen, unklare Verantwortlichkeiten.

Lösungsmöglichkeiten beim Bewerten und Entscheiden

Die nachfolgenden Ansätze unterstützen die jeweils zuständigen Führungskräfte bzw. Gutachter bei der Bewertung von Vorschlägen.

Zeitmanagement, individuelle »Durchsatzquote«: Werden Vorschläge liegen gelassen, dann entsteht ein Teufelskreis, da der Berg zu bearbeitender Vorschläge um so mehr gemieden wird, je höher er ist. Im Rahmen ihres persönlichen Zeitmanagements können die betroffenen Führungskräfte anhand der durchschnittlichen jährlichen Vorschlagszahlen ihre individuelle »Durchsatzquote« (z. B. pro Woche, pro Monat) definieren und einplanen. Eine Führungskraft mit 25 Mitarbeitern könnte sich z. B. darauf einstellen, alle zwei Wochen einen Vorschlag zu bearbeiten. Selbst wenn mehrere Vorschläge auf einmal kommen, lässt sich dann abschätzen, in maximal wie vielen Wochen alle bearbeitet sind. Das lähmende Gefühl, »wie der Ochs' vorm Berge zu stehen«, lässt sich so vermeiden.

Regelmäßige Auswertung und Thematisierung der überfälligen Vorschläge: Transparenz über den Stand der Bearbeitung ist Voraussetzung dafür, dass gezielt »nachgeholfen« werden kann und »positiver Druck« erzeugt wird. Dazu können beispielsweise in der Software die Durchlaufzeiten bei jedem Vorschlag angezeigt werden.

Mahnwesen und Eskalation: Persönliche Ermahnungen für säumige Führungskräfte oder Gutachter auf der Grundlage einer Terminüberwachung durch den Ideenmanager. Bei Gutachtern in höheren Hierarchieebenen sind die Möglichkeiten für Mahnungen allerdings gering. Es sind folgende Varianten möglich:

- Die Termintreue und Einhaltung von Bearbeitungsfristen wird dokumentiert und als ein Kriterium bei der Führungskräftebeurteilung herangezogen.
- Alle Gutachter und das Topmanagement erhalten regelmäßig ein Ranking mit der Anzahl offener Gutachten pro Gutachter (Wettbewerbsgedanke). Ein solches Ranking auch im Betrieb auszuhängen, ist dagegen problematisch, weil sich Gutachter bloßgestellt fühlen können und unnötiger Widerstand provoziert wird.
- Offene Gutachten werden als fester Tagesordnungspunkt in der geeigneten Regelkommunikation verankert (z. B. wöchentliche Produktionssitzungen, Meisterrunden). Durch die soziale Kontrolle wächst die Motivation, die Bewertung bis zur nächsten Sitzung durchzuführen.
- Der Geschäftsführer fordert monatlich alle noch offenen Gutachten an.
- Das Gremium fordert regelmäßig alle noch offenen Gutachten an.

Regeltermine des Ideenmanagers mit Gutachtern (Jour fixe), die besonders viele Vorschläge zu bearbeiten haben, die von besonderem Zeitmangel betroffen sind, oder bei denen sich häufig ein »Stau« offener Vorschläge bildet.

Gezieltes persönliches Aufsuchen von Gutachtern (durch den Ideenmanager), wenn der Gutachter auf E-Mails nicht (mehr) antwortet. Generell sind die persönliche Ansprache und ein regelmäßiger persönlicher Kontakt des Ideenmanagers zu allen mit dem Management von Ideen befassten Personen hilfreich.

Gutachter-Teams, die vom Ideenmanager je nach Bedarf und Thema der noch offenen Vorschläge koordiniert werden, um bei Engpässen auf direktem Wege gemeinsam schnellere Entscheidungen fällen zu können.

Ein gemeinsames Meeting zu organisieren empfiehlt sich insbesondere dann, wenn sich mehrere Gutachter Vorschläge gegenseitig weiterleiten.

Meetings können vom Ideenkoordinator für die benötigten Personen auch dann eingestellt werden, wenn er nicht selbst daran teilnimmt.

Monatliche Sitzungen: In einigen Unternehmen werden alle Vorschläge letztlich in einem regelmäßig (meist monatlich, z. T. auch wöchentlich) tagenden Gremium/Entscheiderkreis/Team entschieden (und die Umsetzung veranlasst bzw. organisiert), ggf. in wechselnden Zusammensetzungen je nach Thema und falls nötig unter Hinzuziehung von Meinungen anderer Personen.

- Im Idealfall gehört dem Gremium (mindestens) eine maßgebliche Person an, die die Umsetzung der positiven Entscheidungen veranlassen kann.
- Offene und verzögerte Umsetzungen werden verfolgt.
- Die Sitzungen des Gremiums werden durch den Ideenkoordinator vorbereitet.

In anderen Unternehmen werden nur Vorschläge, die auf dem normalen Dienstweg nicht entschieden werden können (komplexe oder »quer« gehende Themen; Überlastung einzelner Entscheider; höherer Finanzbedarf) in regelmäßigen Abständen in ein Gremium eingebracht, das über die Kompetenzen zur endgültigen Entscheidung (und deren Umsetzung) verfügt.

In allen Fällen soll die Einrichtung des Gremiums dafür sorgen, dass größere Staus bei der Bearbeitung und Umsetzung vermieden werden. Voraussetzung ist die dauerhafte Einhaltung der regelmäßigen Termine.

Führungskräfte bzw. Gutachter an Zielen messen: Zielvereinbarungen zur Bearbeitung von Vorschlägen können anhand geeigneter Kennzahlen (Termintreue) abgeschlossen werden. Zielvereinbarungen sind nur sinnvoll, wenn die Ziele realistisch und anspruchsvoll sind und wenn das Erreichen/Nichterreichen mit positiven/negativen Konsequenzen verbunden ist.

Regelungen/Vorgaben zur Verhinderung von mehrfachen Weiterleitungen: Um zu verhindern, dass die Zuständigkeit zur Bearbeitung von Vorschlägen endlos an andere Personen weiter- oder wieder zurückgeschoben wird (»Vorschlags-Pingpong«), sollte die Anzahl der zulässigen Weiterleitungen (z. B. auf maximal drei) begrenzt werden.

Standards/Checklisten/Arbeitshilfen für Gutachter: Mit Fragensammlungen, Checklisten und anderen Handreichungen (z. B. inhaltliche Prüfkriterien) kann man Führungskräfte und Gutachter bei der Datenerhebung und Bewertung unterstützen (siehe Abbildungen 38–41).

Ressourcen: Die fristgerechte Bewertung kann durch die Unternehmens- oder Betriebsleitung unterstützt werden, wenn sie zeitliche, räumliche und instrumentelle Ressourcen bereitstellt.

- Möglichkeiten zur gemeinsamen Besprechung und Bewertung von Vorschlägen schaffen. Die gemeinsame Bearbeitung gibt (vor allem am Anfang einer Gutachtertätigkeit) mehr Sicherheit und Selbstvertauen. Zudem entsteht durch den »Gruppendruck« eine größere Verbindlichkeit, die übernommenen Aufgaben auch gemäß Zeitplan zu erledigen.
- Für jeden Vorschlag erhalten die zuständigen Gutachter das Recht, sich für 15 Minuten aus dem Alltagsstress »auszuklinken« und einen »Ruhe-Zeit-Raum« aufzusuchen, wo sie sich auf die effiziente Bearbeitung von Vorschlägen konzentrieren können. Gleichzeitig besteht die Pflicht, dieses innerhalb der gesetzten Bearbeitungsfrist auch zu tun.
- Kapazitäten in der Instandhaltung/Betriebstechnik freistellen zur Beschleunigung von Stellungnahmen (Beurteilung der technischen Machbarkeit oder des Umsetzungsaufwands).
- Kapazitäten im Controlling freistellen zur Ermittlung und Bereitstellung der erforderlichen Daten.
- Bislang »brachliegende« Gutachter (»Verteilung auf mehr Schultern«) aktivieren.
- Azubi-Aktionen: Auszubildende können beim Management von Ideen im Rahmen von Sonderaufgaben oder Mini-Projekten mitwirken, beispielsweise indem sie (unausgereifte) Vorschläge ausarbeiten und weiterentwickeln, oder indem sie die Bewertung und Entscheidungsfindung durch Recherchen vorbereiten (Beschaffung von Informationen, Ermittlung und Zusammenstellung von relevanten Zahlen).

Schnelle Bewertung und Entscheidung: Das oben bereits vorgestellte Motto »Schnelligkeit vor Genauigkeit« entlastet die Gutachter und trägt zur Motivation von Einreichern bei. Daher sollte eine »Kurz-und-schmerzlos-Begutachtung« von »kleinen« Vorschlägen ermöglicht werden.

Kraftakte: Gelegentliche Aktionstage oder Deadlines, zu denen die Unternehmensleitung die Abarbeitung eines evtl. angewachsenen Rückstaus einfordert.

»Wartegeld«: Einreicher erhalten z. B. 500 EUR, wenn sie länger als sechs Wochen auf eine Bewertung der zuständigen Führungskraft warten mussten. Der Schaden, der der Firma durch den verzögerten Start der Nutzung/Einsparung entsteht, wird also willentlich vergrößert, sodass er richtig »weh tut« – und keiner diesen Schaden (durch eine verzögerte Bewertung) verantworten möchte.

Erfolgskontrolle und Rückmeldung: Erfolgskontrollen der (im Rückblick nach einem Jahr) tatsächlich bewirkten Vorteile eines Vorschlags sollen den Gutachtern eine Rückmeldung darüber geben, ob ihre Bewertung richtig war. In einigen Unternehmen ist dies problemlos möglich, weil die Prämie ohnehin erst nach einem Jahr gezahlt wird. Gleichzeitig ermöglicht eine Überprüfung nach einem Jahr, festzustellen, ob Vorschläge immer noch umgesetzt werden oder ob Mitarbeiter mittlerweile wieder in alte Gewohnheiten zurückgefallen sind. Diese Information sollten die Ideenkoordinatoren als »Bringschuld« an die Führungskräfte sowie in aggregierter Form an das Topmanagement liefern.

Schnelle Umsetzung: Wird der Vorschlag schnell umgesetzt, so trägt dies nicht nur zur Motivation von Einreichern bei, sondern bestätigt auch dem Gutachter, dass seine Tätigkeit nicht folgenlos blieb (siehe Abschnitt 4.4).

4.4 Phase 3: Ideen umsetzen

In der Umsetzung der positiv bewerteten Vorschläge besteht der wesentliche Sinn und Zweck des gesamten Ideenmanagements. Erst durch Umsetzung bringen die Ideen der Mitarbeiter dem Unternehmen einen Nutzen. Dies gilt gleichermaßen in betriebswirtschaftlicher Hinsicht wie für die Motivation und Wirksamkeitserfahrung der Mitarbeiter. Eine schnelle Umsetzung (oder abschließende und sachlich begründete Ablehnung) ist letztlich der wichtigste Einflussfaktor auf die Beteiligung von Mitarbeitern am Vorschlagswesen.

Die Erfahrung und statistische Unternehmensvergleiche zeigen, dass etwa 50–60 % aller Vorschläge umgesetzt werden. Diese Quote ist unabhängig von der Anzahl eingereichter Vorschläge. Ein »Abnutzungseffekt« oder eine Beeinträchtigung der »Klasse« durch die »Masse« sind nicht festzustellen. Angesichts der raschen Veränderungsprozesse in Unternehmen ist es einleuchtend, dass es tatsächlich kein Ende der Verbesserungen gibt. Schließlich kann und sollte auch das »Gute« noch weiter verbessert werden.

4.4.1 Nachhaltigkeit der Umsetzung

Vorschläge werden umgesetzt, indem Änderungen gegenüber dem bisherigen Zustand oder Verfahren erfolgen. In der Mehrzahl sind dies technische Änderungen, z. B. an Anlagen, Werkzeugen oder Prüfgeräten. Häufig löst allein diese technische Änderung auch eine Verhaltensänderung aus – die Maschine lässt sich eben nur noch gemäß der neuen Konstruktion bedienen. In anderen Fällen ist zur Umsetzung des Vorschlags keine technische Änderung erforderlich, sondern »nur« eine Verhaltensänderung bei den Mitarbeitern. Diese kann durch die Attraktivität des neuen Verhaltens oder durch (veränderte) Anweisungen oder Vorschriften bewirkt werden. Ob allerdings alle Betroffenen auch »mitspielen«, hängt davon ab, für wie verbindlich die geänderte Anweisung oder Vorschrift vermittelt und wahrgenommen wird. Häufig ist zu beobachten, dass Mitarbeiter nach einer gewissen Zeit wieder in alte Gewohnheiten zurückfallen. Deshalb sollte bei rein verhaltensorientierten Änderungen nach einem Jahr überprüft werden, ob sie noch »leben«. Nur dann wird schließlich der vom Vorschlag bezweckte Nutzen auch erzielt.

Bearbeitung:	**Umsetzungskosten:**
zuständig:	Materialkosten:
Vorschlag umsetzen: ☐	Lohnkosten:
Vorschlag abgelehnt: ☐	Fremdkosten
Umsetzung durch:	Sonstige:
In Abt.:	
Fremdfirma:	Gesamt:

Bemerkungen

....

....

....

....

Umsetzung erledigt am:

Abb. 44: Beispiel für ein Arbeitsblatt zur Dokumentation der Umsetzung eines Vorschlags.

4.4.2 Mehrfachnutzung und Übertragung von Vorschlägen

Manche Ideen haben ein Nutzenpotential, das über die ursprünglich vom Einreicher vorgesehene Anwendung hinausgeht. Diesen möglichen Mehrfachnutzen (z. B. an anderen Maschinen, in anderen Abteilungen, in anderen Werken oder Standorten) zu erkennen und zu realisieren, ist eigentlich Aufgabe der Personen, die für die Bearbeitung des Vorschlags zuständig sind. Häufig bleiben diese Potentiale jedoch ungenutzt, da entsprechende Kenntnisse, das Bewusstsein für die Wichtigkeit, aber auch Instrumente, Organisationsformen und Regelungen fehlen.

Workflow: Das Übertragungspotential zu erkennen, ist dabei wichtiger (weil schwieriger und weil Voraussetzung) als der Übertragungsprozess an sich. Für beide Aufgaben gilt es, den Workflow möglichst einfach zu halten und zu große Komplexität zu vermeiden. Möglich wird dies, indem man sich an bereits etablierte Verfahren für den Wissenstransfer oder für die Übertragung/Standardisierung von Best Practice anlehnt. Zudem sollte der Workflow für den Transfer von Ideen möglichst in der unternehmensweit genutzten Software abgebildet werden. Werden in verschiedenen Standorten oder Tochterunternehmen unterschiedliche Software genutzt, erschwert dies naturgemäß eine Übertragung und Mehrfachnutzung von Ideen. Folgende Ansatzpunkte bieten sich an, um Übertragungspotentiale zu erkennen und zu identifizieren:

- Technische Tools, wie etwa ein »Pattern Matching« sowie Such- und Abo-Funktionen (z. B. analog RSS-Feed) in der Ideen-Software können die Suche nach Ideen mit Mehrfachnutzungspotential erheblich erleichtern.
- Über einen entsprechenden Button in der Software (bzw. ankreuzbare Kästchen bei Papiereingabe) können Ideen mit Transferpotential markiert werden. Allerdings besteht

das Risiko, dass Einreicher dazu neigen, ihre Idee grundsätzlich für »global« einsetzbar zu halten. Um dies zu vermeiden, könnte die Berechtigung zur Nutzung des Buttons auf Führungskräfte oder Gutachter eingeschränkt oder an ein Vier-Augen-Prinzip gekoppelt werden.

- Persönliches Engagement und die Benennung von Zuständigkeiten für die Stimulierung von Mehrfachnutzungen bleiben jedoch unerlässlich.
  Eine Möglichkeit besteht darin, die lokalen Ideenmanager dazu zu bewegen (»sanfter Druck«), Vorschläge mit Transferpotential auszuwählen und an die Zentrale bzw. potentiell interessierte andere Standorte zu versenden.
  Regelungen könnten vorsehen, dass Vorschläge nach bestimmten Kriterien stets auf ihr Transferpotential überprüft werden (z. B. ab einer Mindest-Einsparung oder nach inhaltlichen Kategorien wie etwa Sicherheit).

Damit die Übertragung an sich erfolgt, ist die Nutzung vorhandener personeller (auch informeller) Netzwerke meist wichtiger als eine detaillierte Regelung des Workflows. In Frage kommen auch die Abwicklung über eine zentrale Stelle (als Drehscheibe) oder der Transfer über einen SharePoint-Server. Letzterer existiert häufig auch unabhängig von einem Ideenmanagement-System.

Akzeptanz: Hemmnisse auf der »Geber-Seite« können in der mangelnden Bereitschaft bestehen, gute Ideen weiterzugeben (Standort-Konkurrenz, fehlende Anreize bzw. fehlende eigene Vorteile). Hemmnisse auf der »Nehmer-Seite« können in der mangelnden Bereitschaft bestehen, sich von anderen etwas vorgeben zu lassen (»Not Invented Here Syndrom«).

Insofern gilt es, verschiedene Interessenslagen zu berücksichtigen und zu klären, wer überhaupt an guten Ideen interessiert ist. Ansatzpunkte, das Annehmen von guten Ideen und Best Practice zu befördern, sind:

- Einrichtung eines Kümmerers oder Change-Managers als interne Service-Einheit für Weiterentwicklung.
- Nutzung unternehmensspezifischer Strukturen, z. B. »Leitsegmente«, als Vorbild für das, was andere Einheiten an Ideen und Best Practice zu übernehmen haben.
- Durchführung von Aktionen (z. B. Wettbewerbe, Informationskampagnen).
- Einreicher, deren Ideen übertragen wurden, von Seiten der Zentrale (zusätzlich) honorieren. Dadurch wird allgemein der Stellenwert des Themas »Mehrfachnutzung« unterstrichen.
- Verbindlichkeit schaffen, Mehrfachnutzung einfordern, Leidensdruck aufbauen:
  - Entscheider verpflichten, Ideen aktiv weiterzugeben (als Teil der Unternehmensphilosophie).
  - Ziele für den Übertragungsanteil setzen, entsprechende Kennzahl erheben und thematisieren.
  - Einbringen über die zuständige/verantwortliche Stelle/Person, die für alle betroffenen Werke weisungsbefugt ist.

Bei der Frage, wie eine Idee am ehesten zu übertragen ist, spielen zudem folgende Gesichtspunkte eine Rolle:

- **Hierarchieebene, auf der die Idee von einem Standort in einen anderen »überbracht« wird:** Denkbar ist eine Information bzw. Weitergabe auf Ebene der Ideenmanager, die den Vorschlag dann an ihrem jeweiligen Standort in das normale (standortspezifische) System einbringen. In stark hierarchisch geprägten Unternehmen funktioniert dies meist nur dann, wenn der Ideenkoordinator auf einer ausreichend hohen Ebene angebunden ist. Ansonsten hat eine Weitergabe der Idee höhere Erfolgschancen, wenn sie auf Management-Ebene erfolgt.
- **Zuständigkeiten für die Entscheidung über die Umsetzung:** Wenn jeder Standort selbst entscheiden kann, wird die Umsetzung von Vorschlägen, die eine gemeinsame Abstimmung benötigen, schwieriger. Vielfach erfolgt eine Umsetzung nur, wenn die Zentrale in der Lage ist, eine auch für andere Standorte verbindliche Entscheidung zu treffen. In manchen Unternehmenskulturen wird – nicht nur bei Entscheidungen über die Umsetzung von Vorschlägen, sondern auch bei der grundsätzlichen Gestaltung des Ideenmanagements – großer Wert auf Eigenständigkeit gelegt.

4.4.3 Hemmnisse und Lösungsmöglichkeiten beim Umsetzen

In vielen Fällen ist die Umsetzung der am schwierigsten zu überwindende Engpass im Ideenmanagement. Gerade in kleinen und mittleren Produktionsunternehmen besteht häufig ein chronischer Personalmangel an Handwerkern. Diese sind mit Inbetriebnahmen von Neuanlagen sowie mit Reparatur- und Instandsetzungsarbeiten oftmals mehr als ausgelastet und finden kaum Zeit, Vorschläge umzusetzen – obwohl Verbesserungen den Bedarf an Reparaturen langfristig verringern könnten. Durch eine möglichst effiziente Organisation dieser knappen Ressource kann man Engpässe in der verfügbaren Handwerkerkapazität für Umsetzungsarbeiten zumindest teilweise kompensieren.

In kleinen und mittleren Dienstleistungs- und Handelsunternehmen besteht eine Umsetzungshürde häufig darin, dass gar nicht klar ist, gegenüber was zu verbessern ist. Nur wenn ein Prozess standardisiert ist, lässt er sich verbessern – ansonsten wird lediglich eine weitere Verfahrensvariante hinzugefügt. In solchen Fällen besteht die erste Verbesserung dann oft in der Einführung eines Standards.

Die Nahtstelle zwischen der Bewertung und Entscheidung von Vorschlägen auf der einen und der Umsetzung auf der anderen Seite ist immer wieder eine Hürde, die den Informationsfluss und Arbeitsprozess unterbricht. Daher sollten Gutachter im Regelfall bereits in der Phase der Bewertung die Umsetzer einbeziehen, weil diese den Aufwand und die Möglichkeiten einer Umsetzung am besten beurteilen können. Eine Kommunikation zwischen Gutachtern und Umsetzern darf also nicht erst nach der Entscheidung (als Auftrag zur Umsetzung), sondern muss im Rahmen der Bewertung vor der Entscheidung stattfinden.

Die folgenden Ansätze bieten Unterstützung/Lösungsmöglichkeiten bei der Umsetzung von Vorschlägen:

- **Durchgehende Prozessverantwortung:** Zu jedem Vorschlag sollte ein Prozessverantwortlicher für den gesamten Weg von der Bewertung bis zur Umsetzung benannt werden. Damit diese Verantwortung ernst genommen wird, können alle »offenen« Vorschläge in regelmäßig stattfindenden Besprechungen (z. B. Gruppen-Meetings, Produktionsbesprechungen, Meisterrunden) kurz thematisiert werden, sodass ein gewisser Gruppendruck entsteht (siehe auch Lösungsvorschläge im Zusammenhang mit der Bewertung).
- **»Koordinator Umsetzung«:** Die Benennung eines Koordinators Umsetzung (IT, Projekt- oder Prozessmanagement, Instandhaltung, Schlosserei, Elektrowerkstatt) kann erheblich zu einer zügigen und schnellen Umsetzung von Vorschlägen beitragen (siehe Abschnitt 3.2.6). Der »Koordinator Umsetzung« hat die Aufgabe, den gesamten Prozess der Umsetzung zu verfolgen. Als Ansprechpartner kann er schnell auf Schwierigkeiten reagieren und weitere notwendige Schritte veranlassen. Der »Koordinator Umsetzung« führt Gespräche mit dem Einreicher und entwickelt Ideen, wie die Vorschläge im einzelnen umzusetzen sind.
  Ohne eine Koordination verhindern Fachabteilungen (z. B. Betriebstechnik, IT) Umsetzungsarbeiten häufig mit dem Hinweis, dass dringendere Instandhaltungsarbeiten oder Reparaturen für die Aufrechterhaltung der Produktion anstehen. Aus seiner Übersicht über die aktuellen Aufgaben der Fachabteilungen kann der »Koordinator Umsetzung« veranlassen, dass gleichzeitig mit den Reparaturarbeiten auch noch Vorschläge an der selben Anlage verwirklicht oder weitere Vorschläge »auf dem Weg« und »nebenbei« erledigt werden. In diesem Sinne benennt er die Verantwortlichen für die Umsetzung in der IT-Abteilung, Schlosserei oder E-Werkstatt oder vergibt den Umsetzungsauftrag ganz oder teilweise an eine Fremdfirma.
  Auch ohne Benennung eines »Koordinators Umsetzung« kann man die Koordination von Umsetzungsarbeiten erleichtern, indem Termine für Stillstände und Wartungsarbeitern in einem Kalender allgemein zugänglich sind. Der Umsetzer gibt dem »Koordinator Umsetzung« Rückmeldung über Umsetzungsaufwand, Kosten usw. Abschließend berichtet der »Koordinator Umsetzung« dem »Ideenmanager« über Fortgang und Abschluss der umzusetzenden Vorschläge.
- **Prioritätenvergabe:** Bei Arbeitsaufträgen im »Tagesgeschäft« werden zumeist Prioritäten vergeben, die eindeutig klären, was ein dringendes »Muss« ist. Die Umsetzung von Vorschlägen ist meist automatisch von geringerer Priorität und wird dazwischengeschoben, »wenn gerade mal Luft ist«. Nur bei Vorschlägen, deren hoher Nutzen bereits erkannt ist (in manchen Unternehmen auch bei Vorschlägen zur Arbeitssicherheit), erhält die Umsetzung zuweilen eine so hohe Priorität, dass sie auch bei Beeinträchtigung der Produktion sofort umgesetzt werden. Allerdings erfahren die für eine entsprechende Prioritätenvergabe zuständigen Fertigungsleiter kaum etwas von den in Vorschlägen schlummernden Potentialen. Umsetzungsreife Vorschläge werden häufig deshalb nicht realisiert, weil ihnen der Nutzen für das Unternehmen nicht klar erkennbar ist. Für eine Prioritätenvergabe sind daher die Weitergabe von Informationen über den potentiellen Nutzen durch den Bewerter oder Entscheider erforderlich. Die meisten EDV-Systeme bieten im Rahmen der Klassifikation von Vorschlägen die Möglichkeit, Prioritäten zu vergeben.

Bei begrenzten Umsetzungskapazitäten kann es Vorschläge geben, die potentiell umsetzbar sind und deren Umsetzung grundsätzlich wünschenswert wäre, aber für das Unternehmen von geringerem Nutzen sind, als die Umsetzung anderer Anliegen. Hierfür wird von einigen Unternehmen ein Status definiert, der eine Wiedervorlage erleichtert, z. B. »abgelehnt/potentiell umsetzbar«; »abgelehnt/mit Prämie«; »Umsetzungsspeicher«.

- **Ressourcen:** Eine bewährte Maßnahme zur Beschleunigung der Umsetzung ist die Vergabe von jährlichen Umsetzungs-Budgets an die dafür Verantwortlichen oder für den »Koordinator Umsetzung«. Die Umsetzer können so in eigener Verantwortung die Vorschläge realisieren und im Rahmen des Budgets bei Zeitmangel Fremdaufträge vergeben.
  In gleicher Weise kann Handwerks- oder Programmiererkapazität in bestimmten Ausmaßen reserviert werden, die ausschließlich für die Umsetzungen von Vorschlägen eingesetzt wird. In einigen Unternehmen werden Überstunden, die zur Umsetzung von Vorschlägen geleistet werden, ausbezahlt, während sie ansonsten auf ein Zeitkonto laufen. Umsetzungskapazitäten lassen sich zudem bedarfsweise durch den befristeten Einsatz von Rentnern oder Zeitarbeitern erhöhen.
- **Azubi-Aktionen:** Auch Auszubildende können bei der Umsetzung mitwirken. In einigen Unternehmen werden regelmäßig Projektwochen durchgeführt, in denen Umsetzungsteams aus gewerblichen und kaufmännischen Azubis geeignete Vorschläge handwerklich umsetzen oder Umsetzungspläne zu (unausgereiften) Vorschlägen konkretisieren.
  Ebenso können Auszubildende regelmäßig zurückgestellte (ggf. auch abgelehnte) Vorschläge im Hinblick auf aktuelle Verwendbarkeit und Umsetzbarkeit durchforsten.
- **Einsatz von Fremdfirmen:** Die Umsetzung vieler Vorschläge lohnt sich auch dann noch, wenn man Fremdfirmen einsetzt. Dadurch gleicht man Engpässe in der eigenen Betriebstechnik aus und macht Vorschläge nutzbar, deren Umsetzung ansonsten aus Zeitmangel der eigenen Kräfte unterbliebe. Zur Auftragsvergabe kann (innerhalb gewisser Budgetgrenzen) der »Koordinator Umsetzung« befugt sein.
  Alternativ kann der Fremdauftrag auch im Rahmen der üblichen Entscheidungs- und Budgetbefugnisse vom Vorgesetzten (des Einreichers oder nächsthöherer) vergeben werden.
  Falls der Vorgesetzte des Einreichers hierzu (mangels Kompetenz/Budgetverantwortung) nicht befugt ist, sollte er die Fremdvergabe möglichst weitgehend vorbereiten und sich lediglich die Genehmigung/Unterschrift zur Auftragsvergabe »höheren Orts« (bei der Unternehmensleitung) holen. Dieses Verfahren funktioniert erfahrungsgemäß wesentlich besser, als wenn die gesamte Begutachtung und Entscheidung »nach oben delegiert« wird, weil sich dann die Vorschläge unbearbeitet auf den Schreibtischen der nächsthöheren Vorgesetzten stapeln. Umsetzerkapazitäten sollten immer als Ganzes gesehen werden: Fremdfirmen kann man auch für andere Arbeiten nutzen, wenn dafür eigene Kräfte für lohnende Vorschläge frei werden, deren Bearbeitung spezielles Firmen-Know-how erfordert. Bei der Auswahl von Fremdfirmen ist eine Kontinuität in der Zusammenarbeit wichtiger als kurzfristige (vermeintliche) Preisvorteile, weil man (teure) Einarbeitungszeit vermeidet oder immer weiter verkürzt.

- **Gespräch/Einbeziehung mit Einreicher:** In einem frühzeitigen Gespräch zwischen Einreicher und seinem Vorgesetzten/Gutachter sowie auch dem »Koordinator Umsetzung« kann man Verständnisprobleme klären. Dabei ist in der Regel eine »Ortsbegehung« des Vorschlags durch Einreicher und Vorgesetzten/Gutachter sowie dem »Koordinator Umsetzung« sinnvoll. Man kann dem Einreicher genehmigen oder aufgetragen, einen Prototyp seines Vorschlags anzufertigen; einen Test durchzuführen, ob die Idee funktioniert; geeignete Angebote einzuholen; den Vorschlag weiter auszuarbeiten; die Umsetzung vorzubereiten.
  Auch im späteren Prozess der Umsetzung ist es in vielen Fällen möglich den Einreicher einzubinden, indem er mit erforderlichen Umsetzungsarbeiten beauftragt wird, die er von sich aus (also ohne Genehmigung/Auftrag durch Vorgesetzte) nicht durchführen könnte/dürfte. Generell sollte man möglichst viele Teilarbeiten/Arbeitsschritte an den Einreicher delegieren.
- **Mahnwesen für Umsetzer:** Auch die »Umsetzer« kann man für die Erledigung der Umsetzungsarbeiten »in die Pflicht nehmen«. Zeitverzögerungen bei der Umsetzung von Vorschlägen schädigen nicht nur das Image des Vorschlagswesens und demotivieren Einreicher, sondern verhindern auch, dass dem Unternehmen der Nutzen der Vorschläge zugute kommt. Insofern sollte »Druck von oben« und »Rechtfertigungszwang« nicht nur bei direkt produktionsrelevanten Instandsetzungs- und Reparaturarbeiten zu erwarten sein, sondern auch bei Rückständen in der Bearbeitung von Umsetzungsaufträgen. Der zuständige Vorgesetzte oder der Ideenkoordinator sollte Umsetzungsarbeiten bei Verzögerungen anmahnen und unter Umständen entsprechende Informationen weiter »nach oben« leiten.
  »Druck« auf Umsetzer kann man auch dadurch erzeugen, dass man Aussagen von Sicherheitsfachkräften einholt, die bestätigen, dass der Vorschlag sicherheitsrelevant ist. Wenn dann immer noch keine Umsetzung erfolgt, kann sich der Koordinator oder der zuständige Vorgesetzte des Einreichers von den Umsetzern schriftlich bestätigen lassen, dass sie (zeitlich) nicht in der Lage sind, den Vorschlag umzusetzen (auch als Argument, die Umsetzung dann an eine Fremdfirma zu vergeben). Ein weiteres Argument »pro Umsetzung« ist schließlich der zusätzliche Gewinn oder Nutzen, der dem Unternehmen durch Umsetzung des Vorschlags entsteht. Daher sollte der Wert des Vorschlags in Euro möglichst anhand »harter« Zahlen nachgewiesen werden.
- **Transparenz über Bearbeitungsstatus:** Die Klassifikationen der meisten EDV-Systeme bieten die Möglichkeit, den jeweiligen Bearbeitungsort oder Stand eines Vorschlags zu verzeichnen. So kann man »per Knopfdruck« ermitteln, welche Vorschläge wo »hängen«.

4.5 Phase 4: Ideen anerkennen und honorieren

Vorschlagsaktivitäten verdienen insofern eine besondere Anerkennung, als sie per Definition über die eigentliche und mit dem Lohn oder Gehalt abgegoltene Arbeitsaufgabe hinausgehen.

Vielfach wird das Thema Anerkennung auf die Frage der »richtigen« Prämienregelung reduziert. Deshalb soll hier in aller Deutlichkeit gesagt werden, dass eine Prämierung nur ein Aspekt von vielen und mit Sicherheit bei weitem nicht der wichtigste ist. Vor allem ist kein Zusammenhang zwischen der Höhe gewährter Prämiensätze und dem Erfolg eines Vorschlagswesens erkennbar. Die Vorschlagszahlen und die Einsparungen sind bei Unternehmen mit hohen Prämiensätzen sogar tendenziell eher geringer als bei Unternehmen mit niedrigeren Prämiensätzen. Wahrscheinlich besteht ein umgekehrter Kausalzusammenhang: Bei niedrigen Vorschlagszahlen neigen Unternehmensleitungen dazu, Mitarbeiterbeteiligung und Ideen mit Geld »einzukaufen«, anstatt an den eigentlichen Ursachen anzusetzen. Aber mehr Geld (im Sinne höherer Prämien) bringt nicht mehr Ideen.

Es ist fatal, bei Krisen und Schwierigkeiten im Vorschlagswesen an der »Prämienschraube zu drehen«. Dadurch würde lediglich an den Symptomen kuriert und möglicherweise ein kurzfristiger Anstieg der Vorschlagszahlen induziert. Ein »Mehr« ist zwar immer möglich, während eine Prämienreduzierung fast unmöglich ist (allein aufgrund des Widerstands im Betriebsrat, aber auch wegen der symbolischen Wirkung), jedoch sollte beachtet werden, dass durch ein »Mehr vom Gleichen« in der Regel nichts verbessert wird. Wichtiger ist, bei schlechten Ergebnissen des Ideenmanagements nach den tatsächlichen Zusammenhängen und Ursachen zu forschen.

4.5.1 Möglichkeiten der Anerkennung

Im Folgenden sind verschiedene Anregungen zusammengestellt, wie – auf welchen Wegen, mit welchen Medien und über welche Inhalte oder Werte – Anerkennung vermittelt werden kann.

- **Rückmeldung, Information:** Anerkennung und Wertschätzung beginnen bereits damit, dass der Einreicher innerhalb weniger Tage eine Eingangsbestätigung erhält, verbunden mit dem Dank für sein Engagement. Auch die umgehende Information bei Fristüberschreitungen und Verzögerungen der Bearbeitung ist ein Ausdruck von Anerkennung.
- **Persönliche Ansprache:** Für das Engagement des Einreichers sollte Anerkennung in einer persönlichen Rückmeldung der Führungskraft, des Gutachters, des Ideenkoordinators oder eines Mitglieds des Gremiums zum Ausdruck kommen. Insbesondere für die Führungskräfte ist es dabei nicht immer einfach, zwischen dem positiven Aspekt, dass (überhaupt) ein Vorschlag gemacht wurde, und möglichen negativen Aspekten, dass dieser Vorschlag nun Arbeit für Bewertung und Entscheidung bedeutet, dass er inhaltlich vielleicht unbrauchbar ist oder dass er von einem Mitarbeiter kommt, der »sowieso nervig ist«, zu trennen.
- **Besondere Würdigung:** Anerkennung für besonders gute Vorschläge kann außerdem darin bestehen, dass der Einreicher von »höherer Stelle« gewürdigt wird, indem der Abteilungsleiter, Geschäftsführer oder Vorstand den umgesetzten Vorschlag besichtigt und lobt. Sofern Einreicher es nicht vorziehen, ungenannt zu bleiben, ist auch die namentliche Bekanntmachung an einem Schwarzen Brett oder in einer Firmen- bzw. Mitarbeiterzeitung eine mögliche Form der Anerkennung. In manchen Unternehmen wird ein »Einreicher des Monats« gekürt und besonders geehrt.

- **Kommentare, Votings und »Likes« im Intranet:** Bei einer für alle Mitarbeiter transparenten Ideenplattform im Intranet (z. B. in Verbindung mit einem Unternehmens-Wiki) können Kommentare, Votings und »Likes« sowohl Anerkennung vermitteln als auch zur Weiterentwicklung von Ideen durch die »digitale Community« des Unternehmens dienen.
- **Aufstiegs- und Karrierechancen:** Bei Beurteilungsgesprächen mit Mitarbeitern sollte man Vorschlagsaktivitäten als Maßstab für eine positive Bewertung berücksichtigen. Der durch Vorschläge bewirkte Beitrag zur Weiterentwicklung des Unternehmens sollte durch erhöhte Aufstiegs- und Karrierechancen für erfolgreiche Einreicher gewürdigt werden.
- **Incentives:** Mitarbeitern, die sich im Ideenmanagement profilieren, kann der Zugang zu besonderen Aktivitäten eröffnet werden, die für sie im »Normalfall« nicht vorgesehen wären. Möglichkeiten reichen von der Teilnahme an speziellen Weiterbildungsveranstaltungen, Besichtigungen anderer Unternehmen bis hin zu Messe-Besuchen (ggf. an attraktiven Zielorten). In größeren Unternehmen bietet sich die Gründung eines »Clubs der Denker« oder eines »Einreicher-Stammtischs« an, deren Mitglieder besondere Aufmerksamkeit erhalten oder besonders spannende Zusatz- bzw. Alternativtätigkeiten ausüben dürfen.
- **Schnelle Umsetzung:** Vor allem aber sollte man sich bewusst machen, dass die realisierte Umsetzung des Vorschlags für viele Mitarbeiter der wichtigste Aspekt der Anerkennung ist. Das beste Lob für einen guten Vorschlag straft sich selbst Lügen, die großzügigste Prämie wird zum Schweige- und Schmerzensgeld, wenn sich anschließend ohne erkennbare Gründe nichts mehr in Richtung Umsetzung tut.
- **Prämien:** Als Beteiligung am bewirkten Erfolg stellen Prämien eine formelle Anerkennung des Verhaltens und seiner Ergebnisse dar.
  Die Frage, ob es sinnvoll und richtig ist, einzelne Vorschläge (auch) durch Geld- oder Sachprämien zu honorieren, kann man allerdings kontrovers diskutieren:
  - *Pro:* Leistungsabhängige Bezahlung ist normal. Wer durch seine Vorschläge eine zusätzliche Leistung erbringt, soll auch eine zusätzliche Bezahlung erhalten. Die unmittelbare Verknüpfung mit konkretem Verhalten (dem einzelnen Vorschlag) ist motivierender, als wenn Vorschlagsaktivitäten pauschal in eine jährlich bemessene individuelle oder gar für alle Mitarbeiter gleiche Leistungszulage einfließen.
  - *Contra:* Sich für das Unternehmen zu engagieren, ist eine Bürgertugend. Sich mit Ideen einzubringen, kann von jedem Mitarbeiter ebenso erwartet werden, wie der Einsatz für Sauberkeit und Ordnung oder wie ein ressourcenschonendes und rücksichtsvolles Verhalten. Es gibt genügend andere Wege, positives Verhalten anzuerkennen und dadurch zu bestärken.

  An den Argumenten wird deutlich, dass die Beantwortung der Frage stark von der Kultur und den Usancen des individuellen Unternehmens abhängt.
  - Wenn es auch anderweitig Leistungsprämien oder leistungsabhängige Entgeltbestandteile gibt (z. B. in Abhängigkeit von Kennzahlen zu Produktivität, Maschinenlaufzeit, Qualität, Termintreue, Sauberkeit und Ordnung, Sicherheit, Anwesenheit, usw.), deren Wert regelmäßig ermittelt und bekanntgegeben wird, dann dürfte ein Prämiensystem für das Ideenmanagement gut dazu passen.

- Wäre das Vorschlagen von Ideen die einzige Aktivität im Unternehmen, für die eigens eine ausdrückliche Prämienregelung geschaffen würde, sollte man sich überlegen, ob man nicht darauf verzichten könnte.

Die Berechnung und Vergabe von Prämien wird im Folgenden ausführlicher erörtert.

4.5.2 Ermittlung der Prämienhöhe

Für die Ermittlung der Prämienhöhe in Abhängigkeit vom bewirkten Nutzen gibt es verschiedene Verfahren, je nachdem, ob der Nutzen rechenbar ist oder nicht.

Rechenbarer Nutzen: Falls man den Netto-Nutzen mit vertretbarem Aufwand berechnen kann, bietet sich ein festgelegter Prozentsatz des Netto-Nutzens an. In vielen Unternehmen hat sich ein Wert von 10 % bewährt. Wie bereits festgestellt, haben höhere Prozentsätze keinen positiven Einfluss auf den Erfolg des Vorschlagswesens. Selbst bei noch niedrigeren Prozentsätzen ist kein Absinken der Erfolgschancen festzustellen.

- **Mindestwert:** Es ist sinnvoll, einen Mindestwert festzulegen (z. B. 1.000 EUR), auf den die Einsparung geschätzt werden muss, um den Vorschlag zu berechnen. Bei geringeren Werten sollte der Vorschlag als nicht rechenbar bewertet werden, um den Aufwand für die Berechnung zu vermeiden.
- **Berechnungszeitraum:** In den meisten Unternehmen wird die Prämie anhand des Netto-Nutzens im ersten Jahr nach der Umsetzung ermittelt (Jahresnettonutzen). Aber es ist auch möglich, längere Zeiträume zugrundezulegen (maximal über die Laufzeit des Vorschlags), um z. B. Produktionsschwankungen zu berücksichtigen. Der Prämiensatz sollte dann entsprechend verringert und am Ende jedes Jahres oder des Berechnungszeitraums eine Nachprämierung anhand des tatsächlich erzielten Nutzens vorgenommen werden. Es ist klar, dass sich dieses Verfahren nur bei höherwertigen Vorschlägen lohnt.

Beispiel: Berechnung der Prämie

Ein Automobilzulieferer erhielt einen Auftrag für eine umfangreiche Produktserie. Bei der Vorbereitung der Fertigung wurde eine Verbesserung vorgeschlagen, die gegenüber bisherigen Vorgehensweisen bei ähnlichen Aufträgen eine erhebliche Einsparung bewirkte. Der Vorschlag wurde sofort umgesetzt. Allerdings begann der Teileabruf durch den Kunden nur langsam. Es war absehbar, dass die Verbesserung erst ab einem halben Jahr nach Fertigungsbeginn wirklich einsparwirksam werden würde, weil die Serie bis dahin nur auf »Sparflamme« lief. In der Betriebsvereinbarung war festgelegt, dass die Prämie anhand des Nutzens im ersten Jahr nach erfolgter Umsetzung ermittelt wird.

Wie würden Sie entscheiden? Formal korrekt wäre schließlich eine Prämierung anhand der tatsächlichen Einsparung, die im ersten halben Jahr nach der Umsetzung praktisch gleich Null gewesen wäre.

Die Geschäftsleitung entschied sich für eine angemessenere Variante: Als Berechnungsjahr wurde der Zeitraum nach Anlauf des vollen Fertigungsumfangs zugrunde gelegt. Die Prämie wurde selbstverständlich ebenfalls erst später ausbezahlt, weil das Unternehmen

durch den Vorschlag vorher noch keinen Nutzen erzielte, an dem der Einreicher hätte beteiligt werden können. Der Einreicher wurde über die Sachlage und den Grund der Verzögerung informiert.
Ein »formal korrektes« Vorgehen wäre vom Einreicher unter dem Gesichtspunkt der Verfahrensgerechtigkeit möglicherweise akzeptiert worden. Das Ergebnis der Prämierung hätte er aber subjektiv als ungerecht empfunden – die Verteilungsgerechtigkeit hätte gefehlt.

Nicht rechenbarer Nutzen: Für Vorschläge, deren Nutzen man nicht oder nur mit unverhältnismäßig hohem Aufwand berechnen kann, legt man eine Prämie entweder pauschal (als Einheitsprämie für alle nicht rechenbare Vorschläge, siehe unten) fest, oder ermittelt sie mit Hilfe von Punktsystemen. Nach einer Einteilung in »kleinen«, »mittleren« oder »großen« Nutzen können z. B. die Breite der möglichen Anwendung, die Einführungsreife und der Aufwand für die Umsetzung des Vorschlags als Parameter für eine weitere Abstufung dienen. Ein entsprechendes Beispiel befindet sich in Abbildungen 45–48.

Auch wenn sich der Nutzen nicht berechnen lässt, hat die Umsetzung eines solchen Vorschlags einen »Wert« für das Unternehmen – sonst würde der Vorschlag nicht umgesetzt. An diesem »Mehrwert« soll der Einreicher mit der Prämie beteiligt werden. Bei den Geldwerten, die das Punktsystem den einzelnen Nutzenkategorien zuordnet, sollte man wiederum beachten, dass mehr Geld keinesfalls mehr Ideen bringt. Daher sollte das System mit kleinen Beträgen anfangen und insbesondere im unteren Bereich eine feinere Abstufung ermöglichen.

Vorschlagswert		**Zusatzfaktoren**									**Gesamtwerte**	
		Anwendungsmöglichkeiten			**Einführungsreife**			**Umsetzungsaufwand**				
Nutzen	Grundprämie	gering	erheblich	umfassend	gering	mittel	ausgereift	hoch	mittel	gering	Faktor	Punkte
Kleiner Nutzen	20 €	1,0	1,5	2,0	1,0	1,5	2,0	1,0	1,5	2,0		
Mittlerer Nutzen	50 €	1,0	1,5	2,0	1,0	1,5	2,0	1,0	1,5	2,0		
Großer Nutzen	100 €	1,0	1,5	2,0	1,0	1,5	2,0	1,0	1,5	2,0		

Die Zusatzfaktoren werden **multipliziert.**

Abb. 45: Beispiel für ein Punktsystem, mit dem auch für nicht rechenbare Vorschläge eine Prämie ermittelt werden kann. Kriterien für die Einteilung in die verschiedenen Kategorien sind im Text beschrieben.

Kleiner Nutzen	Kleine Vorschläge mit erkennbaren Verbesserungen: • Erleichterung der Arbeit, • Minderung von Belästigungen durch Lärm, Zugluft, Staub, schlechtes Licht, o. Ä. • Hinweise auf die Beseitigung von Gefahrenquellen, • Beseitigung von Gefahrenquellen mit geringem Risiko, • Verbesserung von Arbeitsklima, Zufriedenheit der Mitarbeiter, • Verbesserung der Organisation der sozialen Bereiche.
Mittlerer Nutzen	Konkrete Lösungsvorschläge mit erheblichen Verbesserungen: • Vereinfachung von Arbeitsabläufen • Beseitigung von Belästigungen durch Lärm, Zugluft, Staub, schlechtes Licht, o. Ä. • spürbare Veränderung in der Arbeitssicherheit, Beseitigung von Gefahrenquellen, • Erhebliche und umfassende Verbesserung der Organisation in der Verwaltung, Einkauf/Verkauf, Produktion und im sozialen Bereich
Hoher Nutzen	Konkrete Lösungsvorschläge mit erheblichen Verbesserungen: • völlige Beseitigung einer Gefahrenquelle mit hohem Risiko, • langlebige Verbesserungen im Umweltschutz, • endgültige Lösung eines Problems in der Verwaltung, der Produktion • neue umsetzbare Produkte und Dienstleistungen

Abb. 46: Mögliche Kriterien für die Einteilung in »kleinen«, »mittleren« oder »großen« Nutzen in Produktionsbereichen.

Kleiner Nutzen	Kleine Vorschläge mit erkennbaren Verbesserungen: • Erleichterung der Arbeit durch technische Hilfsmittel (EDV/PCs/Drucker/Checklisten) • Erleichterung der Arbeit durch ergonomische Hilfsmittel • Minderung von Überproduktion (Besprechungen/Meetings, Daten- und Informationsflut) • Verbesserung der Lagerhaltung (Büromaterial, Formulare, Ablage) • Verbesserung des Informationsflusses • Verbesserung des Transports (Akten/Papier, digitale Daten, Fußmärsche im Betrieb) • Verbesserung von Arbeitsklima, Zufriedenheit der Mitarbeiter (weniger Hektik) • Abbau von Bürokratie und Aufgaben, die einen unangemessenen Aufwand verursachen.
Mittlerer Nutzen	Konkrete Lösungsvorschläge mit erheblichen Verbesserungen: • Steigerung der Effizienz von Arbeitsprozessen und IT-Verfahren • Verbesserung der Personalplanung (vorausplanende Planung) • Verbesserung des Kundenservices • Vollständige Beseitigung von Überproduktion (s. o.) • Erhebliche und umfassende Verbesserung der Organisation in den Bereichen der Verwaltung
Hoher Nutzen	Konkrete Lösungsvorschläge mit erheblichen Verbesserungen: • Völlige Beseitigung überflüssiger Arbeitsabläufe/-prozesse • Endgültige Lösung eines Problems in der Verwaltung • Neue umsetzbare Dienstleistungen

Abb. 47: Mögliche Kriterien für die Einteilung in »kleinen«, »mittleren« oder »großen« Nutzen in Verwaltungsbereichen, Dienstleistungs- und Handelsunternehmen.

Anwendungsmöglichkeit	
Gering	Nur an einem Arbeitsplatz
Erheblich	An mehreren Arbeitsplätzen oder Bereichen, Abteilungen
Umfassend	Über mehrere Bereiche, Abteilungen im gesamten Unternehmen
Einführungsreife	
Gering	Mehr ein Hinweis mit Ansatz einer Lösung, grundlegende Überarbeitung erforderlich
Mittel	Mit geringem Aufwand kann Lösungsweg festgelegt werden
Ausgereift	Perfekter Lösungsweg ist ausgearbeitet und aufgezeigt. Wie vorgeschlagen, durchführbar
Umsetzungsaufwand	
Hoch	Gerade noch vertretbare Aufwendungen und Kosten der Durchführung im Verhältnis zum Nutzen
Mittel	Kosten der Durchführung und der Nutzen bilden ein vertretbares, vernünftiges Verhältnis
Gering	Keine oder sehr geringe Durchführungskosten (Nutzung von Geräten, Maschinen, Materialien, die schon abgeschrieben oder ungenutzt sind, oder rein organisatorische Änderungen)

Abb. 48: Mögliche Kriterien zur Ermittlung der Zusatzfaktoren.

Pauschalprämien: Auch die Verwendung eines Punktsystems verursacht Aufwand. Dieser lässt sich vermeiden, wenn man für alle nicht rechenbaren Vorschläge eine einheitliche Pauschalprämie definiert. Das hat zudem den Vorteil, dass damit alle Diskussionen über die Gerechtigkeit oder Ungerechtigkeit einer unterschiedlichen Prämierung vermeintlich gleichwertiger Ideen gegenstandslos werden.

Während es den meisten Führungskräften relativ leicht fällt, sich eine Meinung zu bilden, ob ein Vorschlag aus fachlicher Sicht umgesetzt werden sollte, ist es vielen Führungskräften lästig, Vorschläge auch noch im Hinblick auf die Prämienhöhe bewerten zu müssen. Mit einer Pauschalprämie lässt sich dieses Hemmnis vermeiden – es entfällt einer der Gründe, die Bearbeitung von Vorschlägen »auf die lange Bank zu schieben«.

Noch schlanker wird die Prämierung, wenn die Pauschalprämie auch für potentiell rechenbare Vorschläge verwendet wird. Es ist dann gar kein Aufwand mehr zur Ermittlung einer Prämienhöhe erforderlich. Die Auszahlung kann automatisch erfolgen, sobald der Vorschlag umgesetzt ist.

Beispiel: Pauschalprämie
In einem Unternehmen wird daher folgende Prämienregelung praktiziert. Für jeden umgesetzten Vorschlag werden dem Einreicher pauschal 25 EUR ausbezahlt. Weitere 40 EUR werden in einen Jackpot eingezahlt, der einmal im Jahr unter allen eingereichten Vorschlägen verlost wird. Auf eine Nutzenermittlung wird aus Effizienzgründen verzichtet, da die Unternehmensleitung vom Nutzen des Systems überzeugt ist.

Gruppenprämien: In einigen Unternehmen ist die Prämienvergabe so geregelt, dass ein gewisser Anteil der individuellen Prämien einbehalten und in einen Gruppentopf gezahlt wird. Jährlich kann dann die Gruppe darüber entscheiden, was mit dem angesammelten Geld geschehen soll (z. B. gemeinsame Freizeitaktivität zusammen mit den Nicht-Einreichern der Gruppe, Spenden für einen guten Zweck). Durch eine derartige Regelung wird auch die soziale Akzeptanz des Ideenmanagements gefördert (siehe oben).

Sachprämien: Sachprämien werden in Mitarbeiterbefragungen als der am wenigsten wichtige Motivationsfaktor für Vorschläge bewertet (siehe Abschnitt 4.2.3). Ob mit dem Logo des Unternehmens oder des Ideenmanagements verzierte Tassen, Regenschirme und ähnliche Gegenstände »Kultstatus« erlangen oder eher zum Gespött der Mitarbeiter werden, hängt sehr vom jeweiligen Betriebsklima und der Form der Präsentation ab. In jedem Fall besteht eine nicht unerhebliche Gefahr, dass man in guter Absicht das Gegenteil erreicht. Aber auch bei höherwertigen Sachprämien kann der Gegenstand das Interesse des Einreichers verfehlen.

Dennoch hätten viele Einreicher statt geringer Geldbeträge, die durch die Steuer zusätzlich auf ein kaum wahrnehmbares Maß reduziert würden, lieber etwas »Reelles«. Eine Möglichkeit, diesem Dilemma zu entgehen, besteht in der Vergabe von Warengutscheinen (besonders beliebt sind Benzingutscheine) oder die Kooperation mit Prämienshops.

Prämienshops: Mehrere Dienstleister bieten Prämien- und Bonusprogramme an, die individuell für einzelne Unternehmen ausgestaltet werden können. Anstelle eines Geldbetrags erhalten Einreicher zunächst Punkte gutgeschrieben, die sie ansammeln und dann im Online-Prämienshop des Dienstleisters gegen Waren ihrer Wahl oder gegen eine Auszahlung des Geldbetrags einlösen können.

Das Produktsortiment ist in der Regel sehr viel umfangreicher und attraktiver, als die Auswahl an Sachprämien, die ein einzelnes Unternehmen anbieten könnte.

Einige Dienstleister bieten zudem an, für jeden Mitarbeiter eine personalisierte und z. T. weltweit nutzbare Chipkarte mit dem Namen des Mitarbeiters und einem persönlichen Code auszustellen (»Master-Card« für Prämien- bzw. Punktekonten). Die Karten können gemäß dem Corporate Design und mit dem Logo des jeweiligen Unternehmens bzw. des Ideenmanagements gestaltet werden.

- Mit der Karte lässt sich zusätzlich Aufmerksamkeit auf das Ideenmanagement lenken, indem etwa Vergütungen für Sonderschichten ebenfalls auf die Karte gebucht und nur dort einsehbar sind. In einigen Unternehmen wird die für das Ideenmanagement eingeführte Chipkarte mittlerweile auch dafür genutzt, um die Anzahl unfallfreier Tage oder die Teilnahme an Programmen und Aktionen zur Gesundheitsförderung zu honorieren.
- Die Mitarbeiter können ihre Prämienkonten im Prämienshop über Intranet (auf das man mit Kennung und Passwort auch von zu Hause aus zugreifen kann) und über eine App selbst verwalten, und sich ihren Kontostand ansehen. Eine Suchfunktion in der App zeigt an, in welchen Geschäften der Umgebung die Karte akzeptiert wird.

Beispiele für Anbieter von Prämienshops oder Shopping Cards sind:

- http://www.bonago.de
- http://www.edenred.de
- http://www.ippag.net
- http://www.praemie-direkt.de

Prämierung von Einreichergruppen: Zuweilen reichen mehrere Mitarbeiter einen Vorschlag gemeinsam ein. Sie sollten dann die Möglichkeit haben, selbst zu entscheiden, ob sie die Prämie zu gleichen Teilen oder in einem anderen Verhältnis aufteilen wollen.

Korrekturfaktoren: Manche Unternehmen machen die Prämienhöhe nicht nur vom Nutzen des Vorschlags, sondern auch von der Stellung des Einreichers im Unternehmen abhängig. So wird die Prämie mit Zusatzfaktoren um so mehr gemindert, je höher die Hierarchieebene des Einreichers ist. Dahinter steht die Auffassung, dass das »Mitdenken« auf höheren Hierarchieebenen zum allgemeinen Teil der Arbeitsaufgabe dazugehört – selbst dann, wenn der Vorschlag einen Bereich betrifft, für den der Einreicher gar nicht zuständig ist.

Eine derartige Abstufung nach Hierarchieebene wird häufig als zu pauschal und willkürlich empfunden. Als Alternative bietet sich an, unabhängig von der Hierarchieebene eine Abgrenzung von der Arbeitsaufgabe (»Jobbereinigung«) vorzunehmen, wie sie das bereits vorgestellte Abgrenzungsraster ermöglicht. Dies hat zudem den Vorteil, dass die Prämienregelung nicht durch zusätzliche Faktoren verkompliziert wird.

Zuweilen wird die Prämienhöhe auch von der Einführungsreife des Vorschlags abhängig gemacht. Je nachdem, ob der Vorschlag einen vollständig ausgearbeiteten Lösungsweg aufzeigt, den man direkt umsetzen kann, oder ob umfangreiche Über- und Ausarbeitungen erforderlich sind, wird die Prämie um bestimmte Faktoren gemindert. Diese Korrektur erübrigt sich jedoch, wenn man bei der Kosten-Nutzen-Abwägung auch den Aufwand für die Ausarbeitung des Lösungswegs als Einführungskosten berücksichtigt.

Abgrenzung zur Arbeitsaufgabe: Für die Praxis hat es sich bewährt, einige prägnante Kriterien in Form einer Checkliste zusammenzufassen. Ein Beispiel für eine derartige Checkliste zur »Jobbereinigung« ist in Abbildung 49 gezeigt.

Beispiel: Prämienbewertung durch »Jobbereinigung«

In einem Kaltwalzwerk wird der gewalzte Stahl anschließend ausgeglüht. Als das Unternehmen hierfür neue Öfen kaufte, wurde der für das Ausglühen zuständige Meister beauftragt, sich von der Lieferfirma in die Fahrweise der neuen Öfen einarbeiten zu lassen. Sein dabei erworbenes Wissen setzte er anschließend in einen Vorschlag für die Fahrweise der alten Öfen um, die auch weiterhin benutzt werden sollten. Die Umsetzung des Vorschlags bewirkte erhebliche Einsparungen an Strom, Erdgas und Schutzgas, die insgesamt 190.535 EUR pro Jahr ausmachten. Der Meister bewertete den über die Arbeitsaufgabe hinausgehenden Teil seiner Idee mit 60 % (zugrunde lag eine ähnliche Checkliste wie in Abbildung 49 gezeigt), was von der Unternehmensleitung akzeptiert wurde. Die ausbezahlte Prämie betrug somit 11.432,10 EUR.

Kriterien/Checkliste zur Abgrenzung der Arbeitsaufgaben in Zweifelsfällen

Vorschlag: **Einreicher:** **Datum:**

Gehört es zur **selbstverständlichen Aufgabe** des Einreichers, sich Gedanken zu Themen zu machen, wie sie dem Vorschlag zugrunde liegen? Gehören Problemlösungen und Verbesserungen, wie von ihm vorgeschlagen, ohne Zweifel zu seiner üblichen Arbeit?

ja: ⟶ **keine Prämie**

nein oder unklar/teilweise:

1 Kann der Einreicher selbst über die sachliche Verwirklichung des Vorschlags als Gesamtvorhaben entscheiden, ohne die Zustimmung eines Vorgesetzten oder einer anderen Stelle einholen zu müssen? Hat der Einreicher **Entscheidungsbefugnis**, Kompetenz und [Budget-]Verantwortung?

ja	0	☐
teilweise (Einreicher muss bei Entscheidung mitwirken/gefragt werden, kann/darf letzte Entscheidung aber nicht alleine treffen)	0,5	☐
nein	1	☐

2 Lag ein dienstlicher **Auftrag** vor? War der Einreicher ausdrücklich mit der Bearbeitung des Problems beauftragt worden, das durch seinen Vorschlag gelöst/verbessert wird?

ja (klar erteilten Auftrag erfüllt)	0	☐
allgemeiner Auftrag (z.B. im Rahmen der Arbeitsaufgabe)	0,5	☐
nein (zusätzliche Eigeninitiative)	1	☐

Produkt (1 * 2): ☐ **0** ☐ **0,25** ☐ **0,5** ☐ **1**

3 War dem Einreicher **Einsicht in** die dem Vorschlag zugrundeliegenden **Unterlagen** möglich? Gehört der Umgang mit relevanten Konstruktions-, Geschäfts- und Planungsunterlagen zur Arbeit des Einreichers? *(Falls Frage nicht zutrifft oder nicht relevant ist => wie »nein«!)*

ja (Einsicht in Erfüllung seiner Aufgabe)	0	☐
zum Teil (Einsicht möglich, aber nicht Teil der Arbeit)	25	☐
nein (keine Einsicht möglich, Unterlagen nicht relevant, Frage trifft nicht zu)	50	☐

4 Waren **Problem und Lösungsansatz** bereits im Betrieb **bekannt**? Wurde das durch den Vorschlag gelöste Problem bereits vorher diskutiert?

ja (Problem und Lösungsansatz waren bekannt)	0	☐
teilweise (Problem war bekannt, vorgeschlagener Lösungsansatz noch nicht)	25	☐
nein (Problem und Lösungsansatz neu, oder: keine Einschätzung möglich)	50	☐

Summe (3 + 4): ☐ **0** ☐ **25** ☐ **50** ☐ **75** ☐ **100**

Ergebnis (Prämienanteil):
(in Tabelle ankreuzen)

____
(Unterschrift Einreicher)

____
(Unterschrift Vorgesetzer)

Prämie [%]		**Summe (3 + 4)**				
		0	25	50	75	100
Produkt (1 * 2)	0	0	0	0	0	0
	0,25	**20**	**25**	**30**	**35**	**40**
	0,5	**50**	**55**	**60**	**65**	**70**
	1	**80**	**85**	**90**	**95**	**100**

Abb. 49: Beispiel für eine Checkliste zur »Jobbereinigung«.

Prämierung von Vorschlägen aus KVP-, Kaizen- oder Lean-Workshops: Die Erarbeitung von Verbesserungen in Workshops wird unternehmensseitig veranlasst, gesteuert und methodisch unterstützt (z. B. durch qualifizierte Moderatoren, Führungskräfte) und findet in der Regel zudem während der Arbeitszeit statt. Insofern bestehen gute Gründe, die in Workshops erarbeiteten Ideen und Ergebnisse nicht zu prämieren.

Gleichwohl gibt es auch viele Unternehmen, die es den Teilnehmern freistellen, selbst zu entscheiden, ob sie in einem KVP-Projekt oder Workshop erarbeitete Ideen gemeinsam als Gruppenvorschlag einreichen. Zuweilen werden dabei allerdings Einschränkungen der Prämierung vorgesehen, beispielsweise Prämierung …

- nur mit 50 % der normalen Höhe;
- grundsätzlich nur nach der Prämierungsregel für nicht rechenbare Vorschläge (unabhängig vom tatsächlich bewirkten finanziellen Nutzen).

Annahmeprämien: In manchen Unternehmen erhalten Einreicher für jeden eingereichten Vorschlag eine Annahmeprämie, meist in Form eines geringwertigen Sachgeschenks (z. B. Give-Aways). Diese Anerkennung wird unabhängig von der (späteren) Entscheidung über eine Umsetzung oder Ablehnung gewährt. Damit soll vor allem das erwünschte Verhalten anerkannt und belohnt werden, sich überhaupt am Ideenmanagement zu beteiligen. Falls die Attraktivität der Annahmeprämie zu hoch ist, besteht allerdings das Risiko, dass einige Mitarbeiter Vorschläge nur deshalb einreichen, um in den Genuss der Annahmeprämie zu kommen. Darunter leidet meist die Qualität der Vorschläge (»Masse statt Klasse«). Ob ein nett gemeintes kleines »Bonbon« positiv angenommen oder eher Anlass zu Spott gibt, hängt stark von der jeweiligen Unternehmenskultur ab.

4.5.3 Anerkennung bei Nicht-Umsetzung

Anerkennung für Engagement und »guten Zweck«: Auch wenn ein Vorschlag nicht umgesetzt wird, verdient der Einreicher für sein Engagement und seine Mühe Anerkennung. Hinter den meisten Vorschlägen steckt zudem eine gute Absicht: Die Verbesserung, die mit dem Vorschlag bezweckt wird, ist in der Regel sinnvoll und tatsächlich erstrebenswert. Dieser »gute Zweck« sollte ausdrücklich anerkannt werden, denn dadurch fühlt sich der Einreicher gesehen und in seiner guten Absicht gewürdigt.

Wie wichtig es ist, die Ablehnung im persönlichen Gespräch zu erklären und zu begründen wurde bereits im Abschnitt 4.2.4 erläutert.

Anerkennungsprämien: Einige Unternehmen geben Entscheidern die Möglichkeit, dem Einreicher eine Prämie zu gewähren, wenn der abgelehnte Vorschlag besonders gut ausgearbeitet ist oder in anderer Weise eine besondere Leistung darstellt. Ähnlich wie bei einer Annahmeprämie wird damit das erwünschte Verhalten anerkannt und belohnt, ungeachtet des nicht vorhandenen Erfolgs.

4.5.4 Auszahlung von Prämien

Zeitpunkt: Es hat sich bewährt, Prämien erst nach der Umsetzung des Vorschlags auszuzahlen oder einem Prämienkonto (z. B. in einem Prämienshop) gutzuschreiben – und nicht bereits zum Zeitpunkt der Entscheidung, den Vorschlag umsetzen zu wollen. Dadurch wird verdeutlicht, dass die Prämie als Erfolgsbeteiligung am erzielten Nutzen anzusehen ist, der ja erst ab der Umsetzung eintritt.

Zudem wird das Risiko vermieden, dass die Prämie zwar bereits ausbezahlt wurde, sich die Umsetzung jedoch dann länger als geplant verzögert. In vielen Fällen empfinden Einreicher es als eher demotivierend, wenn sie zwar ihre Prämie erhalten (»abgefunden werden«), aber der eigentliche Zweck des Vorschlags noch gar nicht realisiert wurde. Das Unternehmen erscheint in den Augen von Mitarbeitern als »Verschwender«, der Geld ausgibt, ohne einen Nutzen dafür zu erhalten.

Steuer- und Sozialabgaben: Prämien in Form von Geldzuwendungen sind als Bestandteile des Arbeitsentgelts steuer- und sozialabgabenpflichtig. Zur Auszahlung kommen also stets die Netto-Werte.

Auch Sachprämien sind als Sachzuwendungen geldwerte Einnahmen und somit Teil des steuer- und sozialabgabenpflichtigen Arbeitsentgelts. Ausnahmen sind Sachgeschenke, deren Wert 44 EUR nicht überschreitet, unter der Voraussetzung, dass auch die Gesamtsumme der Sachzuwendungen im gleichen Kalendermonat unter der Freigrenze von 44 EUR bleibt (Stand: 2017). Dies gilt auch für Sachprämien, die im Rahmen von Verlosungen gewährt werden. Sachzuwendungen in Form von Gutscheinen oder Warenschecks werden nur dann steuerlich anerkannt, wenn eine genau bezeichnete Ware, aber kein Betrag auf dem Gutschein steht (also »30 Liter Benzin« statt »Benzin für 44 EUR«). Dabei darf auch der Wert der über Gutscheine bezogenen Waren 44 EUR pro Monat nicht überschreiten, um steuerfrei zu bleiben.

In einen Prämienshop können steuerfreie Sach- und versteuerte (Geld- und/oder Sach-) Prämien so gutgeschrieben werden, dass Einreicher sich nur die bereits versteuerten Prämienwerte als Geld auszahlen lassen können, während für steuerfreie Werte Gutscheine zu buchen sind.

4.5.5 Rechtliche Gesichtspunkte der Prämierung

Während das Arbeitnehmererfindungsgesetz (ArbNErfG) genau regelt, wie Diensterfindungen und qualifizierte technische Vorschläge vergütet werden sollen, gibt es für »einfache« Verbesserungsvorschläge keine vergütungsrechtlichen Vorschriften. Allerdings ergibt sich aus den allgemeinen arbeitsrechtlichen Grundsätzen, dass eine besondere schöpferische Leistung des Einreichers, die über seine eigentliche Arbeitsaufgabe als echte Sonderleistung deutlich hinausgeht, nach den Prinzipien von Treu und Glauben (§ 242 BGB) zu vergüten ist. Voraussetzung für den Vergütungsanspruch ist, dass der Vorschlag tatsächlich vom Unternehmen verwertet wird und einen erheblichen Vorteil bewirkt. Darüber, ab wann ein Vorteil als »erheblich« einzustufen ist, ließe sich lange streiten, die Grenze dürfte gemäß allgemeiner Auffassung jedoch deutlich über 1000 EUR (Jahresnutzen) liegen. Dies bedeutet, dass die Mehrzahl aller in der Praxis eingereichten Vorschläge nicht vergütungspflichtig ist. Rechtlich ist es also zulässig, Vorschläge mit einem geringeren Nutzen gar nicht oder mit einem alternativen Bonussystem zu vergüten.

Maßstab für die Höhe der Vergütung ist der konkrete wirtschaftliche Vorteil, den das Unternehmen durch den Vorschlag erzielt. Dieser Vorteil kann prinzipiell sowohl in einem rechenbaren Nutzen als auch in nicht rechenbaren Auswirkungen (auf Qualität, Arbeitssicherheit) bestehen. In der Praxis hat sich als Bezugsgröße der Jahresnettonutzen eingebürgert, der sich aus dem Vergleich der Vermögenslage des Unternehmens mit und ohne Umsetzung des Vorschlags ergibt. Falls der tatsächliche Vorschlagsnutzen wesentlich höher ausfällt, als der ursprünglichen Prämienermittlung zugrunde gelegt wurde, hat der Einreicher ein Recht auf eine Nachbewertung und -vergütung.

Der Arbeitgeber kann frei bestimmen, in welchem Verhältnis zum Jahresnutzen die Prämie stehen soll. Nach § 315 Abs. 1 BGB muss diese Bestimmung nach »billigem Ermessen« vorgenommen werden. Als wesentliches Kriterium für die »Billigkeit« sollte die »Üblichkeit« herangezogen werden. Angesichts der außerordentlichen Spannbreite tatsächlicher Prämienregelungen dürfte der Ermessensspielraum allerdings recht groß sein. Auch wenn die Prämiensätze in der Mehrheit der Unternehmen zwischen 15 % und 35 % liegen, werden in der bisherigen Rechtsprechung auch Prämiensätze von 5 % als noch im Bereich des »Billigen« liegend angesehen. Falls die Vergütungsgrundsätze Bestandteil einer freiwilligen Betriebsvereinbarung sind, ergeben sich naturgemäß Einschränkungen des Ermessensspielraums des Arbeitgebers. In diesem Fall muss der Prämiensatz mit dem Betriebsrat ausgehandelt werden, und diese Regelung wirkt dann unmittelbar und zwingend.

4.6 Beispiele für Ideen und Vorschläge

1. Für die Montage von Luftleitlamellen wurden bisher Gewindestifte verwendet, die sorgfältig auf ein genaues Maß eingeschraubt und mit einem Spezialkleber gesichert werden mussten. Nach Umsetzung eines entsprechenden Vorschlags zur Vereinfachung der Montage wird nun eine passende Schraube verwendet. Das mühsame Einstellen entfällt damit. Bei zehn Lamellenbaugruppen pro Gerät wird eine deutliche Verkürzung der Montagezeit erzielt.
2. Um lange Werkstücke sicher lagern und bearbeiten zu können, mussten bisher mehrere Böcke miteinander kombiniert werden. Infolge eines Vorschlags wurden für die Montage Universalböcke in Eigenfertigung hergestellt, die in der Länge variierbar sind. Dadurch wurde das Handling für die Mitarbeiter deutlich vereinfacht.
3. Um die T-Nuten an den Montageautomaten sauber zu halten, wurden bisher Putzlappen in die Nuten gesteckt, was einen hohen Verbrauch an Putzlappen mit sich brachte. Infolge eines Vorschlags werden nun kommerziell erhältliche flexible T-Nuten-Abdeckprofile aus Kunststoff statt der Putzlappen genutzt. Der Einreicher hatte dem Vorschlag gleich noch ein Datenblatt und die Bedienungsanleitung eines konkreten Lieferanten beigefügt.

4. Bei der Textsuche im E-Mail Programm konnte man bisher entweder nur im Posteingang oder im Postausgang suchen. Infolge eines Vorschlags wurde die Suche auf alle verfügbaren E-Mail-Ordner erweitert, um schneller das gewünschte Ergebnis zu bekommen. Dadurch ergibt sich immer wieder eine kleine Zeitersparnis.
5. Die bisher genutzten Führungseinheiten eines externen Lieferanten waren wartungsanfällig und teuer. Infolge eines Vorschlags wurde diese Einheit durch eine eigene Führungseinheit ersetzt, welche wesentlich günstiger und einfacher zu warten ist. Dadurch wird eine Jahresnetto-Einsparung von knapp 12.900 EUR erzielt.
6. In einer Waschanlage für ölige Teile entstehen beim Waschen giftige Dämpfe. Vor dem Öffnen der Waschkammer müssen daher die Dämpfe abgesaugt werden. Das dauerte jedesmal über 10 Minuten. Ein Mitarbeiter schlug vor, einen neuen Wälzkolbenverdichter für die Pumpe zu verwenden. Dadurch wurde das Absaugen der giftigen Dämpfe erheblich beschleunigt und die Kapazität der Anlage stieg um 13 %. Dies entspricht 690 Produktionsstunden pro Jahr.
7. In einer Eingabemaske waren viele Eingabefelder vorhanden, von denen ein Teil gar nicht benötigt wurde. Die häufig genutzten Eingabefelder waren zudem über die gesamte Eingabemaske verteilt. Infolge eines Vorschlags wurde die Eingabemaske »aufgeräumt«. Seitdem werden nur die tatsächlich benötigten Eingabefelder angezeigt. Informationsfelder sind jetzt im linken Bereich und die Eingabefelder im rechten Bereich der Eingabemaske angeordnet. Zusätzlich wurde die Eingabe durch automatische Markierung der Eingabefelder vereinfacht.
8. Immer wieder wurde der Drahtzaun im Einfahrtsbereich der Versandtore von LKWs beim Rangieren beschädigt. Die Reparaturen wurden zwar von den Versicherungen der LKWs bezahlt, aber der Firma entstand immer wieder Verwaltungsaufwand durch die Abwicklung der Versicherungsfälle. Bis eine Mitarbeiterin vorschlug, den Zaun zu entfernen und den Betriebshof statt dessen mit großen, gut sichtbaren Bruchsteinen als Begrenzung einzufrieden.
9. Kommissionierte Ware wird in Kisten auf einem Transportband mit Rollensystem in die Preisauszeichnung befördert. An den Kurven des Transportbands hatten sich die Kisten regelmäßig verkantet und fielen vom Band. Die Notausschaltung musste betätigt und das Band gestoppt werden – Ärger und Zeitverlust waren die Folge. Infolge eines Vorschlags wurden bei den gefährdeten Stellen Führungen an das Rollensystem angebracht. Damit werden nun Tag für Tag Stillstandzeiten von durchschnittlich 50 Minuten eingespart.
10. Der produzierte Aluminiumdraht wird locker auf Spulen gewickelt. Vor der Auslieferung an die Kunden wird der aufgewickelte Aluminiumdraht von einem Pressbock zusammengedrückt und in Form gebracht. Da die Pressbügel aus Stahl bestehen, entstehen beim Zusammendrücken regelmäßig unerwünschte Markierungen auf dem Aluminiumdraht, und die beschädigten Abschnitte mussten verschrottet werden. Seit der Umsetzung eines Vorschlags, kunststoffummantelte Bügel zu verwenden, bleibt der Draht ohne Beschädigungen.

5 Ideenmanagement einführen und weiterentwickeln – ein Fahrplan in 10 Schritten

5.1 Der Anfang vor dem Anfang

Interne Impulse zur Optimierung des Ideenmanagements kommen häufig aus der Unzufriedenheit der Unternehmensleitung, des Ideenmanagers oder des Betriebsrats mit der bestehenden Situation, und aus dem Bestreben, die Vorteile eines funktionierenden Ideenmanagements zu nutzen. Impulse von außerhalb erfahren viele Unternehmen beispielsweise, wenn sie im Rahmen von Qualitätsaudits feststellen, dass sie für die Zertifizierung den Nachweis über eine Systematik zur Einbindung von Mitarbeitern benötigen.

Damit der Weg mit Erfolgsaussichten begangen werden kann, muss die Unternehmensleitung die Einführung oder Verbesserung des Ideenmanagements vor allem wirklich wollen. Initiativen, die von Mitarbeitern, dem Betriebsrat oder Ideenkoordinatoren ausgehen, haben wenig Aussicht auf Erfolg, wenn die Unternehmensleitung nicht mitzieht. Bei einem Anstoß »von unten« sollten die Initiatoren daher in einem ersten Schritt die Unternehmensleitung für das Thema sensibilisieren und sie dafür gewinnen, das Ideenmanagement zu »ihrer Sache« zu machen.

Vor Beginn der eigentlichen Maßnahmen stellen sich folgende Fragen:

- Was ist ein erfolgreiches Ideenmanagement dem Unternehmen wert?
- Wird die Unterstützung eines externen Beraters in Anspruch genommen?
- Wird eine Kooperation oder ein Erfahrungsaustausch mit anderen Unternehmen genutzt?
- Wer wird als interner Projektleiter benannt?
- Auf welchen Zeitraum wird das Projekt angelegt?
- Wann ist der richtige Zeitpunkt?

Sowohl interne Abstimmungsprozesse als auch Verhandlungen mit Externen können wesentlich effizienter geführt werden, wenn sich die Unternehmensleitung, die Mitarbeiter der obersten Führungsebene und der Betriebsrat im Vorfeld mit Ideenmanagement auseinandersetzen. Neben Berichten in Wirtschaftspublikationen können hierfür Vorträge und Seminare oder auch Besuche bei anderen Unternehmen genutzt werden.

Die im Folgenden beschriebene Schrittfolge zur Einführung eines Ideenmanagements wurde aus den positiven und negativen Erfahrungen bei Unternehmen verschiedener Größen und Branchen abgeleitet. Das Überspringen oder eine weniger gründliche Bearbeitung eines Schrittes verursacht meist Probleme in späteren Projektphasen, die dann mühsam korrigiert werden müssen. Abbildung 50 gibt eine Übersicht der Handlungsfelder, die in der Konzeptions- und Qualifizierungsphase geklärt und vor dem Hintergrund des bestehenden Umfelds in einem ganzheitlichen Rahmen integriert werden müssen (siehe auch Kapitel 3).

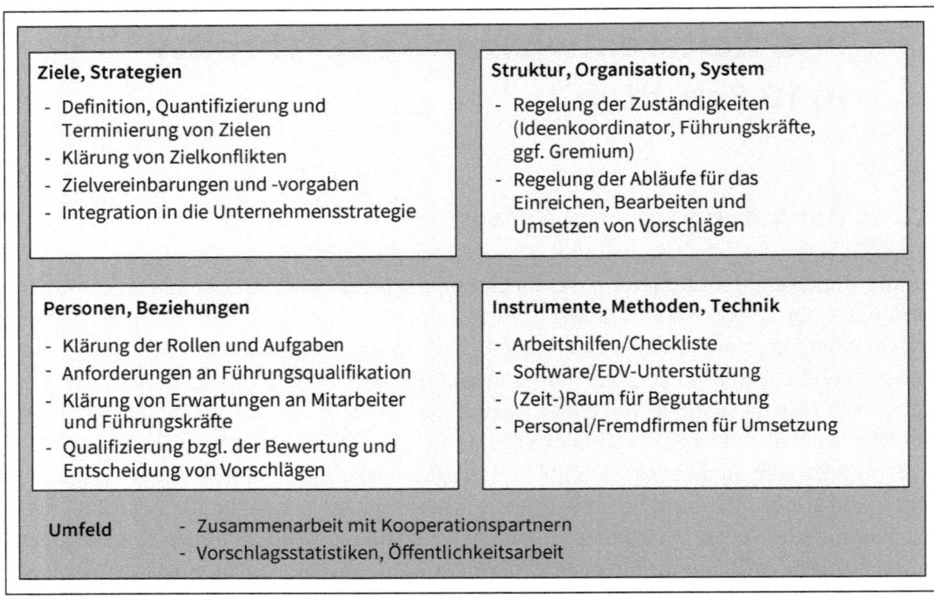

Abb. 50: Handlungsfelder im Ideenmanagement.

5.2 Planung und Konzeption

5.2.1 Schritt 1: Bestandsaufnahme, Mitarbeiterbefragung

Mit der Bestandsaufnahme wird zunächst die Frage geklärt »Wo stehen wir?«. Hierzu werden die relevanten Kennzahlen der letzten Jahre zusammengetragen (Anzahl der eingereichten und der umgesetzten Vorschläge, Beteiligungsquote, Bearbeitungs- und Umsetzungszeiten, Höhe der Einsparungen und des Nutzens).

Benchmarking, Kennzahlenvergleich: Die Aussagekraft solcher Kennzahlen kann man dadurch steigern, dass sie zu den typischen Werten vergleichbarer Unternehmen in Beziehung gesetzt werden. Falls keine belastbaren Vergleichszahlen zur Verfügung stehen, kann auch das in Abbildung 51 gezeigte Diagramm genutzt werden, um eine rasche Orientierung zu erhalten, wo das eigene Unternehmen im Vergleich mit anderen steht. Basis der Einordnung in verschiedene »Performance-Gruppen« sind die Kennzahlen:

- B = Beteiligungsquote (Anteil der Einreicher an der Belegschaft in %).
- V = Vorschlagsquote (eingereichte Vorschläge pro Mitarbeiter).
- U = Umsetzungsquote (umgesetzte Vorschläge pro Mitarbeiter).
- E = Einsparquote (rechenbarer Nutzen pro Mitarbeiter in EUR).

Hierauswerden die Werte X = V*B und Y = 100*U + E/2 gebildet. Der X-Y-Wert wird in das Diagramm eingetragen. Es lassen sich folgende Performance-Gruppen unterscheiden (mit einer Grauzone von ca. +/-25 % zwischen den Bereichen):

- **Top-Performance (X-Y-Wert liegt im Bereich A):** Diese Unternehmen profitieren von einer lebendigen Beteiligungskultur und einem hohen Nutzen durch umgesetzte Vorschläge. Wenn nun auch die Bearbeitungszeiten kurz, die Abarbeitungsquoten hoch und der Managementaufwand insgesamt gering sind, dürfte das Ideenmanagement ziemlich perfekt sein.
- **Optimaler Nutzen (X-Y-Wert liegt im Bereich B):** Die Anzahl und/oder die Einsparwirkung der Verbesserungen sind hoch. Dieses positive Ergebnis wird bei einer vergleichsweise geringen Vorschlagsaktivität und damit auch einem begrenzten Bearbeitungsaufwand erzielt. Eventuell wäre zu überprüfen, ob es tatsächlich den Unternehmenszielen entspricht, dass die Beteiligung nicht höher ist.
- **Maximaler Profit (X-Y-Wert liegt im Bereich C):** Die Einsparwirkung der Verbesserungen ist hoch. Für Unternehmen, die sich mehrere Jahre hintereinander stabil in diesem Bereich befinden, gilt das unter »B« gesagte. Angesichts der geringen Vorschlagsaktivität kann dieses Ergebnis allerdings auch einem einzelnen »Glücksfall« oder einer singulären Umsetzungsaktion zu verdanken sein. Es besteht dann das Risiko, dass solche Unternehmen im nächsten Jahr im Bereich »F« landen.
- **»Dabei sein ist alles« (X-Y-Wert liegt im Bereich D):** Eine lebendige Beteiligungskultur geht einher mit einer hohen Vorschlagsaktivität. Das mag ein Wert an sich sein, jedoch ist das Ausmaß des sonstigen Nutzens durch erzielte Verbesserungen und/oder Einsparungen eher gering. Auf der Basis der hohen Beteiligung sollten Maßnahmen in die Wege geleitet werden, um die Qualität und den Nutzen der Vorschläge zu erhöhen.
- **Geringe Wirkung (X-Y-Wert liegt im Bereich E):** Sowohl die kulturelle Dimension (Beteiligung) als auch die Nutzendimension unter den Gesichtspunkten erzielter Verbesserungen und/oder Einsparungen sind eher gering. Mit der geringen Vorschlagsaktivität hält sich immerhin auch der Bearbeitungsaufwand in Grenzen. Es sollte überprüft werden, ob der Zustand tatsächlich den Unternehmenszielen entspricht. Eventuell bestehen erhebliche Optimierungspotentiale, die sich lohnen könnte, zu nutzen.
- **Low-Performance (X-Y-Wert liegt im Bereich F):** Ein Ideenmanagement mag formal vorhanden sein, es hat für das Unternehmen und für die Mitarbeiter aber kaum praktische Bedeutung. Es sollte geprüft werden, ob das Ideenmanagement strategisch neu ausgerichtet, effektiver organisiert oder mit mehr Ressourcen ausgestattet werden muss, damit die bestehenden Optimierungspotentiale genutzt werden können.
- **Keine Managementsystematik:** Die genannten Kennzahlen können gar nicht oder nur mit sehr hohem Aufwand ermittelt werden. Ein Ideenmanagement ist noch gar nicht eingeführt oder die Managementressourcen sind unzureichend.

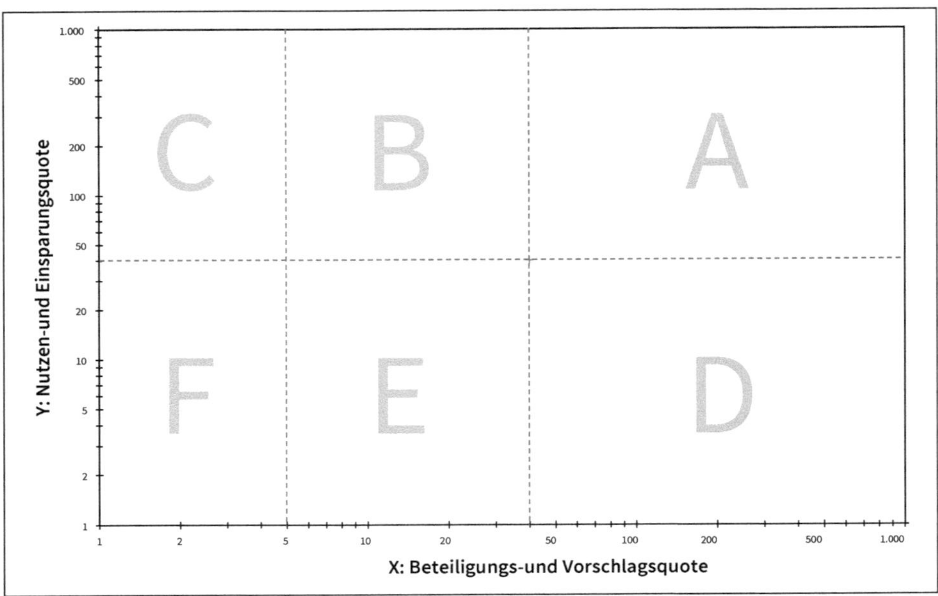

Abb. 51: Schnellcheck für die Bewertung des eigenen Ideenmanagements anhand von Kennzahlen.

Selbstbewertung: Neben Kennzahlen geben auch qualitative Faktoren darüber Auskunft, wie das Ideenmanagement aufgestellt ist und mit wie viel Engagement (»Herzblut«) es betrieben wird. Abbildung 52 zeigt eine Checkliste, anhand derer bewertet werden kann, inwieweit Schlüsselfaktoren für ein erfolgreiches Ideenmanagement genutzt werden.

Erfolgsfaktor, Befähiger für das Ideenmanagement	Punkte
Der zeitliche Umfang, die Aufgaben und die Befugnisse für die Tätigkeit als Ideenkoordinator sind (möglichst schriftlich) eindeutig und ausdrücklich definiert.	
Es steht eine funktionale Software-Unterstützung zur Verfügung, die von allen, die damit arbeiten (müssen), kompetent und unaufwendig genutzt wird.	
Das Ideenmanagement hat einen definierten (möglichst prominenten, attraktiven) Platz in den Kommunikations- und Informationsmedien des Unternehmens (z. B. Schwarze Bretter, Intranet, Mitarbeiterzeitung, usw.).	
Es gibt regelmäßige Meetings (mindestens jährlich) auf der obersten Leitungsebene, in denen der Stand und die Weiterentwicklung des Ideenmanagements Thema ist (z. B. Statusworkshops, Tagesordnungspunkt auf Strategie- oder Planungsmeetings).	
Es gibt von der obersten Unternehmensleitung formulierte und verschriftlichte (Ziel-) Vorstellungen darüber, was mit dem Ideenmanagement erreicht werden soll, und wann es als erfolgreich angesehen wird (definierte Erfolgskriterien).	
Es gibt verschiedene Situationen, in denen das Interesse der obersten Leitung am Ideenmanagement auch auf Shopfloorebene bemerkbar ist (z. B. persönliches Überreichen von Prämien, aktive Mitwirkung bei Grill- oder anderen Events, Thematisierung in Ansprachen bei Belegschaftsversammlungen oder Feiern, usw.).	

Erfolgsfaktor, Befähiger für das Ideenmanagement	Punkte
Die Mitwirkung am Ideenmanagement ist als Thema oder Unterthema in den Vorgabedokumenten für Mitarbeiterjahresgespräche enthalten.	
Das Ideenmanagement ist in der Checkliste (Rundlaufbogen) für neue Mitarbeiter und Auszubildende enthalten.	
Es ist als feste Routine etabliert, dass Auszubildende in speziellen Informationsveranstaltungen mit dem Ideenmanagement vertraut gemacht werden.	
Die Mitwirkung bei der Bearbeitung von Vorschlägen ist als Teilaufgabe in den Stellenfunktions- oder Aufgabenbeschreibungen von Führungs- und Fachkräften enthalten.	
Es ist geregelt, dass und wie Führungskräfte von ihren Vorgesetzten ein Feedback zu ihrer Leistung auch im Hinblick auf das Ideenmanagement erhalten (z. B. bzgl. der Unterstützung ihrer Mitarbeiter, Vorschläge einzureichen, sowie bzgl. der Mitwirkung bei der Bearbeitung von Vorschlägen).	
Themen mit Bezug zum Ideenmanagement werden ausdrücklich als Beispiele für Anwendungen in den Curricula für Führungskräftetrainings berücksichtigt (z. B. im Kontext Motivation, Kommunikation, Konfliktbewältigung, Selbstmanagement).	
Der »Blick über den Tellerrand« wird systematisch gefördert (z. B. durch aktive Steuerung von Teilnahmen an externen Veranstaltungen oder firmenübergreifendem Erfahrungsaustausch).	
Es gibt ein regelmäßiges Reporting (mindestens quartalsweise) über Kennzahlen des Ideenmanagements an die oberste Unternehmensleitung.	
Es gibt definierte Eskalationswege bei Überschreitung von Soll-Werten für die Bearbeitungsfristen (z. B. monatliches Reporting über überfällige Vorschläge) in Verbindung mit wirksamen Reaktionen »von oben«.	
Summe Punkte:	
Prozentwert der Punkte von 30:	

Befähiger wird genutzt: **»gar nicht« = 0 Punkte**
»ansatzweise/teilweise« = 1 Punkt
»systematisch und in vollem Umfang« = 2 Punkte

Abb. 52: Schnellcheck für die Bewertung des eigenen Ideenmanagements anhand von qualitativen Faktoren.

Mitarbeiterbefragung: Da es beim Ideenmanagement zuallererst um das Know-how der Mitarbeiter geht, ist es sinnvoll, den Status quo nicht nur anhand von Kennzahlen, sondern auch aus Sicht der Mitarbeiter zu erheben. Meistens werden schriftliche anonyme Befragungen aller Mitarbeiter mit einem Fragebogen genutzt. Diese Methode ist unter dem Gesichtspunkt, dass gerade zu Projektbeginn möglichst die gesamte Belegschaft angesprochen und ein breites Interesse an der Sache geweckt werden sollen, gegenüber repräsentativen Querschnitterhebungen (Einzelinterviews ausgewählter Personen) vorzuziehen.

In vielen Unternehmen lautet ein typischer Vorbehalt von Mitarbeitern gegenüber neuen Projekten, dass sich doch nichts ändern würde und neue Projekte (wie die Vorgänger) im Sande oder ohne Konsequenzen verlaufen würden. Aus dieser Einstellung heraus lehnen manche Mitarbeiter auch die Teilnahme an Befragungen ab. Die systematische Rückinformation aller Mitarbeiter über die Ergebnisse der Befragung und über die daraus abgeleiteten praktischen Konsequenzen ist eine wichtige Maßnahme, um diesem »Negativ-Weltbild« entgegenzuwirken und korrigierende Alternativerfahrungen zu vermitteln.

Wissen Sie, wen sie mit Verbesserungsvorschlägen ansprechen können?

ja				nein
☐	☐	☐	☐	☐

Wie genau wissen Sie, wie der Umgang mit Vorschlägen in Ihrem Unternehmen organisiert ist?

gar nicht				sehr gut
☐	☐	☐	☐	☐

Glauben Sie, dass Sie mit eigenen Vorschlägen etwas in Ihrem Betrieb bewirken könnten?

ja				nein
☐	☐	☐	☐	☐

Wenn (eher) nein, warum nicht?

____

____

Wie stark sind Sie daran interessiert, selbst Verbesserungsvorschläge zu machen?

gar nicht				sehr stark
☐	☐	☐	☐	☐

Wenn nicht, warum nicht?

____

____

Sind Sie der Meinung, dass Ihre Vorgesetzten von Ihnen Vorschläge erwarten?

nein				ja
☐	☐	☐	☐	☐

Regen Ihre Vorgesetzten Sie an, Verbesserungsvorschläge zu machen?

ja				nein
☐	☐	☐	☐	☐

Wenn Sie eigene Ideen oder Vorschläge äußern oder äußern würden, dann reagieren Ihre Vorgesetzten mit:

	Stimmt gar nicht				stimmt völlig
- aktiver Unterstützung, positive Reaktion	☐	☐	☐	☐	☐
- Ablehnung, Blockade, negative Reaktion	☐	☐	☐	☐	☐
- Sonstiges: ____________________					

Je mehr Verbesserungsvorschläge von mir oder Kollegen kommen,

	stimmt gar nicht				stimmt völlig
- desto eher werde ich wegrationalisiert.	☐	☐	☐	☐	☐
- desto sicherer wird mein Arbeitsplatz.	☐	☐	☐	☐	☐

Was müsste dringend im Vorschlagswesen verbessert werden?

	ist gut wie es ist				dringend verbessern
- Bessere Unterstützung durch Vorgesetzte	☐	☐	☐	☐	☐
- Mehr Hilfestellung durch Ideenkoordinator	☐	☐	☐	☐	☐
- Schnellere Bearbeitung und Umsetzung	☐	☐	☐	☐	☐
- Mehr Informationen über den Stand der Bearbeitung	☐	☐	☐	☐	☐
- Höhere Prämien	☐	☐	☐	☐	☐
- Mehr Anerkennung und Lob »von oben«	☐	☐	☐	☐	☐
- Bessere Begründung der Entscheidung	☐	☐	☐	☐	☐
- Sonstiges: ____________________					

Haben Sie schon mal Verbesserungsvorschläge gemacht?

☐ ja (bitte weiter bei A) ☐ nein (bitte weiter bei B)

A Wenn »JA«: Sind Sie mit der Anerkennung Ihrer Vorschläge zufrieden?

zufrieden				unzufrieden
☐	☐	☐	☐	☐

Wenn unzufrieden, warum?

____

____

Wenn »JA«: Wurden Ablehnungen von Vorschlägen verständlich begründet?

	gut begründet				unzufrieden
	☐	☐	☐	☐	☐
	☐	☐	☐	☐	☐

B Wenn »NEIN«: Was sind wichtige Gründe für Sie, keinen Vorschlag einzureichen?

	Stimmt gar nicht				stimmt völlig
- Bin nicht genug informiert	☐	☐	☐	☐	☐
- Prämien sind zu niedrig	☐	☐	☐	☐	☐
- Ich würde beim Vorgesetzten »anecken«	☐	☐	☐	☐	☐
- Ich mache Vorschläge auch ohne das Vorschlagswesen	☐	☐	☐	☐	☐
- Das ganze System ist viel zu bürokratisch	☐	☐	☐	☐	☐
- Durch das Einreichen wird die Umsetzung nur verzögert	☐	☐	☐	☐	☐
- Ich bleibe lieber im Hintergrund	☐	☐	☐	☐	☐
- Vorschläge bewirken ja doch nichts	☐	☐	☐	☐	☐
- Ich habe keine geeigneten Ideen	☐	☐	☐	☐	☐
- Vorschläge werden nicht wertgeschätzt	☐	☐	☐	☐	☐
- Meine Kollegen würden mich »schief ansehen«	☐	☐	☐	☐	☐
- Sonstiges: ____________________					

Abb. 53: Beispiel für Fragen zum Ideenmanagement.

Vorteile von Kooperationen: Nicht nur bei Kennzahlenvergleichen, sondern auch bei der Aus- und Bewertung der Ergebnisse von Mitarbeiterbefragungen zeigen sich die Vorteile einer firmenübergreifenden Zusammenarbeit: Es wird ein direkter und differenzierter Vergleich möglich, durch den die Ergebnisse eine wesentlich höhere Aussagekraft erhalten, als wenn nur die Ergebnisse eines Einzelunternehmens (bestenfalls noch im Vergleich mit einem abstrakten und anonymen »Mittelwert«) vorliegen. Die Kosten für Übersetzungen können mit den Partnern geteilt werden, sodass sich der Aufwand für jedes einzelne Unternehmen minimiert.

5.2.2 Schritt 2: Ziel- und Konzeptentwicklung

Nachdem die Ausgangsposition geklärt wurde, können Ziele definiert, Visionen entwickelt und damit die Frage »Wo wollen wir hin?« beantwortet werden. Dies ist vor allem Aufgabe der Unternehmensleitung und des Topmanagements.

Das geeignete Instrument für die Zielentwicklung ist ein Klausurworkshop für die oberste Führungsebene, an dem auch der Betriebsratsvorsitzende und der Ideenmanager oder Projektleiter teilnehmen. Im Rahmen des Workshops sollten folgende Inhalte bearbeitet werden:

- Auseinandersetzung mit den Ergebnissen der Mitarbeiterbefragung und der Bestandsaufnahme zum derzeitigen Stand des Ideenmanagements, Rückinformation über die Ergebnisse, Maßnahmen als Konsequenzen aus den Ergebnissen.
- Festlegung von Zielsetzungen für das Ideenmanagement, Definition von Meilensteinen und Erfolgskriterien (quantifizierte Kennzahlen) – siehe Abschnitt 3.1.
- Durchführung einer Problemmöglichkeits- und -einfluss-Analyse (Welche Probleme können an welcher Stelle im Unternehmen auftreten? Welche Einflüsse entstehen dadurch und wie kann diesen begegnet werden?).
- Klärung von Zuständigkeiten und Aufgaben für das Vorhaben und damit verbundene Maßnahmen.

- Erarbeitung von Rahmenvorgaben für die »Spielregeln« des Ideenmanagements, Klärung des Verhältnisses zwischen Vorschlagswesen und KVP – siehe Abschnitte 3.2 und 3.6.
- Festlegung bereitzustellender vorhandener Ressourcen (finanzielle Budgets, Personalkapazitäten – siehe Abschnitte 3.3 und 3.4) und Klärung zu mobilisierender Potentiale.
- Zusammenstellung eines Kataloges der erforderlichen persönlichen Veränderungen für jeden Workshop-Teilnehmer (Veränderung des Führungsverhaltens, der Arbeitsorganisation, der Informationsweitergabe, des Kommunikationsverhaltens, der Einstellungen), Erarbeitung von möglichen Hilfestellungen bei der Umsetzung und der Durchsetzung dieser Veränderungen.
- Erarbeitung des strategischen Vorgehens (unter Einbeziehung der betroffenen Mitarbeiter), Konkretisierung der weiteren Vorgehensweise, Vorbereitung nächster Schritte.

Der Workshop schließt mit einem konkreten Maßnahmenplan für die weitere Vorgehensweise ab. Falls über ein Thema kein Konsens erzielt werden kann, sollte man Bedingungen für das Eingehen von zeitlich befristeten Kompromisslösungen aushandeln. Problemlösungen sind anschließend grundsätzlich mit den betroffenen Mitarbeitern zu erarbeiten.

5.2.3 Schritt 3: Vorgehensweise entwickeln und planen

Nach den Vorgaben von Zielen und konzeptionellen Grundsätzen durch das Topmanagement werden Maßnahmen als Antwort auf die Frage »Wie kommen wir dahin?« bottom-up erarbeitet.

Es wird ein konkretes Programm zur Einführung oder Optimierung des Ideenmanagements entwickelt. Die Reihenfolge, in der Aktivitäten stattfinden sollen, sowie die Verteilung der Verantwortlichkeiten werden geplant. Dabei können folgende Maßnahmen erforderlich sein:

- Benennung eines Ideenmanagers (Verantwortlichkeiten für das Vorschlagswesen und für KVP können bei der-/denselben oder bei verschiedenen Personen liegen).
- Benennung von Gutachtern/Entscheidern, die die Aufgabe erhalten, Verbesserungsvorschläge zu bewerten sowie zu entscheiden und zu prämieren. Die Auswahl orientiert sich an der Führungsfunktionen, Zuständigkeiten und Fachkompetenz.
- Die Rahmenvorgaben für die Spielregeln des Ideenmanagements werden konkretisiert und in einem ersten Entwurf für eine Betriebsvereinbarung oder Richtlinie schriftlich ausformuliert. Dabei kann auf Musterrichtlinien zurückgegriffen werden, die an die spezifische Situation des eigenen Unternehmens angepasst werden.
- Insbesondere bei der Beseitigung von Umsetzungsproblemen, die durch Führungskräfte der unteren oder der mittleren Ebene entstehen, soll das Prinzip der »Eskalation nach oben« verfolgt werden, sodass der für das Ideenmanagement verantwortliche Vertreter des Topmanagements auch Letztverantwortlicher für die Unterstützung der Umsetzung von Maßnahmen ist.

Es ist die Aufgabe des Projektleiters (gegebenenfalls mit Ideenmanager, Verantwortlichem für das Ideenmanagement im Topmanagement), diese Maßnahmen zu veranlassen und zu koordinieren.

Wichtig: Dieser Schritt besteht nicht aus einmaligen Maßnahmen, die umgesetzt und dann als abgeschlossen betrachtet werden können. Es handelt sich vielmehr um einen längeren Prozess der internen Meinungsbildung und Entscheidungsfindung, der zeitlich parallel zu den Schritten 4 bis 6 abläuft. Gerade bei den Führungskräftetrainings und Gutachterschulungen kommt erfahrungsgemäß eine Reihe wichtiger Meinungen und Gesichtspunkte auf den Tisch, die die Datensammlung der Einstiegsphase ergänzen. Die Ergebnisse dieser Schritte sollte man daher bei der konzeptionellen Ausgestaltung des Ideenmanagements berücksichtigen.

5.3 Vorbereitung und Qualifikation

5.3.1 Schritt 4: Bereitstellung der Instrumente

Die in den vorigen Schritten geplanten personellen Ressourcen, Infrastrukturelemente und Arbeitsmittel werden nun bereitgestellt, damit das Ideenmanagement für den darauffolgenden Start gerüstet ist. Dies betrifft etwa:

- Qualifikation und Ausstattung des Ideenmanagers.
- Auswahl und Implementierung einer Software.
- Druck von Vorschlagsformularen, Checklisten, Informationsflyern, u. Ä.
- Beschaffung von Marketingmaterial (z. B. Poster, Give-Aways).

5.3.2 Schritt 5: Führungskräftetrainings

Alle Führungskräfte sollen zumindest in den Grundsätzen darüber orientiert sein, wie das Ideenmanagement im Unternehmen funktioniert. Nur so können sie Ansprechpartner für entsprechende Fragen ihrer Mitarbeiter sein. Des Weiteren sollen sich alle Führungskräfte darüber im Klaren sein, welche konkreten Verhaltensweisen von ihnen erwartet werden, und wo Notwendigkeiten für Einstellungs- und Verhaltensänderungen bestehen. Im Rahmen von Führungsseminaren und Workshops werden neue Verhaltensweisen geübt und der Transfer in den betrieblichen Alltag vorbereitet. Es bietet sich an, die genannten Themen in zwei getrennten halbtägigen Veranstaltungen statt in einem »Mammutworkshop« zu behandeln.

Im ersten Führungskräfteworkshop sollten folgende Inhalte zur Sprache kommen:

- Bestandsaufnahme zum derzeitigen Stand des Ideenmanagements, Einführung in das Thema »Ideen managen«.
- Kurze Rekapitulation der Ergebnisse der Mitarbeiterbefragung (auch im Hinblick auf die Bewertung des Führungsstils), Erfahrungen mit der Rückinformation über die Befragungsergebnisse und Konsequenzen an die Mitarbeiter.

- Handhabung des Ideenmanagements im eigenen Unternehmen: Regelung der Prozesse im Vorschlagswesen, Definition »Was ist ein Vorschlag?«, Abgrenzung zur Arbeitsaufgabe, Entscheidung über die Umsetzung eines Vorschlags, Steuerung/Realisierung der Umsetzung, Bewertung von Vorschlägen, Prämierung, Probleme und Lösungsansätze.

Im Rahmen eines zweiten Workshops sollte man eher »weiche« Faktoren behandeln und das Ideenmanagement als Führungsinstrument vermitteln:
- Zuständigkeiten, Aufgaben und Rollen von Führungskräften im Ideenmanagement.
- Information über den Umgang mit Vorschlägen, Antworten auf typische Fragen zum Vorschlagswesen.
- Motivation von Mitarbeitern/Einreichern (Motivationsfaktoren), Förderung von Verantwortungsübernahme und Mitdenken der Mitarbeiter.
- Kommunikation: Begründung von Ablehnungen.

Vorteile von Kooperationen: Wenn Workshops und Trainings firmenübergreifend durchgeführt und mit gegenseitigen Betriebsbesichtigungen verbunden werden, wirkt dies als ein besonderer Motivationsfaktor. Durch den »Blick über den Tellerrand« wird zudem ein Stück Betriebsblindheit abgebaut und der Blick für neue Ideen im eigenen Unternehmen geweitet (»Mehrperspektivität«).

Führungskräfte (aber auch Betriebsräte und Geschäftsführer) lassen sich leichter von gleichgestellten Kollegen aus anderen Unternehmen überzeugen als von Kollegen aus dem eigenen Unternehmen oder von Trainern und Beratern. Weitere erfolgsfördernde Wirkungen firmenübergreifender Schulungen bestehen in folgenden Effekten.
- Es ist leichter, etwas Neues auszuprobieren. Vor Personen, mit denen man ansonsten kaum etwas zu tun hat, ist die Angst geringer, sich zu blamieren.
- Teilnehmer aus anderen Unternehmen sind neutraler. Man kann besser lernen, wie man auf andere wirkt.
- Die Erfahrung »gemeinsamen Leids« (»Bei den anderen ist es auch nicht besser.«) schafft Solidarität. Die eigene Situation wird neu überdacht.

Integration in die Personalentwicklung: Die Führungskräftetrainings zum Ideenmanagement sollten mit den sonstigen Maßnahmen zur Personalentwicklung eng verzahnt werden. Ein großer Teil der oben genannten Inhalte lässt sich in allgemeine Schulungen von Führungskompetenzen integrieren. Umgekehrt kann man die Maßnahmen im Ideenmanagement um weitere Seminare ergänzen. Sinnvoll ist eine Ausbildungsreihe, die folgende ein- bis zweitägige Module umfasst:
- Kommunikation und Gesprächsführung.
- Effektive Besprechungen.
- Umgang mit Konflikten.
- Führungsverhalten und Führungsstil.
- Zeit- und Selbstmanagement.
- Kreative Problemlösungstechniken für den Betriebsalltag.

5.3.3 Schritt 6: Trainings für Gutachter und Entscheider

Die Tätigkeit als Gutachter oder Entscheider ergibt sich aus den Zuständigkeiten und der Fachkompetenz der Führungskräfte oder Spezialisten. Die Gutachter und Entscheider sollen befähigt werden, die Werthaltigkeit von Vorschlägen gemäß den Regeln des Ideenmanagements zu bewerten, eine Entscheidung über die Umsetzung zu fällen oder vorzubereiten und anschließend die Realisierung zu veranlassen. Falls Gutachter nicht explizit benannt, sondern – wie im sogenannten Vorgesetztenmodell – zunächst jeweils die Vorgesetzten der Einreicher die Prozessverantwortung für die weitere Bearbeitung von Vorschlägen übernehmen, sollten alle Führungskräfte an diesem Training teilnehmen.

Dabei sollten folgende Inhalte vermittelt werden:

- Berechnung des Nutzens bei rechenbaren Vorschlägen: Nutzwertbestimmung, Grenzkosten; Berücksichtigung des zu erwartenden Umsetzungsaufwands.
- Ermittlung/Quantifizierung des Nutzens von nicht rechenbaren Vorschlägen: Bewertung des Nutzens hinsichtlich »weicher Faktoren«; Berücksichtigung des zu erwartenden Umsetzungsaufwands.
- Kriterien für die Umsetzungsentscheidung: Kosten/Nutzen-Abwägung, Sicherheit, Motivation/Akzeptanz der Betroffenen, Machbarkeit (technische, soziale).
- Herstellen von Konsens bzgl. Umsetzungsentscheidung: Wer wirkt bei Entscheidung mit? Wer entscheidet »endgültig«?
- Festlegung der Arbeitsteilung und Organisation (Entscheidungsroutinen), Maßnahmenplanung.
- Anwendung von Arbeitshilfen: Checklisten, Kennzahlen, Bewertungs- und Entscheidungsraster.

Diese Themen werden im Rahmen einer halbtägigen Schulung anhand konkreter Vorschläge vermittelt, die jeder Teilnehmer (wenn möglich aus seinem eigenen Zuständigkeitsbereich) mitbringen sollte. Im Sinne eines »learning by doing« können die Teilnehmer so den Umgang mit Methoden und Instrumenten praxisnah erlernen und erproben.

Bei allen Veranstaltungen sollten die Teilnehmer persönliche Maßnahmenpläne entwickeln, mit denen sie die Umsetzung der Trainingsinhalte im Betriebsalltag vorbereiten.

5.4 Einführung und Aktivierung

Die Konzeptions- und Qualifikationsphase ist abgeschlossen, wenn im Unternehmen Konsens über die konzeptionelle Gestaltung des Ideenmanagements erzielt und die wichtigsten Voraussetzungen für die operative Umsetzung (Zielvorgaben, Organisation, Qualifikation, Instrumente) geschaffen wurden. Die entwickelten Konzepte können in einer Betriebsvereinbarung oder Richtlinie festgehalten werden oder zu einer Überarbeitung der bisherigen Regelungen führen. In der nächsten Phase geht es darum, das erarbeitete Konzept in den Betriebsalltag zu integrieren und mit Leben zu füllen.

5.4.1 Schritt 7: Flächendeckende Information der Mitarbeiter

Marketing- und Promotion-Maßnahmen: Um möglichst alle Mitarbeiter auf die Einführung eines Ideenmanagements oder auf grundlegende Neuerungen aufmerksam zu machen und positiv einzustimmen, haben sich flächendeckende Marketing- und Promotion-Maßnahmen bewährt. Neben der Verteilung von Informationsschreiben (z. B. Flyer, Broschüren, Rundmails) – ggf. auch als Beilage zur Entgeltabrechnung – und Veröffentlichungen an den üblichen Stellen (Intranet, Info-Terminals, Aushänge, Poster) können Aufmerksamkeit und Neugier durch zusätzliche Aktionen gesteigert werden, für die im Folgenden Beispiele genannt sind.

- Bereits mehrere Wochen vor dem Starttermin (des Ideenmanagements, der Neuerung) werden ohne weitere Erläuterungen an allen öffentlichen Stellen im Unternehmen Besen mit einem Schild »Neue Besen kehren gut« aufgestellt. Wöchentlich werden dann bis zum Start weitere Informationen bekannt gegeben, bis das »Geheimnis«, worum es geht, am Starttermin vollständig gelüftet ist. In der Regel veranlasst die geweckte Neugier viele Mitarbeiter, die Neuerung sofort auszuprobieren.
- Ein Team von »Promotoren« (z. B. Ideenmanager, Auszubildende) verteilt Post-it-Blöcke und Tüten mit Gummibärchen an alle Mitarbeiter. Die Post-it-Blöcke und Tüten sind mit dem Logo (plus ggf. Wahlspruch, Intranet-Adresse) des Ideenmanagements versehen. Gleichzeitig wird das Medium »Post-it« als zentrales Motiv einer begleitenden Kampagne in Postern, Videos, Intranetseite und Mitarbeiterzeitung genutzt.
- Marketing- und Promotion-Maßnahmen können auch stufenweise aufgebaut werden, indem sich an die erste Informations- und Motivationskampagne eine weitere Aktion anschließt – etwa eine Verlosung (z. B. unter den ersten x Nutzern der Neuerung) oder ein Wettbewerb. Ein sich über einen längeren Zeitraum hinziehender Wettbewerb hat den Vorteil, dass dann immer wieder Anlässe für eine fortlaufende Berichterstattung bestehen.
- Die verwendeten Symbole (z. B. »Besen«, »Post-it«) können in weiteren Aktionen zur Verstetigung weiterverwendet werden (Wiedererkennungseffekt).

Informationsveranstaltungen sind ein zusätzlicher und besonders wirkungsvoller Weg, möglichst alle Mitarbeiter über die wesentlichen Grundzüge des Ideenmanagements intensiv zu informieren. Bewährt haben sich etwa einstündige Veranstaltungen, an denen jeweils (nur) 10 bis 20 Mitarbeiter teilnehmen. Dadurch besteht Gelegenheit zur direkten Aussprache und es ist genügend Raum für Kritik und Diskussionen vorhanden. An möglichst vielen dieser Kurz-Schulungen sollten neben den Ideenkoordinatoren und den direkten Vorgesetzten der Teilnehmergruppe auch Vertreter der Unternehmensleitung und des Betriebsrats teilnehmen (zumindest im Rahmen der Begrüßung), um die Bedeutung des Themas zu unterstreichen.

- Insbesondere bei größeren Unternehmen können sich diese Veranstaltungen über mehrere Wochen oder gar Monate hinziehen, bis alle Mitarbeiter teilgenommen haben. Eine Verteilung über einen zu langen Zeitraum sollte man jedoch vermeiden, weil ein ungleicher Informationsstand der Gerüchteküche und dem Gefühl der Ungleichbehandlung Vorschub leisten kann.

- Es versteht sich von selbst, dass das Erklärungsniveau dem Ausbildungsstand der jeweiligen Teilnehmergruppe entsprechen muss. Es geht nicht darum, das Ideenmanagement im Detail zu erläutern, sondern als zentrale Botschaften zu vermitteln, dass es ein Ideenmanagement gibt, dass jeder daran mitwirken kann und soll und dass es für jeden Vorteile hat. Die Möglichkeiten, Fragen zu stellen, aber auch Kritik äußern und »Dampf ablassen« zu können, sind weitere wichtige Funktionen der Kurz-Schulungen.

Am Ende der Informationsveranstaltungen sollte jeder Mitarbeiter wissen, wen er mit Verbesserungsvorschlägen ansprechen kann. Erfahrungsgemäß bewirkt allein die umfassende Information einen entscheidenden Durchbruch bei der Mobilisierung der Belegschaft. Das »Ideenmanagement in Aktion«, die konkreten Abläufe im Ideenmanagement und die dabei im Einzelnen zu beachtenden Aspekte wurden bereits ausführlich in Kapitel 4 dargestellt.

5.5 Verstetigung und Weiterentwicklung

Mit der Integration des Ideenmanagements in den Betriebsalltag ist zwar ein wichtiges Ziel erreicht, aber die Entwicklung zu einem »Selbstläufer« noch nicht abgeschlossen. Auch im Ideenmanagement müssen sich Unternehmen – wie in allen anderen Leistungsbereichen auch – ständig weiterentwickeln. Aus den Erfahrungen mit dem »Ideenmanagement in Aktion« ergeben sich zahlreiche Erkenntnisse, die man für eine fortlaufende »Verbesserung des Verbesserungswesens« nutzen sollte.

5.5.1 Schritt 8: Prozessanalyse

Eine sehr wirksame Maßnahme zur Überprüfung der bisherigen Vorgehensweise und zur Gewinnung von Verbesserungsansätzen für die Zukunft besteht darin, dass die im Rahmen von Führungskräfte-Schulungen bearbeiteten Vorschläge nach etwa 18 Monaten noch einmal analysiert werden. Wichtige Fragestellungen sind:

- Wurden die früheren Entscheidungen tatsächlich umgesetzt? Inwieweit wurden die damaligen Maßnahmenpläne realisiert? Wie wurde aus ggf. falschen Entscheidungen gelernt?
- Was sind die typischen Hemmnisse, an denen die Umsetzung von positiv bewerteten Ideen gescheitert ist? Welche Lösungsansätze sind denkbar?
- Was sind Ressourcen und Wirkfaktoren, die zu einer erfolgreichen Umsetzung beigetragen haben? Wie können vorhandene Stärken noch besser genutzt werden?
- Inwieweit haben sich die Arbeitshilfen in der Praxis bewährt? Welche Verbesserungen wurden entwickelt?

5.5.2 Schritt 9: Bilanz ziehen, Erfolgskontrolle

Alle ein bis zwei Jahre sollte man ein Fazit der Entwicklungen im Ideenmanagement ziehen und feststellen, in welchem Ausmaß Ziele erreicht wurden. Daraus ergeben sich dann Vorgaben für die nächste Periode.

Mitarbeiterbefragungen: Dabei kann eine (eventuell gekürzte) Wiederholung der Mitarbeiterbefragung aufzeigen, inwieweit die Mitarbeiter die geplanten Veränderungen wahrgenommen haben. Da es zu diesem Zeitpunkt weniger bedeutend ist, alle Mitarbeiter anzusprechen, können statt einer Vollerhebung mit Fragebogen auch Einzelinterviews mit repräsentativ ausgewählten Personen durchgeführt werden. Damit kann man auch qualitative Aspekte erfassen und wichtige Themen durch Nachfragen besser vertiefen.

Statusworkshops: Die Erfolgsbilanzierung und Weiterentwicklung der strategischen Zielsetzungen ist vor allem Aufgabe der Unternehmensleitung und des Topmanagements. Das geeignete Instrument hierfür ist ein halbtägiger Statusworkshop für die oberste Führungsebene, an dem auch der Betriebsratsvorsitzende und der Ideenmanager oder Projektleiter teilnehmen. Im Rahmen des Statusworkshops sollten folgende Inhalte bearbeitet werden:

- Bestandsaufnahme, Zwischenstand: derzeitiger Stand des Ideenmanagements, ggf. Ergebnisse der aktuellen Mitarbeiterbefragung, Überprüfung der Zielerreichung.
- Prozessanalyse, Resümee: Rückblick auf den Prozessablauf, Bewertung (Was war gut/nicht gut?), Erfolgsfaktoren, Hemmnisse.
- Planung, Vorausschau: Ziele und Maßnahmen für die kommenden ein bis zwei Jahre, Vereinbarungen der weiteren Vorgehensweise und nächster Schritte, Klärung von Verantwortlichkeiten, Zeitplan.

Falls über ein Thema kein Konsens erzielt werden kann, sollte man Bedingungen aushandeln für zeitlich befristete Kompromisslösungen. Problemlösungen sind anschließend grundsätzlich mit den betroffenen Mitarbeitern zu erarbeiten.

Der Meilenstein der Erfolgsbilanzierung muss für alle Mitarbeiter erkennbar sein, damit in der Belegschaft nicht der Eindruck entsteht, »wieder einmal« sei ein Vorhaben mit großem Elan begonnen worden und dann im Sande verlaufen. Deshalb sollten die Mitarbeiter darüber informiert werden, dass eine Zäsur gesetzt wird, wie die Ergebnisse der vorangegangenen Arbeitsphase ausgefallen sind, wie sie von der Unternehmensleitung bewertet werden und wie es weitergehen soll.

5.5.3 Schritt 10: Umsetzung der Maßnahmen

Die auf der Basis der Prozessanalyse in Status-Workshops erarbeiteten Maßnahmen werden umgesetzt. Ein nächster Verbesserungszyklus für das Ideenmanagement hat begonnen.

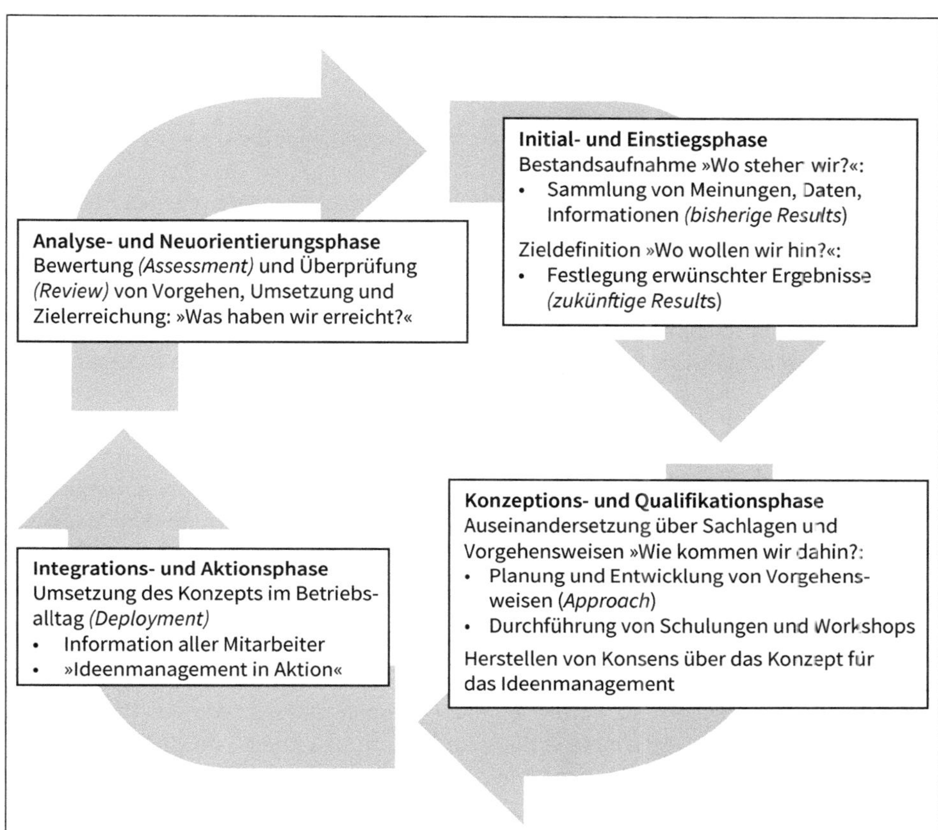

Abb. 54: Fortlaufende Weiterentwicklung des Ideenmanagements in vier Phasen, die sich zyklisch wiederholen.

Eine verkürzte Form des Fahrplans ist in Form einer Checkliste für die Schritte 1–10 auf der mybook-Seite zum Buch zum Download verfügbar.

5.6 Zukünftige Perspektiven für das Ideenmanagement

Auf dem Weg vom »Betrieblichen Vorschlagswesen« zum »Ideenmanagement« haben sich die Methoden, mit denen Ideen und Vorschläge von Mitarbeitern aufgegriffen und bearbeitet werden, ebenso geändert, wie sich das Verständnis und die Praxis von Führung und Management in den letzten Jahrzehnten insgesamt geändert haben.

Einige Aspekte der bisherigen Entwicklungen sind beispielsweise:

- Ausdrückliche Einbeziehung der Führungskräfte als wichtige Promotoren und Motivatoren.
- Stärkere Berücksichtigung von Ideen, die zwar einen erkennbaren, aber keinen »erheblichen« Nutzen bewirken.
- Gezieltere Verzahnung mit anderen Führungs- und Managementsystemen; definierte Verortung im Methodenset eines Unternehmens (siehe Abschnitt 3.6).
- Größere Vielfalt und Individualisierung der Anerkennungs- und Honorierungsinstrumente.
- Übergänge von Aktenarchiven über EDV-gestützte Ideen-Datenbanken zu IT-Tools, die den gesamten Workflow von der Ideenentwicklung bis zum Abschluss unterstützen.

Es liegt auf der Hand, dass sich auch zukünftig die Managementfunktionen und -prozesse des Ideen-»Managements« zwangsläufig im gleichen Maß wandeln (müssen), wie sich Arbeitswelten mit ihren Organisationsformen und Rollenkonstellationen verändern. Gleichzeitig muss die IT-technische Abbildung des Ideenmanagements mit dem Stand der Technik und mit den Verhaltensweisen der Anwender Schritt halten.

Derzeit sind vor allem folgende Trends mit Relevanz für das Ideenmanagement zu nennen:

Eine zunehmende **Vielfalt der Managementformen** von (»klassischen«) pyramidenförmigen Hierarchien bis zu (angeblich) »hierarchiefreien« Unternehmen erfordert, dass immer wieder individuelle Antworten gefunden werden müssen, wie der Umgang mit Ideen organisiert wird – es könnte somit eine größere Bandbreite an Modellen für das Ideenmanagement in der Praxis geben und die Toolbox für das Ideenmanagement dürfte umfangreicher werden.

So müsste beispielsweise ein »Vorgesetztenmodell« neu gedacht werden, wenn in »fluiden« Organisationsformen dieselben Personen abwechselnd (bzw. je nach Thema auch gleichzeitig) als Projektleiter in der Rolle der »Führungskraft« und als Mitglied eines Projektteams in der Rolle des »Mitarbeiters« sind. Zudem dürften dadurch für das Ideenmanagement die Anforderungen an Flexibilität und Komplexitätsbewältigung insgesamt steigen, um Ideen und Vorschläge jeweils dem für den jeweiligen Sachverhalt (zu diesem Zeitpunkt) zuständigen Entscheider(team) zuordnen und nachverfolgen zu können.

Anmerkung: Ob es tatsächlich möglich ist, (dauerhaft) »hierarchiefreie« Unternehmen zu bilden, bezweifle ich stark. Wo immer Menschen zusammenkommen, entstehen Machtunterschiede (durch unterschiedliche Wissensstände, Fähigkeiten, Persönlichkeiten, Aussehen, usw.). Wo offizielle (transparente, explizite) Hierarchien mit definierten Verantwortlichkeiten abgeschafft werden, besteht das Risiko, dass inoffizielle (intransparente, unausgesprochene – und damit auch nicht mehr hinterfragbare) Hierarchien mit erhöhtem Risiko der Verantwortungslosigkeit entstehen

Eine zunehmende **Bereitschaft, Dinge mit anderen zu teilen und gemeinsam zu bewirtschaften** (z. B. Car-Sharing, Public Gardening, Wikipedia), macht auch Ideen zu einem Gut, das vom Zusammenwirken vieler Personen profitieren kann. Analog zu den bereits realisierten Ansätzen für »Open Innovation« sind somit auch Entwicklungen zu einem »Open-Ideenmanagement« zu erkennen.

Grenzen findet dieser Trend an Bedürfnissen und Versuchen von Unternehmen, ihr Wissen und ihre Ideen gegenüber dem Wettbewerb geheim zu halten. Doch selbst wenn solche Bedürfnisse nicht verschwinden sollten, bleibt als Trend, Ideen in der unternehmensinternen Community (u. a. mit Hilfe sozialer Medien) kollaborativ zu entwickeln, auszuarbeiten sowie einer gemeinschaftlichen Bearbeitung und ggf. Umsetzung zuzuführen.

Eine **zunehmende Individualisierung erfordert eine stärkere Differenzierung der Motivations- und Honorierungsinstrumente**, mit denen das Engagement im Ideenmanagement bestätigt und bestärkt wird. Hierzu zählt ein möglichst breites Spektrum von Möglichkeiten der persönlichen Anerkennung, von denen einige (bereits in einzelnen Unternehmen realisierte) in Abschnitt 4.2.6 vorgestellt wurden. Zukünftig könnten zudem verstärkt ganzheitliche Arbeitszeit- und Entgeltmodelle realisiert und auch mit dem Ideenmanagement verknüpft werden, etwa durch:

- Prämierung in Form von Zeitguthaben (z. B. für Altersteilzeit).
- Wandlung von Prämien in Freizeit (z. B. Extra-Urlaub).
- Anrechnung von Prämien auf Konten zur Altersvorsorge.
- Auszahlung von Prämien in Form von Aktienanteilen (im Sinne der Stärkung der Eigentümerkultur).

Die **Globalisierung** bringt viele Unternehmen dazu, auch ihr Ideenmanagement zu internationalisieren. Das kann bedeuten, in ausländischen Töchtern überhaupt erst die Einführung eines Ideenmanagements anzustoßen, oder bereits unabhängig voneinander bestehende Ideenmanagementsysteme in einem gemeinsamen weltweiten Rahmen zusammenzubringen.

Die **Digitalisierung ist ein Megatrend**, der viele der Veränderungen mit sich bringt, über die mit dem Zusatz »... 4.0« spekuliert, diskutiert und publiziert wird. Direkte Auswirkungen auf das Ideenmanagement zeigen sich bereits in den verschiedenen nachfolgend aufgeführten Bereichen.

An erster Stelle stehen Weiterentwicklungen bei der Digitalisierung des Ideenmanagementprozesses selbst, etwa im Hinblick auf den Leistungsumfang der Softwareangebote für Ideenmanagement, oder im Hinblick auf die angebotenen Funktionen und Lösungen im Bereich Social Media. Der gegenwärtige Stand der Technik ist hier nochmals kurz zusammengefasst:

- Eingabemöglichkeiten über PC, Intranet, App, Voice. Die Eingabe ist mobil jederzeit und von jedem Ort aus möglich. Der Link auf das Ideenmanagement ist an prominenter Stelle des Firmen-Intranets oder der Mitarbeiter-App platziert.
- Abbildung des gesamten Workflows in der Software (inkl. Weiterleitung an zuständige Personen, Einbeziehung relevanter Personen, Förderung der Mehrfachnutzung).
- Möglichkeit der Kommentierung von Ideen innerhalb einer Community, Ermöglichung der gemeinsamen Ausarbeitung und Weiterentwicklung in sozialen Medien durch eine Community.
- Diskussionsforen und Chats im Intranet des Unternehmens zu Themen des Ideenmanagements bzw. zu einzelnen Ideen.
- Voting-Funktionen in einer Community, Vergabe von Likes oder Punkten (ggf. zur Vorbewertung einzelner Ideen).

- Automatische Ähnlichkeitssuche und Clusterung von Ideen.
- Kampagnen und JAMs: Einladung/Adressierung einer definierten (ausgewählten) Zielgruppe, zu bestimmten Themen Vorschläge einzustellen.
- Tag Clouds bzgl. eingestellter Ideen (ggf. auch im Hinblick auf Namen von Vielfacheinreichern).
- Alert Services für interessierte Personen: z. B. Hinweise auf Ideen zu relevanten Themen.
- Möglichkeit der Anbindung von internetbasierten Prämienshops.
- Möglichkeiten für statistische Auswertungen, Analysen, Reports und Visualisierungen.

Die Digitalisierung aller Prozesse im Unternehmen vereinfacht und fördert zudem eine stärkere Vernetzung des Ideenmanagements mit anderen Systemen, vor allem durch technische Links. In einzelnen Unternehmen bereits realisierte Beispiele sind die Verknüpfung der Software-Tools für Innovations- und Ideenmanagement (unterstreicht die Bedeutung von Ideen für eine innovationsfreundliche Kultur) oder die automatische Berücksichtigung der Auswirkung des im Ideenmanagement generierten Nutzens auf die Kennzahl »Produktivität« (verbindet das Ideenmanagement mit dem Produktionssystem).

Nicht zuletzt ermöglicht Digitalisierung, die verschiedensten Arten und Quellen von Äußerungen und Informationen, die in einem Unternehmen vorhanden sind, zu erschließen und zu integrieren. Neben Ideen und Vorschlägen gibt es schließlich eine Vielzahl von weiteren Beiträgen, die es sich lohnt, zu berücksichtigen, beispielsweise (Mängel-)Hinweise, (Fehler-)Meldungen, Feedback, Kommentare, Votes, Fragen, Antworten, Diskussionsbeiträge, usw. In einer entsprechenden IT-Plattform des Unternehmens können Mitarbeiter ein Thema eingeben, zu dem sie sich äußern, eine Frage stellen oder einen Vorschlag einreichen wollen. Sie bekommen dann vom System aufgezeigt, ob und ggf. wo es für welche Vorschläge oder Projekte die passenden Jams, Diskussionsgruppen/-foren oder am gleichen Thema interessierten Personen gibt. So gibt das System Empfehlungen, wo man sein Thema am besten platzieren könnte.

Ein zunehmender **strategischer Veränderungsdruck** auf die Unternehmen erhöht nicht zuletzt auch die Bedeutung der Werte, für die das Ideenmanagement steht, und die durch Ideenmanagement gefördert werden: Kreativität, Flexibilität und Offenheit für Neues. Insofern könnten sich weitere Chancen ergeben, die Kompetenzpotentiale des Ideenmanagements zukünftig noch stärker auszuspielen.

Bei allen denkbaren Veränderungen gilt es auch im Blick zu behalten, was im Ideenmanagement weiterhin **Bestand** haben wird:

- Unternehmen werden Ideen brauchen. Unternehmen und ihre Mitarbeiter werden sich immer wieder etwas einfallen lassen müssen.
- Menschen wird immer wieder etwas Neues einfallen. Not macht zwar erfinderisch, aber viele und manchmal sogar die besten Ideen fallen dann ein, wenn man nicht direkt daran arbeitet.
- Ideen müssen systematisch gemanagt werden: Vor- und Nachteile müssen kompetent beurteilt werden, am Ende muss eine verantwortbare Entscheidung getroffen und zielgerichtet umgesetzt werden.
- Unternehmen lernen nur durch Verschriftlichung und Dokumentation.
- Der Fokus bleibt auf menschlicher Begegnung und Interaktion.

6 Typische Hemmnisse und Probleme bewältigen

Sowohl in der Phase der Einführung bzw. Optimierung eines Ideenmanagements als auch während des »Normalbetriebs« im Alltag wird es immer wieder zu Problemen, Konflikten und Krisen kommen, die manchmal so grundlegend erscheinen können, dass das Ideenmanagement insgesamt in Frage gestellt wird.

So ärgerlich Rückschläge und verfehlte Ziele subjektiv sein mögen, so gilt auch hier, dass Probleme und Krisen vor allem als Chance begriffen werden sollten. Sie geben den Anlass für erneute »Assessments« und »Reviews«, durch die das Verbesserungswesen selbst weiter verbessert wird. Der Umgang mit Problemen auf der Ebene des Ideenmanagements als Gesamtsystem ist Vorbild für die Fehlerkultur »im Kleinen«, die bestimmt, ob Vorschläge zuallererst als Kritik oder aber als konstruktive Beiträge verstanden werden, ob Probleme verdrängt oder offen benannt und aktiv angegangen werden.

Auf Hemmnisse und Probleme während des Ideenmanagements »in Aktion« wurde bereits in Kapitel 4 eingegangen. Daher stehen im Folgenden Probleme bei der Einführung oder Optimierung im Vordergrund.

6.1 Ebene des Unternehmens als Gesamtsystem

Labilisierung: Bei der Gestaltung eines komplexen Entwicklungsprozesses, wie er mit der Einführung oder Optimierung eines Ideenmanagements verbunden ist, ist zu beachten, dass das System in seinem gewohnten Gang gestört werden muss, damit es überhaupt zu einer Veränderung fähig wird. Mit der benötigten »Störung« ist immer auch eine gewisse Labilisierung verbunden, eben weil eingefahrene Gewohnheiten und damit Sicherheiten aufgegeben und Neuland betreten werden muss. Bei aller Notwendigkeit einer Störung dürfen die einzelnen Entwicklungsschritte nicht zu groß sein, sondern sollten an die bestehende Kultur anknüpfen. Eine »Schocktherapie«, die mit den bisherigen Werten, Regeln und Vorgehensweisen zu radikal bricht, führt meistens zur Überforderung der Mitarbeiter und löst Widerstand und Ablehnung aus.

Damit es nicht bei der Labilisierung bleibt, sondern tatsächlich Veränderungen eintreten, muss die »Bahn vorgezeichnet« sein, in die sich das Unternehmen bewegen soll, nachdem es angestoßen wurde. Das bedeutet, dass die geplante Abfolge von Entwicklungsschritten für die Beteiligten transparent sein sollte und von ihnen mitgetragen werden sollte. Der Analyse- und Neuorientierungsphase am Abschluss des Einführungs- oder Optimierungsprozesses kommt die Funktion zu, das System nach der Labilisierung wieder zu stabilisieren – und zwar auf einem höheren und stärkeren Niveau als vor Beginn des Prozesses.

Durch das Hinzuziehen der Meta-Perspektive eines externen Beraters sowie durch den Erfahrungsaustausch oder die Kooperation mit anderen Unternehmen, kann man das mit der Labilisierung verbundene Risiko minimieren.

Kulturelle Hemmnisse: Erheblicher Widerstand gegen Veränderungen ist zu erwarten, wenn in der Vergangenheit bereits negative Vorerfahrungen mit erfolglosen »Wiederbelebungsversuchen« für das Ideenmanagement gemacht wurden. Die Geschichte des Unternehmens im Hinblick auf Entwicklungsprojekte schlägt sich in der Unternehmenskultur nieder und prägt die Einstellung der Mitarbeiter gegenüber neuen Anläufen. Falls bereits mehrfach Projekte euphorisch begonnen wurden, dann aber im Sande verliefen, ist für Mitarbeiter nur schwer einzusehen, warum sich gerade diesmal etwas ändern sollte. Dies gilt auch, wenn zwar das Ideenmanagement erstmalig eingeführt werden soll, sich aber aufgrund des Verlaufs anderer Projekte bereits ein negatives Image für derartige Vorhaben gebildet hat.

Entscheidend ist, dass sich die Promotoren des Einführungs- oder Optimierungsprozesses auf eine lange Durchhaltezeit von mindestens ein bis zwei Jahren einstellen, bis die alten Glaubenssätze auch nur ins Wanken kommen. Einmalige Informationen reichen in der Regel nicht aus, da erste positive Ergebnisse zunächst nur als Ausnahmen wahrgenommen und abgespeichert werden, die die alte »Negativregel« lediglich bestätigen.

Individuelle Probleme als Symptome für Probleme des Systems: Widerstände einzelner Personen müssen nicht in jedem Fall individuell begründet sein. Häufig kann man Probleme besser durch systemische Zusammenhänge als durch innerpsychische Vorgänge einzelner Personen erklären, z. B. wenn Ängste durch eine ausgeprägte »Schwarze-Peter-Kultur« verursacht werden, oder wenn die Entscheidungsfähigkeit von Führungskräften durch unklare Machtstrukturen (z. B. unausgesprochene »Letzte-Wort-Vorbehalte« der nächsthöheren Stellen) eingeschränkt wird. Solche Probleme zeigen sich zunächst als Probleme, die eine einzelne Person »hat«. In Wirklichkeit ist das individuelle Problem aber ein Symptom für ein darunterliegendes bzw. übergeordnetes Problem des Gesamtsystems, das man auch nur auf dieser höheren Ebene lösen kann.

6.2 Ebene der Unternehmensleitung

Die meisten schwerwiegenden und grundlegenden Probleme im Ideenmanagement haben ihre Ursache in der oberen und/oder mittleren Führungsebene. Die Einstellung der Geschäftsführung ist – im Guten wie im Schlechten – die treibende Kraft.

Fehlendes oder zuviel Engagement: Oftmals weiß man, dass man »eigentlich« etwas tun »müsste« oder »sollte«, doch man kommt über Absichtserklärungen nicht hinaus. Durch den Vergleich von Kennzahlen mit Unternehmen der gleichen Branche können die internen Promotoren des Ideenmanagements aufzeigen, was dem Unternehmen möglicherweise entgeht. Wie bereits in Abschnitt 3.2.5 dargelegt, haben selbst engagierte Ideenkoordinatoren oder andere Promotoren jedoch kaum Erfolgsaussichten, wenn die Unternehmensleitung das Ideenmanagement nicht zu ihrer Sache macht.

Aber auch eine extrem innovations- und beschlussfreudige Geschäftsführung kann sich nachteilig auswirken. Wenn in einem Unternehmen gleichzeitig oder in kurzen Abständen unterschiedliche Innovationsansätze eingeführt werden, besteht die Gefahr einer Konfusion bei den Mitarbeitern. Sie werden überfordert und reagieren mit Angst und Ablehnung.

Fehlende Zielklarheit: Ein Ideenmanagement wird nur dann erfolgreich eingeführt und nachhaltig verankert werden, wenn klar ist, welchen Beitrag es zur Realisierung der Unternehmensstrategie leisten soll und wie es in das Zielsystem des Unternehmens integriert wird. Gerade in größeren Unternehmen halten es Vorstände häufig für ausreichend, eine Stelle oder Abteilung für Ideenmanagement zu schaffen, die sich um alles Weitere kümmern soll. Es wird weder geklärt, an welchen konkreten Zielvorgaben der Erfolg gemessen werden soll und welche Ressourcen bereitgestellt werden müssen noch werden Zielkonflikte mit Belangen der Fertigung bzw. des Tagesgeschäfts geklärt (siehe Abschnitt 3.1).

Abschluss oder Änderung der Betriebsvereinbarung: Durch sein Mitbestimmungsrecht wirkt der Betriebsrat bei der Gestaltung des Ideenmanagements auf Leitungsebene mit. Wenn das Verhältnis zwischen Geschäftsführung und Betriebsrat vor allem durch gegenseitiges Misstrauen bestimmt ist, kann leicht eine Dynamik entstehen, die den Abschluss einer Betriebsvereinbarung unnötig blockiert. Beide Seiten versuchen sich abzusichern und holen sich Rechtsberatung beim Arbeitgeberverband oder der Gewerkschaft – mit dem Effekt, dass viel zu lange verhandelt wird und das Endergebnis meist wesentlich schlechter, weil komplizierter und schwerfälliger zu handhaben ist als der erste Entwurf. Das Gleiche gilt, wenn Betriebsrat oder Geschäftsführung die Auseinandersetzung über die Betriebsvereinbarung zum »Nebenkriegsschauplatz« für ganz andere Konflikte missbrauchen oder sich »Zugeständnisse« im Ideenmanagement mit der Erfüllung anderweitiger Forderungen »abkaufen« lassen wollen.

Doch auch das Bestreben, es möglichst gut zu machen, kann den Abschluss der Betriebsvereinbarung verzögern. Häufig versucht man, möglichst alle Sonderfälle zu berücksichtigen und eine Formulierung zu finden, die – im Sinne deutscher Wertarbeit – für die nächsten Jahrzehnte Bestand hat. Dabei verkennt man, dass es sich beim Ideenmanagement um einen Prozess handelt, der beständig im Fluss ist und selbst einer kontinuierlichen Verbesserung bedarf. Anhand vorläufig abgeschlossener Vereinbarungen kann man dem Erfordernis Rechnung tragen, dass Strukturen und Abläufe klar geregelt sein müssen; gleichzeitig werden die Möglichkeiten für Änderungen und Anpassungen verbessert.

6.3 Ebene der Führungskräfte

Allgemeine Vorbehalte: Oft erweist sich auch das mittlere Management als »Lähm-Schicht«. Die Ursachen dafür sind häufig bewusste oder unbewusste Ängste. Die Führungskräfte dieser Ebene befürchten, dass ihnen Unzulänglichkeiten oder Fehler nachgewiesen werden, oder sie haben den Eindruck, dass ihre Existenzberechtigung auf dem Spiel steht. Diese Ängste resultieren in der Regel aus Vorerfahrungen mit dem Organisationsklima und der Unternehmenskultur. Besonders in Unternehmen, in denen das »Schwarze-Peter-Spiel« (Suche nach Schuldigen und nicht nach Lösungen) stark ausgeprägt ist, werden Vorschlagswesen und Kontinuierliche Verbesserungsprozesse zunächst wenig erfolgreich sein.

Solchen Ängsten kann vorgebeugt werden, indem man alle Führungskräfte von Anfang an intensiv in die Planung des Ideenmanagements einbindet. Durch Gespräche und umfassende Information kann man das Entstehen von Gerüchten verhindern. Grundsätzlich sollte man in jedem Fall sorgfältig nach den Ursachen für die Blockade suchen und eine individuelle Lösung finden.

Bearbeitung und Umsetzung: Auf dem Weg zur Umsetzung von Vorschlägen übernehmen Führungskräfte im wahrsten Sinne des Wortes eine entscheidende Rolle. Häufig wird den vorgeschlagenen Verbesserungen eine zu geringe Priorität eingeräumt und die zügige Realisierung von Maßnahmen zu wenig unterstützt. Erforderlich ist ein Bewusstsein, das die Bedeutung der einzelnen Verbesserung nicht nur in der jeweiligen direkten Wirkung, sondern auch in der indirekten Auswirkung auf das Image und die Akzeptanz des gesamten Verbesserungswesens sieht. Das »Mitziehen« der Führungskräfte beeinflusst maßgeblich, ob Mitarbeiter ihre Vorschlagsaktivitäten als nutzlos vertane Zeitverschwendung oder als effektive Möglichkeit, etwas bewirken zu können, erleben.

Ablehnung des gesamten Ideenmanagements: Die mit der Bearbeitung, Entscheidung und Umsetzung von Vorschlägen verbundene »Mehrarbeit« kann dazu führen, dass die betroffenen Führungskräfte dem Ideenmanagement insgesamt ablehnend gegenüberstehen. Weitere »Antipathie« wird häufig dadurch ausgelöst, dass schon kleine Vorschläge mit unverhältnismäßig hohen Mindestprämien honoriert werden müssen. Zu Recht wird der Sinn eines Systems angezweifelt, das für die Masse der kleinen Vorschläge mehr Aufwand (Bearbeitung, Prämie) als Nutzen mit sich bringt.

Führungskräfte können das erweiterte Tätigkeitsfeld besser akzeptieren, wenn ihre Kompetenzen entsprechend erweitert werden, sodass sie nicht als »Zuarbeiter« für ein Gremium reduziert werden, sondern das Ideenmanagement eigenverantwortlich als Ratio-Instrument zur Optimierung ihres Bereichs sowie als Führungsinstrument (durch die Befugnis zur Prämienvergabe) nutzen können. Den Ärger über zu hohe Prämien kann man vermeiden, wenn man Mindestprämien niedrig ansetzt und die Werte im unteren Bereich in kleinen Schritten staffelt.

6.4 Ebene der Mitarbeiter

Der Erfolg des Ideenmanagements hängt wesentlich davon ab, inwieweit es gelingt, möglichst alle Mitarbeiter zu mobilisieren und für die Mitwirkung an Vorschlagsaktivitäten zu gewinnen. Dabei ist zu beachten, dass allgemeine Probleme auf der Ebene der Mitarbeiter nur in seltenen Fällen im einzelnen Mitarbeiter begründet liegen, sondern dass man meist an der Führung, Personalentwicklung, Organisation oder den Ressourcen ansetzten muss. Im Folgenden sind die wichtigsten der bereits oben (siehe Abschnitte 4.2 und 4.3) diskutierten mitarbeiterbezogenen Probleme noch einmal unter dem Gesichtspunkt der Krisenbewältigung zusammengestellt.

Ängste vor Nachteilen: Häufige Barrieren gegen eine aktive Beteiligung liegen in – nicht immer unbegründeten – Ängsten, dass Vorschläge zu einer weiteren Arbeitsverdichtung beitragen oder sogar Arbeitsplätze überflüssig machen könnten. Vor allem in Unternehmen, die erst vor kurzem in nennenswertem Umfang Personal abgebaut haben (über 10 %), stößt die Einführung oder Optimierung des Ideenmanagements auf erhebliche Vorbehalte. Weitere Ängste können darin bestehen, sich mit der Äußerung von Ideen vor Kollegen und/oder Vorgesetzten zu blamieren oder als »Streber« und »Besserwisser« verrufen zu werden. Dies ist im Wesentlichen eine Frage der Unternehmenskultur, die nur allmählich verändert werden kann.

Nicht zuletzt kann bei vielen Menschen allein die Tatsache einer Veränderung Ängste auslösen, weil sie mit etwas Neuem und Unbekannten verbunden ist, dem zunächst mit Unsicherheit und Bedenken begegnet wird.

Unzufriedenheit und innere Kündigung: Probleme im Ideenmanagement können sich auch aus einem hohen Maß an Unzufriedenheit ergeben: Wenn Mitarbeiter meinen, dass das Unternehmen ihnen nichts Gutes tue, tun sie ihrerseits dem Unternehmen nichts Gutes und lassen Bemühungen des Unternehmens um Verbesserungsvorschläge ins Leere laufen. Bei einem hohen Anteil von Mitarbeitern in »innerer Kündigung« wird sich dies auch in einer allgemeinen Untätigkeit in Sachen Verbesserungen bemerkbar machen.

Ärger über zu niedrige Prämien: Es kommt immer wieder vor, dass sich Mitarbeiter über die ihrer Meinung nach zu niedrige Prämie beschweren und sich ungerecht behandelt fühlen. Um Demotivation zu vermeiden, sollte man eine möglichst transparente und verständliche Prämienregelung im Allgemeinen treffen sowie eine konkrete und nachvollziehbare Erläuterung des einzelnen Falls im Besonderen abgeben.

Die grundsätzliche Prämienregelung wird dagegen nur selten als zu niedrig bewertet. Dies wird durch Mitarbeiterbefragungen bestätigt, in denen nach Problemen und Verbesserungsbedarf im Vorschlagswesen gefragt wird. Bei der Bewertung der Wichtigkeit verschiedener Ansatzpunkte steht die Erhöhung des Prämiensatzes erst an fünfter Stelle. Weit wichtiger werden die Beschleunigung der Umsetzung und die Information über den Stand der Bearbeitung eingestuft – Faktoren also, die die Wirksamkeit des Vorschlags betreffen und somit mit der intrinsischen Motivation des Einreichers zusammenhängen.

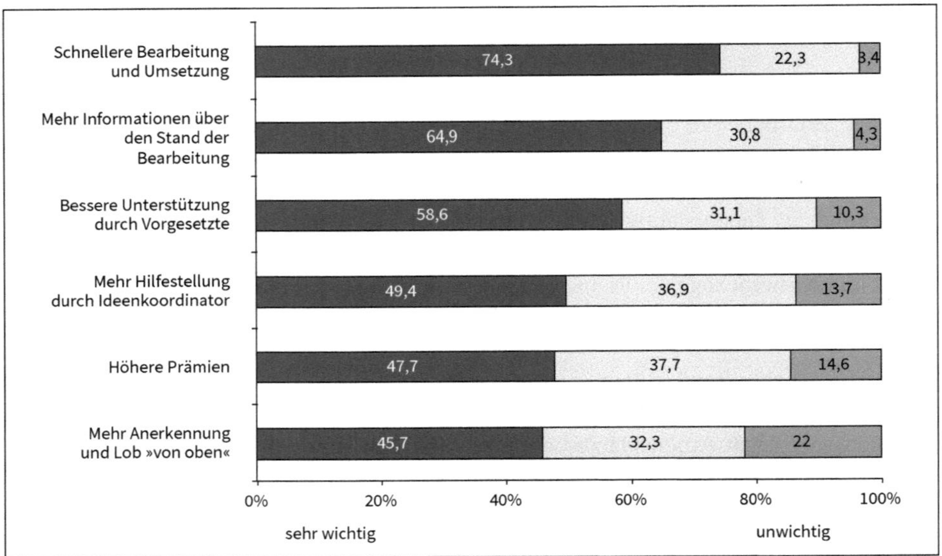

Abb. 55: Ergebnisse von Mitarbeiterbefragungen zu Verbesserungsbedarf im Vorschlagswesen. Zugrunde liegen Befragungen in 3 Unternehmen mit insgesamt ca. 800 Mitarbeitern. Ergebnisse von Mitarbeiterbefragungen zu Verbesserungsbedarf im Vorschlagswesen. Zugrunde liegen Befragungen in 3 Unternehmen mit insgesamt ca. 800 Mitarbeitern (dunkle Balken/links: sehr wichtig, helle Balken/in der Mitte: indifferent bzw. keine Angaben, halbdunkle Balken/rechts: unwichtig).

Einsprüche: Zuweilen missbrauchen Mitarbeiter die Möglichkeit, Einspruch gegen die Umsetzungsentscheidung und/oder Prämierung zu erheben, als Ventil oder Ersatzkampfplatz für anderweitige Konflikte. Das kann das Gremium erheblich zeitlich belasten und lähmen. Es handelt sich dabei nicht um ein Problem des Ideenmanagements, sondern zeigt auf, dass Dinge an anderer Stelle im Argen liegen, die auch dort angegangen werden müssen.

6.5 Ideenkoordinator

Nachlassende Leistungsfähigkeit und Motivation von Ideenkoordinatoren zeigen sich häufig dann, wenn diese Tätigkeit nur als eine von mehreren Aufgabenbereichen ausgeübt wird und mit diesen nur schwer zu vereinbaren ist. Fehlende Zeit, Räumlichkeiten oder technische Hilfsmittel, um die Aufgaben im Ideenmanagement wahrnehmen zu können, aber auch fehlende Rückendeckung und Anerkennung sowie eine dysfunktionale organisatorisch-strukturelle Verankerung können die Arbeit von Ideenkoordinatoren massiv behindern. Auf weitere Aspekte wurde in Abschnitt 3.2.5 eingegangen.

6.6 Betriebsrat

Widerstände des Betriebsrats werden häufig dadurch ausgelöst, dass er zu spät oder falsch eingebunden wurde. Durch eine frühzeitige Information und Integration des Betriebsrats können fruchtlose und zeitraubende Auseinandersetzungen vermieden und der Betriebsrat als Partner für das Ideenmanagement gewonnen werden.

6.7 Einschlafen der Verbesserungsaktivitäten

Ein Hauptproblem vieler Unternehmen besteht darin, dass Verbesserungsaktivitäten mit der Zeit wieder einschlafen. Nach einer Euphorie in den ersten Jahren werden immer weniger Vorschläge eingereicht, der Kreis beteiligter Mitarbeiter wird immer kleiner. Irgendwann steht das Ideenmanagement nur mehr auf dem Papier – bis vielleicht zum nächsten »Relaunch« geblasen wird, der jedoch von Mal zu Mal schwieriger wird. Keinesfalls ist dieses Phänomen damit zu erklären, dass die Verbesserungspotentiale allmählich ausgeschöpft werden. Aufgrund der ständigen Weiterentwicklung eröffnen sich immer wieder neue Verbesserungsmöglichkeiten. Und im besten Kaizen-Sinne lässt sich auch das Gute noch weiter verbessern, selbst wenn bereits alle (wirklich alle?!?) Fehler und Quellen von Verschwendung beseitigt sein sollten.

Ein Einschlafen von Verbesserungsaktivitäten ist in den meisten Fällen mit einem Nachlassen der Aufmerksamkeit und des Interesses vonseiten der Geschäftsführung und des Topmanagements verbunden. Nach dem erfolgreichen »Anschieben« soll das Ideenmanagement im Wesentlichen von selbst weiterlaufen. Eine echte Verankerung in die Unternehmensstrategie, durch die das Ideenmanagement automatisch zur Sache der Unternehmensleitung werden würde, hat nicht wirklich stattgefunden. Des Weiteren wurde übersehen, dass es kein »wartungsfreies« Ideenmanagement geben kann und dass es als Motor für die ständige Weiterentwicklung des Unternehmens ohne fortwährende Treibstoffzufuhr irgendwann wieder zum Erliegen kommt.

Diese Funktion als »Treibstoff« kann nur und muss die Unternehmensleitung wahrnehmen. Der Treibstoff gewinnt seine Energie aus der Bedeutung, die dem Ideenmanagement im Rahmen des strategischen Zielsystems des Unternehmens beigemessen wird (siehe Abschnitt 3.1). Als »Treibriemen« dienen die Aufmerksamkeit und das Interesse, mit denen die Unternehmensleitung Verbesserungsaktivitäten verfolgt, begleitet und unterstützt. Zielvorgaben und -vereinbarungen sowie die Vermittlung von Wertschätzung und Anerkennung sind dabei wichtige Ausdrucksformen von Aufmerksamkeit und Interesse.

Die Effizienz des Antriebs kann man durch eine angemessene Gestaltung der Strukturen und durch die qualifizierte Tätigkeit geeigneter Personen sowie durch die Bereitstellung von Instrumenten und Arbeitshilfen erhöhen. Der Antrieb selbst kann jedoch weder durch gute Organisationsformen, personelle Maßnahmen oder Infrastrukturen ersetzt werden.

Durch ein fortgesetztes Benchmarking und einen firmenübergreifenden Erfahrungsaustausch im Rahmen von Kooperationen lässt sich zusätzlicher Schwung für den Antrieb gewinnen. Wie Reibungsverluste im Ablauf des Ideenmanagements minimiert werden können, ist in Kapitel 4 beschrieben.

7 Anhang

7.1 Beispiel einer Betriebsvereinbarung

Zwischen der Geschäftsleitung und dem Betriebsrat der Firma XYZ wird die folgende Betriebsvereinbarung über das betriebliche Vorschlagswesen geschlossen.

1. Geltungsbereich
Die Vereinbarung gilt für alle Abteilungen und alle Beschäftigten der Firma XYZ. Soweit im Folgenden aufgeführte Regelungen nicht unter das Mitbestimmungsrecht gemäß Betriebsverfassungsgesetz fallen, sind sie nicht Bestandteil der Betriebsvereinbarung, sondern stellen eine Betriebsanweisung der Geschäftsleitung dar.

2. Zielsetzung
Das Ideenmanagement leistet einen Beitrag zur Bestandssicherung des Unternehmens. Ziel ist die Nutzung des Ideenpotentials aller Mitarbeiter zur ständigen Verbesserung der Wettbewerbsfähigkeit und Sicherung der Arbeitsplätze.

3. Einreichen von Vorschlägen
Jeder Mitarbeiter ist aufgefordert, sich mit Vorschlägen an der ständigen Verbesserung der Wettbewerbsfähigkeit zu beteiligen. Vorschläge für Verbesserungen können auch von zwei oder mehreren Beschäftigten gemeinsam eingereicht werden. Verbesserungsvorschläge können sowohl den eigenen Arbeitsbereich als auch fremde Arbeitsbereiche betreffen.

Verbesserungsvorschläge werden schriftlich, in Stichworten und ggf. mit Skizze verfasst. Sie werden beim direkten Vorgesetzten oder beim Ideenmanagement eingereicht. Die Führungskraft leitet den Vorschlag in jedem Fall unmittelbar an das Ideenmanagement weiter.

Wird eine Idee mündlich vorgetragen, so soll die Führungskraft ihren Mitarbeitern bei der schriftlichen Abfassung des Vorschlags behilflich sein. Besteht für den Einreicher keine Möglichkeit, seinen Verbesserungsvorschlag selbst oder durch Mithilfe seines Vorgesetzten in schriftlicher Form zu verfassen, so kann er sich direkt an das Ideenmanagement wenden.

4. Bearbeiten und Entscheiden von Vorschlägen
Jeder Verbesserungsvorschlag, der nicht doppelt ist, wird zentral vom Ideenmanagement registriert, um das Erstrecht des Einreichers zu gewährleisten. Doppelte Vorschläge werden nicht angenommen. Der Eingang des Verbesserungsvorschlags und seine Registrierung werden dem Einreicher unverzüglich vom Ideenmanagement schriftlich bestätigt.

Der direkte Vorgesetzte des Einreichers ist für die Bearbeitung aller Vorschläge zuständig, die in seinen Verantwortungsbereich fallen. Falls der Vorschlag beim Ideenmanagement eingereicht wurde, wird er dem Vorgesetzten zur Bearbeitung übermittelt. Der Vorgesetzte entscheidet über die Umsetzung des Vorschlags und über die Prämierung. Vorschläge, die nicht in seinen Verantwortungsbereich fallen, leitet der Vorgesetzte an den betroffenen bzw. verantwortlichen Bereich zur Entscheidung weiter. Das Ideenmanagement muss unmittelbar über eine Weiterleitung informiert werden.

Entscheidungen über eine Umsetzung sollen innerhalb von 4 Wochen nach Eingangsdatum des Vorschlags gefällt werden. Innerhalb dieser Frist soll der Entscheider die als Entscheidungsgrundlage erforderlichen Informationen und ggf. Stellungnahmen zusätzlicher Sachverständiger einholen, und seine Entscheidung ggf. mit weiteren von der Umsetzung Betroffenen (z. B. Betriebstechnik) abstimmen.

Bei der einer Entscheidung zugrunde liegenden Kosten-Nutzen-Analyse sind nicht nur die Sachkosten für die Umsetzung zu berücksichtigen. Ebenso einzubeziehen sind die Kosten für innerbetrieblich erbrachte Leistungen durch Schlosser, Werkzeugmacher u. ä. Stellen. Die aktuellen Verrechnungssätze sind über den Bereich Controlling einzuholen. Der durch den Vorschlag bewirkte Nutzen ist grundsätzlich auf Grenzkostenbasis zu ermitteln. Bei hohen Investitionen sind die jährlichen Abschreibungen vom Erstjahresnutzen abzuziehen.

Im Rahmen seiner Bearbeitung soll der Vorgesetzte bzw. Entscheider sicherstellen, dass er den Inhalt und Zweck des Vorschlags im Sinne des Einreichers richtig verstanden hat, z. B. indem er persönlich beim Einreicher rückfragt. Kann eine sinnvolle Verbesserung auf dem vom Einreicher vorgeschlagenen Lösungsweg nicht erreicht werden, so soll der Vorgesetzte bzw. der Entscheider alternative Lösungswege finden.

Ergebnisse der Gutachten, Stellungnahmen und die Entscheidung werden dem Ideenmanagement vom Entscheider mit der Angabe eines Termins für die geplante Umsetzung schriftlich mitgeteilt. Das Ideenmanagement informiert den Einreicher in einem schriftlichen Bescheid über die Entscheidung. Wird die Umsetzung des Vorschlags abgelehnt, so sollen die Gründe hierfür dem Einreicher in einem persönlichen Gespräch vom Entscheider erläutert werden.

Kann die o. g. Frist nicht eingehalten werden, so muss das Ideenmanagement vom Entscheidungsträger über die Gründe und den geplanten Entscheidungstermin informiert werden. Das Ideenmanagement informiert den Einreicher in einem schriftlichen Zwischenbescheid über die Verzögerung. Ist ein Vorschlag 12 Wochen nach Eingangsdatum noch nicht entschieden, so wird der Vorgesetzte des Entscheidungsträgers, nach weiteren 8 Wochen die Geschäftsleitung vom Ideenmanagement informiert.

5. Umsetzen von Vorschlägen
Der Vorgesetzte bzw. der Entscheider ist für die Umsetzung der von ihm entschiedenen Verbesserungsvorschläge bis zur vollständigen Realisierung verantwortlich. Der Führungskraft steht dabei die übliche Anweisungsbefugnis im Rahmen seiner sonstigen Kompeten-

zen und Zuständigkeiten zu. Im Zweifelsfall ist der nächsthöhere Vorgesetzte in die Veranlassung von Maßnahmen und Arbeiten zur Umsetzung des Vorschlags mit einzubinden. Vorschläge, die ein Investitionsvolumen erfordern, das über die übliche Budgetverantwortung des Vorgesetzten hinausgeht, sind der Kommission vorzulegen.

Das Ideenmanagement kontrolliert die Umsetzung der positiv entschiedenen Verbesserungsvorschläge. Es mahnt die Umsetzung ggf. am geplanten Umsetzungstermin beim Umsetzungsverantwortlichen an. Ist ein Vorschlag 12 Wochen nach Entscheidungsdatum noch nicht umgesetzt, so wird der Vorgesetzte des Umsetzungsverantwortlichen, nach weiteren 8 Wochen die Geschäftsleitung vom Ideenmanagement informiert.

6. Prämieren von Vorschlägen

Einreicher werden nach dem Nutzen, den der umgesetzte Vorschlag bewirkt, angemessen prämiert. Die Höhe der Prämie wird bis zu einer Höhe von xx EUR vom unmittelbaren Vorgesetzten bzw. dem Entscheider festgelegt. Höhere Prämien müssen vom nächsthöheren Vorgesetzten gemäß Zeichnungsberechtigung oder von der Kommission gegengezeichnet werden.

Rechenbare Vorschläge: Für umgesetzte Vorschläge erhält der Einreicher eine Prämie in Höhe von xx % des nach Abzug der anteilig anfallenden Umsetzungskosten verbleibenden Jahresnettonutzens, mindestens aber in Höhe der minimalen Prämie nach Punktsystem (xx,- EUR, s. u.). Der Jahresnettonutzen ergibt sich auf Grundlage der im Rahmen der Bearbeitung als Entscheidungsgrundlage aufgestellten Kosten-Nutzen-Analyse (s. o.). Vorschläge, deren rechenbare Einsparung geringer als xx EUR ist, werden als nicht rechenbare Vorschläge prämiert.

Nicht rechenbare Vorschläge: Für Vorschläge, deren Auswirkungen nicht rechnerisch erfasst oder nur mit einem unvertretbar hohen Aufwand ermittelt werden können, wird eine Prämie gemäß des Punktsystems (Anhang xx) ermittelt. Die Mindestprämie für nicht rechenbare Vorschläge beträgt xx,- EUR.

Vorschläge, die sowohl errechenbare als auch nicht errechenbare Auswirkungen aufzeigen, werden nach beiden Kriterien bewertet. Die Prämienanteile werden addiert.

Abgrenzung zur Arbeitsaufgabe: Lässt sich der Vorschlag dem Aufgabenbereich des Einreichers zuordnen, so wird nur der Teil der Prämie ausbezahlt, der über den Rahmen der Arbeitsaufgabe und den Kompetenzrahmen hinausgeht. Die Abgrenzung zum Aufgabengebiet und der Kompetenz werden beim Einreichen vom Einreicher bzw. den Einreichern durchgeführt und ggf. durch den Vorgesetzten korrigiert bzw. bestätigt. In Zweifelsfällen soll das Bewertungsschema in Anhang xx genutzt werden.

Auszahlung: Die Auszahlung der Prämie erfolgt brutto mit der Lohn- bzw. Gehaltsabrechnung und grundsätzlich erst nach Umsetzung des Vorschlags. Bei Gruppenvorschlägen wird die Prämie nach den Angaben der Einreicher, ansonsten zu gleichen Teilen aufgeteilt. Bei Tod wird an die gesetzlichen Erben ausgezahlt.

7. Einspruchsrecht

Der Einreicher hat das Recht, gegen die Bewertung oder Ablehnung seines Verbesserungsvorschlages beim Ideenmanagement innerhalb von 4 Wochen nach Aushändigung des Prämienbescheids oder der Ablehnungsmitteilung schriftlich Einspruch einzulegen. Er ist über sein Einspruchsrecht umfassend zu informieren.

8. Prioritätsrecht

Für einen Vorschlag, dessen Umsetzung zunächst abgelehnt wurde, erwächst dem Einreicher für den Fall einer späteren Umsetzung ein Prioritätsrecht. Bei einem Prioritätskonflikt hat das Unternehmen zu beweisen, dass bereits vor Einreichung des Vorschlags entsprechende Vorbereitungen bzw. Planungen stattgefunden haben. Dieser Schutz erlischt x Jahre nach Ablehnungsdatum. Abgeschlossene Vorschläge werden x Jahre archiviert. Danach lassen sich keinerlei Rechte aus früheren Vorschlägen ableiten.

9. Kommission

Die Kommission ist das oberste Entscheidungsgremium im Ideenmanagement und berichtet direkt an die Geschäftsleitung. Sie ist paritätisch mit je zwei Unternehmensvertretern und Betriebsräten besetzt. Entscheidungen werden mit einfacher Stimmenmehrheit getroffen. Das Ideenmanagement hat die Leitung und Protokollführung ohne Stimmrecht. Bei Bedarf können Mitarbeiter als Gutachter zur Beratung hinzugezogen werden.

Die Kommission entscheidet über Einsprüche oder über Verfahrensfragen im Zusammenhang mit der Anwendung dieser Vereinbarung. Sie hat weiter die Aufgabe einer sachgemäßen Prüfung und Wertung von Verbesserungsvorschlägen, die nicht von dem Vorgesetzten des Einreichers oder anderen Entscheidungsträgern bearbeitet und entschieden werden können.

Sitzungen der Kommission werden nur bei Bedarf durch das Ideenmanagement einberufen, in jedem Fall aber so, dass alle zu besprechenden Einsprüche oder Vorschläge spätestens drei Monate nach Eingangsdatum entschieden sind.

10. Führungskräfte

Die aktive Unterstützung und Förderung durch die Führungskräfte ist eine wichtige Voraussetzung für den Erfolg des Ideenmanagements. Die oben beschriebenen Tätigkeiten von Vorgesetzten gehören daher zu den alltäglichen Führungsaufgaben aller Führungskräfte. Die Anzahl und der Nutzen der aus einem Verantwortungsbereich eingebrachten Verbesserungsvorschläge ist ein positiver Beurteilungsmaßstab für den jeweiligen Vorgesetzten.

11. Inkrafttreten und Kündigung

Diese Betriebsvereinbarung tritt mit sofortiger Wirkung in Kraft. Sie kann beiderseits mit einer Frist von 3 Monaten zum Quartalsende gekündigt werden.

Ort, xx.yy.zzzz

Geschäftsleitung *Betriebsrat*

7.2 Textbeispiele für Bescheide

Eingangsbescheid:

Beispiel 1:

<Anrede>,

vielen Dank für Ihren Verbesserungsvorschlag zum Thema <Kurztitel> vom <Datum>! Wir haben ihn unter der Nummer <Nummer> registriert und an die Abteilung <Abteilung> weitergeleitet, damit dort eine Entscheidung zu diesem Thema getroffen und ggf. die Umsetzung Ihres Vorschlags veranlasst wird.

Bitte haben Sie etwas Geduld, wenn die Bearbeitung einige Tage Zeit in Anspruch nehmen sollte. Unser Ziel ist es, dass wir Sie innerhalb von vier Wochen über das Ergebnis informieren können.

Wenn Sie Fragen zum Ideenmanagement haben, können Sie sich jederzeit gern an uns wenden (<Ansprechpartner>, <Telefon>).

Bereits jetzt freuen wir uns auf Ihre nächsten Ideen.

Beispiel 2:

Lieber Kollege,

vielen Dank für Deine Idee und die Beteiligung am Ideenmanagement.

Wir haben den Vorschlag bereits in unser System aufgenommen und werden ihn bei unserer nächsten Sitzung (i. d. R. am letzten Freitag im Monat) auf seine Realisierbarkeit prüfen. Um dies einschätzen zu können, sind meist noch weitere Maßnahmen notwendig, die einige Zeit in Anspruch nehmen können. Dafür bitten wir um Verständnis.

Anschließend werden wir Dich über den aktuellen Stand informieren.

Ergebnisbescheid

Beispiel 1:

<Anrede>,

nochmals vielen Dank für Ihre Idee. Ihr Vorschlag hat dazu geführt, dass in unserem Unternehmen eine Verbesserung realisiert wurde. Wir freuen uns, Ihnen mitteilen zu können, dass Ihre Prämie für diese Anregung

<Prämie> **Euro**

beträgt. Die zuständigen Stellen (Vorgesetzter, Ideenkoordinator) erklären gern, wie dieser Betrag zustande kommt.

Die Prämie wird Ihnen nach Abzug von Lohnsteuer und Sozialversicherungsbeiträgen mit der nächsten Lohn-/Gehaltsabrechnung auf Ihr Bankkonto überwiesen.

Wir freuen uns auf Ihre nächste Idee!

Beispiel 2:

<Anrede>,

nochmals vielen Dank für das Einreichen Ihrer Idee. Wir können den Zweck dieser Idee gut nachvollziehen. Leider kann der Vorschlag aufgrund der folgenden Gründe nicht umgesetzt werden: <Begründung>.

Dieses Ergebnis kann Ihnen ausführlich von den zuständigen Stellen (Vorgesetzter, Ideenkoordinator) in einem persönlichen Gespräch erläutert werden.
Auch wenn dieser Vorschlag nicht umgesetzt wurde, war er für das Unternehmen dennoch wertvoll. Er kann als Anregung für weitere Ideen dienen.
Wir hoffen, dass Sie über diese Entscheidung nicht allzu enttäuscht sind und bitten Sie, weiterhin Verbesserungen vorzuschlagen.
Wir freuen uns auf Ihre nächste Idee!

Schreiben an Bearbeiter (Entscheider, Umsetzer)

Beispiel 1:
< Anrede > ,
anbei erhalten Sie die Kopie des oben genannten Vorschlags.
Wir bitten Sie, diese zu prüfen und bei einem positiven Ergebnis die Umsetzung zu veranlassen.
Sollten Sie die Idee in der vorgebrachten Form nicht verstehen, bitten wir Sie, mit dem Einreicher bzw. der Einreichergruppe Kontakt aufzunehmen. Dasselbe gilt für den Fall, dass Sie für das aufgezeigte Problem über den Vorschlag hinaus noch eine bessere Lösung erkennen sollten.
Sie wissen, dass Einreicher verständlicherweise immer sehr gespannt auf Ergebnisse warten. Ebenso ist unsere Firma sehr daran interessiert, von vorgeschlagenen Verbesserungen so schnell wie möglich zu profitieren. Daher bitten wir Sie, diese Idee schnellstmöglich, spätestens aber bis zum < Termin > zu bearbeiten.
Bei Rückfragen und Unterstützungsbedarf jeglicher Art können Sie sich gern jederzeit an uns wenden.

Beispiel 2:
< Anrede > ,
gute Ideen sind spannend und wichtig für unseren Erfolg.
Der folgende Verbesserungsvorschlag könnte für uns nützlich sein:
< Link zur Idee im EDV-System >
Um das herauszufinden, brauchen wir Ihre Unterstützung.
Wir sind gespannt auf Ihr Ergebnis, bitte bis zum < Termin > , gerne auch früher. Bitte setzen Sie anschließend den Vorschlag auf den Status «Bearbeitung erledigt« und speichern Sie. Sollten Sie der falsche Ansprechpartner sein, bitte Info ins Bearbeiterfeld, Status ändern und speichern.
Wir erhalten dann automatisch eine Info per Mail und können den Vorgang weiter verfolgen.

Beispiel 3:
< Anrede > ,
Guten Tag,
der Bearbeitungsprozess des o. g. Verbesserungsvorschlags ist fast abgeschlossen. Was jetzt noch fehlt, ist die Umsetzung. Dazu brauchen wir Ihre Hilfe. Bitte realisieren Sie die Idee bis zum < Termin > .
< Link zur Idee im EDV-System >

Bitte setzen Sie anschließend den VV auf Status «Umsetzung erledigt« und speichern Sie. Wir erhalten dann automatisch eine Info per Mail und können den Vorgang als erledigt kennzeichnen.

Literatur

Angesichts der umfangreichen Literatur zum Thema wird hier nur eine kleine Auswahl angegeben, damit die »Qual der Wahl« nicht so groß ist. Die Auswahl versucht, für jeden Geschmack bzw. für jede Interessenslage etwas zu bieten.

Anic, Denis (2001). Ideenmanagement. Erfolgskriterien des Betrieblichen Vorschlagswesens aus wirtschafts- und rechtswissenschaftlicher Sicht. Baden-Baden: Nomos Verlagsgesellschaft.

Brinkmann, Eberhard P. (1992). Wettbewerbsreserve: Ideenmanagement: Qualitätsverbesserung und Mitarbeitermotivation durch Impulse für das betriebliche Vorschlagswesen. Köln: Verlag TÜV Rheinland.

Deutsches Institut für Betriebswirtschaft e. V. (dib) (Hg.) (2003). Erfolgsfaktor Ideenmanagement. Kreativität im Vorschlagswesen. Berlin: Erich Schmidt Verlag.

Fiedler-Winter, Rosemarie (2001). Ideenmanagement – Mitarbeitervorschläge als Schlüssel zum Erfolg: Praxisbeispiele für das Vorschlagswesen der Zukunft. Landsberg/Lech: verlag moderne industrie.

Hürth, Nadine (2010). Ideenmanagement/Betriebliches Vorschlagswesen: Möglichkeiten zur Optimierung des Anreizsystems. Saarbrücken: VDM Verlag Dr. Müller.

Imai, Masaaki (2002). Kaizen. München: Ullstein.

Flick, Christian; Weber, Mathias (2016). Der Best-Practice-Ratgeber für betriebliche Verbesserungsvorschläge. Mit Umsetzungskonzepten zur direkten Kostensenkung und Effizienzverbesserung in Unternehmen. Hamburg: Diplomica Verlag.

Neckel, Hartmut (2004). Modelle des Ideenmanagements. Stuttgart: Klett-Cotta.

Neckel, Hartmut (Hg.) (2014). Internationales Ideenmanagement http://www.hartmut-neckel.de/images/Leitfaden_Internationales-Ideenmanagement.pdf (Abruf: 10.08.2017)

Läge, Karola (1999). Ideencontrolling mit Kennzahlen. Controlling, 11 Jg. Heft 6, 261–266.

Sander, Bernie (2000). Ein Wake-Up-Call für Ideenmanager. Die Wandlung einer erprobten Geschäftsstrategie: Denkmusterwechsel im Vorschlagswesen. Frankfurt/Main: Deutsches Institut für Betriebswirtschaft e. V.

Schindelar, Karl (2010). Betriebliches Vorschlagswesen: Anreize, Barrieren und Belohnungen. Saarbrücken: VDM Verlag Dr. Müller.

Thom, Norbert (1996). Betriebliches Vorschlagswesen: ein Instrument der Betriebsführung und des Verbesserungsmanagements. Bern: Lang.

Bildnachweis

Abb. 8: Kennzahlenabhängigkeit: vom Autor erstellt in Anlehnung an Läge 1999, zitiert nach Deutsches Institut für Betriebswirtschaft e. V. (Hrsg.) 2003, S. 121

Abdruck bzw. Nachbildung der folgenden Abbildung erfolgen mit freundlicher Genehmigung:
Abb. 12: Flyer: TRILUX GmbH & Co. KG, Arnsberg
Abb. 13: Beilage-Lohnabrechnung-Aktion: Viega Holding GmbH & Co. KG, Attendorn
Abb. 14: Werbung Paul: Hermann Schwerter, Iserlohn
Abb. 15: Türanhänger: Viega Holding GmbH & Co. KG, Attendorn
Abb. 24: Erfassungsmaske: KIRCHHOFF Automotive Deutschland GmbH, Attendorn
Abb. 27: KVP-Board, Abb. 28: Vorschlagskarte-DIN-A5, Abb. 29: Bearbeitungskarte-DIN-A5: WERKZEUGBAU LAICHINGEN GmbH, Laichingen
Abb. 30: Visualisierungstafel, Abb. 31: Mangel-Vorschlags-Karte, Abb. 32: Störungs-Karte,
Abb. 33: 5S-Karte: Walter Stauffenberg GmbH & Co. KG, Werdohl

Alle anderen Abbildungen wurden vom Autor erstellt.

Stichwortverzeichnis

Zum Autor

Dr. Hartmut Neckel, Jahrgang 1959, ist Gründer und Inhaber der Unternehmensberatung Dr. Neckel. Als Experte für Organisations- und Personalentwicklung unterstützt der promovierte Physiker überwiegend mittelständische Unternehmen zu den Themen Kultur und Werte, Strategie und Ziele, Personal und Führung, Ideen und Innovation, Konflikte und Veränderung, firmenübergreifender Erfahrungsaustausch und Kooperation. Zu diesen Themen organisiert und leitet er auch verschiedene Experten- und Arbeitskreise.

Aufgrund der seit über 25 Jahren in verschiedenen Rollen als Berater, Coach, Moderator, Trainer oder Beirat gesammelten Erfahrungen kennt er die für erfolgreiche Entwicklungen relevanten Themen aus den Perspektiven aller beteiligten Gruppen – den Inhabern bzw. Gesellschaftern und Unternehmensleitungen, den verschiedenen Führungsebenen sowie den Mitarbeitern an der Basis. Dies ermöglicht ihm ein ganzheitliches Verständnis für das Zusammenspiel des Gesamtsystems eines Unternehmens und der in ihm handelnden Personen.

Im Themenbereich Ideenmanagement, Innovation und kontinuierliche Verbesserungsprozesse ist er einer der profiliertesten Vordenker und erfahrensten Praktiker. Wohl kaum ein anderer hat so viele kleine und mittelständische Unternehmen unterstützt, ein erfolgreiches Ideenmanagement einzuführen und dauerhaft zu leben.

Er ist Autor des ebenfalls beim Schäffer-Poeschel Verlag erhältlichen Buchs »Modelle des Ideenmanagements«, des gemeinsam mit dem Expertenkreis »Globales Ideenmanagement« erstellten Online-Leitfadens »Internationales Ideenmanagement« sowie zahlreicher weiterer Fachartikel und Buchbeiträge.

Kontakt:
Dr. Hartmut Neckel
Unternehmensberatung Dr. Neckel
Körnerstraße 4
53173 Bonn
www.hartmut-neckel.de
kontakt@hartmut-neckel.de